龙游乡味

——如皋饮食文化散论

张 律
朱 成 / 著

合肥工业大学出版社

图书在版编目(CIP)数据

龙游乡味:如皋饮食文化散论/张律,朱成著.—合肥:合肥工业大学出版社,2018.12

ISBN 978-7-5650-4305-5

Ⅰ.①龙… Ⅱ.①张…②朱 Ⅲ.①饮食—文化—如皋 Ⅳ.①TS971.202.534

中国版本图书馆 CIP 数据核字(2018)第 276675 号

龙 游 乡 味
——如皋饮食文化散论

张 律 朱 成 著		责任编辑 朱移山
出　版	合肥工业大学出版社	版　次　2018 年 12 月第 1 版
地　址	合肥市屯溪路 193 号	印　次　2019 年 8 月第 1 次印刷
邮　编	230009	开　本　710 毫米×1010 毫米　1/16
电　话	人文编辑部:0551-62903310	印　张　25.5
	市场营销部:0551-62903198	字　数　308 千字
网　址	www.hfutpress.com.cn	印　刷　安徽昶颉包装印务有限责任公司
E-mail	hfutpress@163.com	发　行　全国新华书店

ISBN 978-7-5650-4305-5　　　　　定价：58.00 元

如果有影响阅读的印装质量问题,请与出版社市场营销部联系调换。

前　言

　　不知有多少人和我们一样，从小地方到大地方，从乡村到城市，生活和思维方式经历了翻天覆地的变化。

　　生长于 20 世纪 70 年代后 80 年代初的我们，顺着时代的洪流，因为高考或其他种种原因，来到繁华都市。置身喧攘而又陌生的地方，我们心中有过忐忑不安：几乎时时刻刻，原先拥有的世界似乎都与现有环境隔膜相背；几乎刻刻时时，我们的价值观反复经历着瓦解与再建。在这背后，是否隐藏着深深的不自信乃至自卑？

　　城与村、市与乡的巨大差距虽然有其特定的历史背景与原因，但人是地理、文化的产物与载体，这些差距造成的不公与鸿沟，必然体现在一代代人的命运和心灵中。我们也曾埋怨过、也曾设想过：如果出生于繁华都市，也许就不会经历这许多不必要的挣扎。

　　多年后，我们在城市中占有了一席之地，站在城市的角度重新回看，却猛然发现，原来自己多么幸运——乡村生活使我们于自然中成长，天性浑成、少经斧凿；城市生活引导我们理解规则，开阔视野、见识世界；我们谙熟城乡两种语境，能够自如地进行文化切换；我们离乡、还乡，出游、返城，无论在哪里，都能拥有深厚友情，真挚回报不期而遇……

　　生命的本质是时间，拥有在哪里度过的时间，就拥有了何种质地的生命。现今的我们，由城乡共同塑造，根有两种：一为故土之根，一为城市之根。城市之根已得多方关注、多人赞颂；故土之根却言者寥寥、寂寂无声。

乡土文化价值的挖掘固然有待时日，但一代代人已在飞速成长。我们和我们的后代们站在时代的交口，如何理解世界、理解都市、理解乡村、理解脚下所踩的这片土地、理解所生所长土地的文化传承？仅靠几个口口相授的短短故事或者有限的乡土特产是远远不够的，我们要交给自己及后代的，更多应是一种乡土文化自信。

故土如皋，地处平原，自古为繁荣之地，现今为长寿之乡，乡民淳朴，享受生命，饮食文化发达，风土人情绝佳。本书偏重个人视角，从记述乡邑饮食出发，重温乡野生活、辑录乡土风俗，少古人言、弃套话，若能启示二三，亦不负作者初心。

目　录

特产

荤食

蔬果·菜

蔬果·瓜豆

蔬果·根茎

记忆

特产

芝麻烧饼　蟹黄包　鱼圆

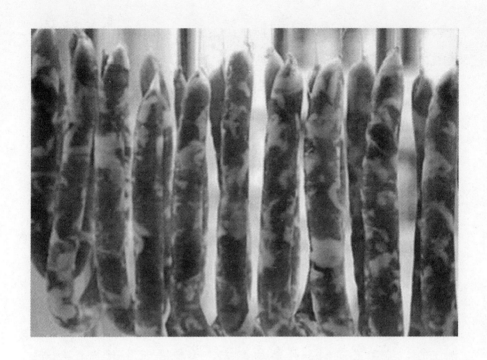

香 肠

　　紧邻吾乡的靖江，以猪肉脯著称，吾乡以香肠、火腿闻名。有位靖江朋友，居宁多年，有诗人的敏感，曾说吃不惯金陵猪肉，但又说不出为什么，就是不喜欢，她家双开门冰箱里常年存放老父为她购来的家乡猪肉——她只吃家乡猪肉。我也曾试图在宁购制香肠，却始终不是那个味儿，什么味儿？我也说不清，直到读到一些资料时，才恍然大悟。

　　有关如皋特色肉制品介绍时，屡屡出现一个名词——"东串猪"，它是吾乡特有猪种，经乡民漫长选种培育而成。在江苏，东串猪分布在长江下游北岸的泰兴东部、如皋西南部以及南通刘桥等交邻地带，与周边姜堰、曲塘、海安的"姜曲海猪"共同构成苏中主要猪种，区别于"太湖猪"为代表的苏南猪种、"淮北猪"为代表的苏北猪种。靖江东部与如皋西南部接壤，北侧邻姜堰，所产猪种无非"东串猪"或"姜曲海猪"，此二者均为杂交品种，来源复杂、血统相近、皮薄瘦香，吾乡香肠火腿之特别、靖江肉脯之美味，盖源于此乎？追本溯源，种好肉香，才能灌出好香肠。

手工香肠乃乡人过年必备。临近腊月，乡村处处磨刀霍霍，屠夫蠢蠢欲动，大家都期待好久——杀猪宰羊过大年啦！城里镇上也喜气洋洋，肉摊生意格外红火，代加工牌子摆了出来——"灌香肠"啦！

自我记事，每年冬天外婆都亲手制作香肠，她从不去机器加工点，纯手工灌制。外婆的配方，大概是三十斤肉配红糖、黄酒、盐若干，肠衣洗干净，棉绳摆一旁，肉切细长条，拌入配料弄停当，开始灌香肠：先扎紧肠衣一头，用大口漏斗套在肠衣口，往里面塞肉，有时还要用针戳戳，放放气，免得肠衣被撑破。手工灌香肠考验手劲，塞着塞着就塞不动了，外婆会动用筷子，使劲将肉顺进去。外婆的香肠不像机器加工香肠那样连绵不断，她想留多长留多长，一根根用棉绳扎牢剪断，最后套进竹竿，架在廊檐下晾，她说这样好晒好收。直到外婆七十多岁，每年都坚持自己手工灌香肠，分拿一半给我们。神奇的是，外婆的香肠就是外婆的味道，即便母亲用同样的配方，出来的味道也和外婆不一样，我常能从外婆香肠中吃出精瘦肉条，里面藏着她苍老的手劲和深情。而我的女儿，也早已习惯了她外婆的味道，将来恐怕又要不习惯我灌的香肠吧？

虽说香肠的诞生起源于食物的便携储存理念，但我还是更习惯吃新鲜香肠，从腊月里吃到三月小阳春，也就差不多了。

春节期间，也许香肠在一众肥腻的鱼肉大荤中并不出色，但她的鲜美会随着春的到来，达到顶峰——经过月余的风干，肉质不松不柴、肥瘦得当。春日绿油油的青菜抽薹，掐下嫩尖与香肠同炒，红绿交织、荤素映衬，这道菜像神奇的金手指，一指便能点亮寻常餐桌，尽显流光溢彩。临近清明，天气渐暖，香肠便同菜薹一样，老而不堪，只余油哈味儿了。

大学时曾带自家香肠赠送好友，使他们多年念念不忘，每次不经意间总还提起，"你家的腊肠真好吃！"每次我都费劲纠正——不是"腊肠"而是"香肠"，但下次他们又会说成"腊肠"。其实他们也没错，资料显示，"香肠"本就腊月所制，原名"腊肠"，何以改名"香肠"？这里有段典故：传闻古时羊城（广州）有家肉铺出售腊肠，客人询问此乃何物，掌柜答："腊肠！"客人价格都不问，二话不说，掉头就走。掌柜心中犯了嘀咕，忙上前询问究竟，客人说："我不吃辣！"掌柜这才明白，都是这"腊"惹的祸！当即决定为"腊肠"更名——改叫"香肠"，这才使香肠有了更符合实际的美称，避免了更多误会。

作为一种古老的食物生产与保存方式，中国香肠早在南北朝时期就已经开始了它的历史，也根据口味形成了不同的流派，川式香肠和广式香肠为其中两大风味典型，前者麻辣后者咸甜，好比香肠家族中的婉约派与豪放派，各自网罗了不少拥趸，也衍生出不少独具特色的美味，比如说煲仔饭和尖椒辣肠。湘味香肠虽不强调麻辣，但熏腊味尤为突出。北方哈尔滨的风干肠质硬耐嚼，象征了北国的粗粝狂野。

以上所说，都没有超出汉族的范畴，这些香肠的制作，都还只局限在猪肉作馅、猪小肠作衣的工艺。展开来讲，香肠不外是一种灌肠，根据馅料和"器皿"（猪牛羊等动物肠）的不同，有"五肠"之说：灌注肉的叫肉肠，灌注面的叫面肠，灌注油脂的叫油肠，灌注肝脏的叫肝肠，灌注血的叫血肠。河北有驴肉肠，老北京有粉灌肠；宗教文化浓郁、主食牛羊肉的中国西北部地区，回、维等族灌米肠、面肺等；游牧民族蒙古、高原藏族灌羊肉肠、羊油肠、羊肝肠等；边远的满、朝鲜、锡伯、纳西等族灌猪血肠。这些灌肠，突破了我们汉族地区居民的固有想象，极大拓展了"香肠"的疆界，要是据此画一幅中国"香肠"手绘地图，该多么生动有趣啊！中国食物的多样性远不限于此，近代作为经典食物流传下来的上海红肠、哈尔滨红肠正是西风东渐的产物，西式香肠经过本土化改良，适应了国人的口味，成为了中国香肠家族中的独特成员。

香肠品种虽多，而如式香肠却能独树一帜、自成风味，这不仅跟优质的食物原材（东串猪）有关，还要归功于地理和口味的调和。吾乡小城位于江苏省中部，地理位置不南不北，乡人口味不偏不倚，所制香肠不似广味腊肠那么红艳甜腻，也没有川味辣肠那么追求强烈的口腔刺激，这里手工制出的香肠，口味淳厚朴实，色泽原始天然，切出的每一片香肠，都散发着奶奶或外婆的手工滋味，这样的香肠，浓缩了祖辈的慈祥。

杀猪做香肠

火 腿

　　有次举家游云南，走进一家正宗宣威菜馆，火腿当然必点不可！薄片火腿上桌，粉红色，瘦而细腻，很惹吃的样子。抱有很大希望尝一口，不太咸，有股稚嫩的奶味儿。女儿立马放下筷子漱口，她是不喝牛奶儿童，奶醺奶醺的宣威火腿，她不能欣赏。

　　忽然想起个重要问题，我问："听说我国有三大腿——南腿、北腿、云腿，南腿金华，云腿宣威，还有个北腿，到底是哪里的啊？"问题突如其来，好像难倒了万事通先生和机灵小不懂，万事通先生默默地摸出手机。

须臾，他神情复杂地看了我一眼，将手机百度推至我眼前："北腿：江苏如皋火腿，因如皋位置在北，故称北腿。"看来，我人生前二十年白活了。

能怪我吗？乡人虽皆知本地火腿有名，但其实很少吃，有新鲜猪肉，为何要吃腌的？况且，手工香肠能吃小半年，谁想着要去吃火腿？农家冬季腌猪腿，多半也是为越冬保存食物方便，何况那咸猪腿颜色丝毫不"火"！火腿多数产而外销。

火腿之盛产，与猪有关。猪肉美味而多产，食有结余才会转而求风干腌腊，以期保存而致流通，成为名产更可待价而沽。金华义乌等地盛产"两头乌"土猪，皮薄骨细，鲜嫩肥美，当地以独特工艺，精心腌制火腿、风腿、熏腿、糖腿等多个品种推向市场。浙江等地商业繁荣，金华火腿得益于优越便捷的地理位置、丰富多样的产品种类、灵活出色的经销手段，成为代表中国火腿的首张名片，率先进入国际视野。云南地理丰富，食材多元，牛羊鱼虫鲜花菌菇均入馔，猪肉并不优质突出，然而处在乌蒙山脉的宣威却独特，昔日曾为屯垦之地，汉人带来养猪吃猪文化以及腌腊技术，于是一种优质的"乌金猪"在高原晴朗干燥的气候下，被制成绿肉黄皮的带蹄壳火腿，见证了几百年间的多民族文化交融。清末民族商人浦在廷卓识远见，大力推动宣威火腿工业化，开发出便于携带的罐头产品走出大山，与繁华的沿海经济圈所产南北腿并驾齐驱，同论高低。

吾乡地理亦复杂特殊，辖区西半部田多沙土，适宜施粪肥，家家养猪，量多质优，供应市场。本地优质良种"东串猪"，尖头细脚、形体优美，细皮嫩肉、低脂健康，早年就盛名远扬，苗猪贸易也成为了本地重要经济支柱之一。据说咸丰年间，就有商人收取合适大小、合格品质的东串猪后腿，按"金华火腿"正统工艺——去蹄壳、上雪盐、整形状，创造性使用菜油脚封存，配合当地温度慢慢发酵，成品蹄爪呈点头状，腿形似琵琶或竹叶，肉质紧实，较之金腿、云腿，更为咸瘦鲜美，又不失朴实纯粹。史载如皋火腿最初以"金华火腿"身份打开上海市场，不辱其名，后在檀香山国际博览会、南洋劝业会、巴拿马世界博览会、江苏物品展览会、西湖博览会斩获多项大奖，逐渐声名鹊起，终与南腿齐驱，坐实"北腿"之名。"南腿""北腿"加"云腿"，合称中国三大名腿。

纵观吾乡火腿成名史，其实是部乡人勤劳史、巧工史、实业史、善商史——农人多年辛勤培育，遴选良种，得优质"东串猪"；从业师傅改良工艺，精工巧制，腌腊良腿；邑绅沙元炳致力实业，19 世纪末创设"广丰腌腊制腿公司"，与"同和泰"、"大华"等数十家知名腿栈一起，共同开启近代本土腌腊产业化进程；商贾从风调雨顺的沿江平原出发，利用陆路、水路之四通八达，推动苗猪、火腿贸易；1929 年（民国十八年）成立于上海的"中国制腿公司"，更是在如皋专设毛猪加工厂，凭借从实业部取得的"出口专利权"，将如皋火腿经香港大量转销菲律宾、新加坡、泰国等地，闯出名气。此后，吾乡火腿才逐渐代表自己，走向全国乃至世界。

火腿与地理的纠缠远不止于此。因"腿"扬名的宣威，新中国成立后曾更名为"榕峰"，火腿名亦随之更换为"榕峰火腿"，却致销量大减，不得已恢复旧名，沿袭旧称，宣威地方因腿复名，宣威火腿因地复称，传为美谈。上世纪七八十年代，原产地保护概念、企业商标意识还未建立强化，"金华火腿"这块响当当的金字招牌于 1979 年被注册，一度辗转为浙江省食品公司所持，1983 年现行商标法实施，南腿产业面临了传统产地（金华、义乌一带）品牌与现代商标法规相脱节的尴尬，一番理论大战后，协商出结果——现有南腿企业需向浙江省食品公司缴纳商标使用年费方能使用"金华火腿"商标。无奈的金华火腿界另起炉灶，注册包括"金字火腿"在内的一批平行商标，另行延续南腿正统。所以，在诗情画意的西湖边，"金华火腿"专卖店红红火火销售着的满大街猪腿，实质只是拥有"金华火腿"商标的浙江火腿，而非传统意义上产自金华一带的"南腿"。

　　实事求是讲，吾乡小地方，名气不及金华，北腿名气也稍逊，但这反倒成为优势，即便在品牌意识树立的今天，也鲜有冒充者。时代发展日新月异，跨入二十一世纪以来，国家原产地域产品保护制度迅速与国际接轨，很多历史悠久的地方名产受到保护，地理标志的使用与商标法并行不悖，解决了一些历史遗留问题，提供了特产地产权保护空间，有利于集体品牌的发展与打响，对于推动区域经济有不可限量的好处。所幸吾乡火腿如今已注册成产地商标，受到法律的妥善保护，但是对于一个品牌的长远发展，仅靠这些还远远不够——如何延续百年传统？如何提升品牌价值？更是需要年轻一代深入思考的问题。灵活的浙江人，已将火腿做成博物馆，赋予金华火腿更深的文化附加值，东施效颦固然不妥，广开思路才能出新。

肉 松

　　肉松是一种老少咸宜的美食，下至不满周岁的孩子、上达耄耋百岁老人，均能食用。

　　母亲生弟弟时，已经三十多岁，奶水不足，喝鲫鱼汤也没有用。弟弟三个月时，便已开始喂食。母亲做一种粥，大米煮到浓稠，嫩青菜切碎化入，粥色碧绿但淡而无味，弟弟却吃得欢畅。六个月后，粥上添了一层绒绒的黄碎碎，伴着菜粥喂进嘴去，小弟弟一脸满足——那是肉松。之后每次喂饭，如果缺了这个，弟弟便会做手势要，配肉松才乖乖肯吃。

　　祖父的亲叔叔，没有子嗣，一直没跟他哥哥（我的曾祖父）分家，当妻子以及哥嫂都走后，由他的侄子，也就是我的祖父奉养，我们喊他"细老爹"（方言喊曾祖父为老爹）。细老爹直到九十六岁去世前，每日都干农活儿，虽然一口牙早就落光，但天天合不拢嘴，胃口也佳，他除了吃肥肥的红烧肉，还喜欢吃侄女们（我的姑奶奶们）带来的肉松。他时常喊我过去，在床边零食柜中摸索半天，拿出一块董糖或桃酥交给我，或者喂我吃点肉松，我总是边吃边打量，打量他房中常年停放的一口黑色寿材。

据说肉松在本地的生产，早在二十世纪初便已开始，最早模仿太仓肉松的工艺，后来本地加工业不断改进工艺、钻研配方，精选本地良种东串猪后腿以及瘦精肉，先后经二十多道工序，历经十小时制出了色泽金黄、口味咸香、毛茸蓬松、有本土风味的肉松，受到人们喜爱。

传说中，肉松是汉族地区厨师的机智发明，无论是闽式肉松，还是苏式肉松，起因竟都是不小心将猪肉烧过了头，一番补救后"肉松"便闪亮登场。闽南肉松的代表是福州油酥肉松（肉酥），其中添加了红槽、猪油、豌豆粉，酱色重，颗粒感强，油、酥、松、脆，台湾、厦门等地的肉酥均属此系；太仓肉松是苏式肉松的源头，太仓盛产糟油，于调味方面很有一手，又处于嗜甜的苏南地区，太仓肉松综合了以上特点，成品口味鲜甜、松软绵长。

从种属上来说，如皋肉松也属于苏式肉松。作为苏式肉松的后起之秀，如皋肉松的优点也很突出——原料精良、口味醇香、松中有韧、咸甜得当，很快就以精良的做工和独特的风味异军突起，在国内外食品大赛中屡获金奖，成为中国美食的闪亮名片，受到世人的青睐。本地常吃的品牌是"玉兔"，外包装上印了只盼望花好月圆的兔子，很有传统意境。

想来也很神奇，肉松真是中国人一项特殊而有才的发明，有华人的地方就一定有肉松。少时看琼瑶，女主角生病了，一定是拿肉松送白粥，熨帖又滋补。肉松也随三毛这位奇女子漂洋过海，成为撒哈拉"沙漠中的饭店"一部分，抓住荷西的心。

13

一个中国人，无论走到哪里，生病时的本能渴望，不外是喝口白粥，搭点肉松。

世界在融合，肉松制品也愈加国际化。肉松原料不再仅限于猪肉，鱼肉、鸡肉、牛肉等都可拿来制成"肉松"：缅甸有虾肉松，越南有青蛙肉松——据说是因越南人相信青蛙肉对儿童很"补"的缘故。肉松吃法也日新月异，传统上拿它当小菜，配粥、吃饼、夹馒头，中式面点开发出肉松月饼、肉松鸡蛋卷、肉松蛋黄酥，拓展到西式糕点领域有经典的肉松蛋糕、肉松面包、肉松"小贝"等。日本人用肉松做寿司、包饭团，韩国人拿它配海苔、卷紫菜饭。

女儿小时候，曾带她参加学做"韩式紫菜饭"的亲子活动，主办方专程请来生意红火的紫菜饭卷店主面授机宜，制作材料由店主带来，其中就有肉松。我问了店主一个向别人提过数次的问题："这个里面用的肉松是什么？好像不似肉松！"那个年轻的小伙子愣了愣，随后很肯定地回答我："是肉松！"我的本意并非打探行业机密，只是想确认我们平时自街边所买所吃的肉松面包、紫菜饭卷，到底安不安全？这个问题的确认，对于一个母亲来说至关重要——给孩子吃外食，安全大于一切。此前，我先后问过蛋糕房、面包坊、寿司店等，但从没一个人肯准确答复我。

按说"三斤肉才炒一斤松"，以我粗浅的经济学常识来算，一个面包、一个蛋糕、一份紫菜卷，如采用正品肉松的话，怎么算都会超过售价若干，那么商品利润从何而来？毕竟，餐饮或面点店所用肉松，与我自小所见、所吃，不太一样，哪里不一样？又说不出！随着行业潜规则的曝光，我们才逐渐了解到，还有一种叫作"肉松粉"的东西——以豆粉为原料，添加剂较多，按比例掺入肉松，配比出不同等级的人造肉松，经原料市场源源不断流入各间餐厅、作坊，最终进入我们口中。

工业时代，食物成为商品，大量新型食材涌现，人们多了选择的机会，也不再为饥饿烦恼，本来是多么好的事情！可惜，利益的驱使也催生了许多原本不该出现的东西，就拿这曾经带给我们童年无限满足、能熨帖病人肠胃的肉松来说，人造肉松（肉松粉）量大价廉，固然能满足商品市场无限膨胀的餐饮需求，却无法带给品尝者真正的安全与信心，虚假和仿制直接导致了真情和诚信的缺失，而后者恰为人们制作食物的根本。

　　幸运的是，每次回乡，总还能在超市买到货真价实的本地肉松，除出不时增添的新品种，拳头产品的质量、口味一直都没变，仍有记忆中那种松软咸甜。吾乡肉松真的很了不起，在这多变的时代，固守住了自己的品质与风骨。

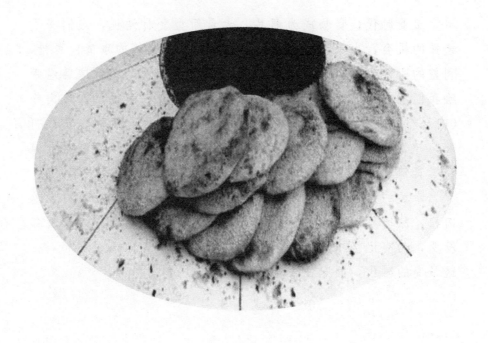

芝麻烧饼

　　每一个离开故乡的人，都不会忘记芝麻烧饼。比起也叫"烧饼"的摊饼、蒸饼，它是炭火烘出的真正"烧"饼。

　　据说，苏北烧饼有三大派：黄桥烧饼、泰兴草炉烧饼、如皋烧饼。黄桥烧饼名气最大，得名于 1940 年 10 月的那场著名战役"黄桥决战"，它为抗战立下了赫赫功劳，从此名扬天下。黄桥烧饼现在多用电烤，分咸甜，厚而酥，耐存放，葱油、肉松馅儿最香；泰兴草炉烧饼工艺古老，用的是横灶，类似于烘意大利比萨那种嵌进墙壁的壁炉，这种横灶深且窄，无论寒暑，烧饼师傅都必须赤膊，半身探进灶中，烧麦秸草烘饼，费时费事，非常辛苦。《梦溪笔谈》中曾详细描述草炉烧饼，"炉丈八十，人入炉中，左右贴之，味香全美，乃人间上品"。草炉烧饼因工艺古老、效率不高，几近被时代淘汰；如皋烧饼与草炉烧饼大概要算近亲，但它是更薄更大的，怎么个大法？约一只蓝边碗碗口大，或者说小孩脸那么大。如皋人巧妙地采用了直身高炉，降低了贴饼难度，将时间节省下来琢磨烧饼工艺，制作出酥、脆、香、薄的多口味芝麻烧饼，深讨群众欢心。

芝麻烧饼是乡间平民早点，烧饼店散布于吾乡各地。每天一早，只听得烧饼店"噗噗噗"扇干净炉灰，鼓风机"呜呜呜"旺起炭火，夫妻烧饼店便开张。老板娘搬出隔夜备好的精面烫酵，分面摘剂子，老板麻利地擀面擦酥、刷油包馅撒芝麻，一步不落。烧饼靠"贴"——好吃最关键一步：烧饼师傅要把手臂伸入摄氏一两百度的炉膛内，将饼胚准确地贴到被炭火烘得通红的内壁，面饼起焦泛黄便要左右开弓铲起饼落，"贴"和"铲"须一次性完成，考验体力耐力判断力，没有多年经验教训，"贴"不成芝麻烧饼。城中著名烧饼店，老板承祖传手艺，"贴"了二十多年烧饼，手背汗毛已经被热气蒸光。吾乡孩童会模仿"贴烧饼"做游戏：几个一组前心贴后背，分圈排开，剩下一人跑一人追，被追的人站到哪一组的前面——形容贴烧饼，这组最后一人便要跑出去被追，速度须快——如同起烧饼。

芝麻烧饼馅儿多样。馅儿方言称"兜心"，芝麻烧饼"兜心"讲究当季、新鲜、清爽：春有荠菜、夏有萝卜、秋有蟹黄、冬有豆沙，另有韭菜、葱油、椒盐、虾籽、咸菜、油渣、白糖等若干；不加兜心叫"箸烧饼"。做烧饼"兜心"，荠菜要择干净、萝卜要擦细丝、葱要均匀、沙要滑润……各样归各样，干干净净、清清爽爽。"兜心"新不新鲜，顾客一尝便知。传统"兜心"以素馅儿居多，随着人们生活条件的日益改善，"兜心"也在与时俱进、变化改良。近年来，芝麻烧饼新增出鲜肉、牛肉等馅儿，受到人们追捧，蟹黄烧饼更是越贴越精致，成为特色点心，登上大雅之堂。

芝麻烧饼因酥生香。酥来自擦酥，擦酥讲究擦得多擦得匀擦得透，擀面杖多擀几下，卷酥多来几层，味道大不一样。烧饼店普遍提供定做，专为考究的人服务。幼时去外婆家，外公都要特地去烧饼店定做一些烧饼，定做的烧饼酥擦得更透，兜心脂油更足，芝麻更细密，火候恰到好处，用纸包好急急捧回家吃早饭或喝"晚茶"。如同法国人至爱可颂（羊角面包）碎纸般的脆屑，吾乡群众也独欣赏"炉边烧饼"碎瓤的酥屑，我永远记得外公满足地喝茶，看着我们啃烧饼，随后倒出纸包里落下的芝麻面屑，有滋味地嚼。

芝麻烧饼的灵魂伴侣，自然是——豆腐脑。通常来说，烧饼店里，或是近旁，总有豆腐脑，最远不超过三四步，为的就是食客们能捧着刚出炉的芝麻烧饼，端上一碗嫩汪汪的豆脑汤。豆腐脑自然也是国吃，本地豆腐脑是咸派，柔滑白嫩的豆腐脑用铜制平勺，一片两片地划入碗中，浇汤汁，根据需要撒葱花、蒜叶、香菜、芹末、榨菜、紫菜、虾米、麻油、醋、盐等。乡人最幸福的时刻，不外是手捧滚烫欲丢的芝麻大烧饼，及时利落地咬一口，一边咀嚼芝麻香，一边吮化洁白颤巍的豆腐脑儿，唇齿间那种酥滑交织、又脆又嫩的口感，诚使人感叹此生圆满。也有另外一种说法——芝麻烧饼配细粯粥绝佳，细粯粥自然又是乡粹，拿玉米、大麦、元麦磨成渣渣，小火慢煮而成，细粯粥刮油，配脂油浓厚的芝麻烧饼，质朴又营养。若论及口感，前种吃法完全是纤秾合度、丽质天成，后种吃法也可算粗服乱头、不掩国色吧！

芝麻烧饼可作晚茶。"晚茶"是本地下午茶，客人如不留宿，必是吃了"晚茶"再走。"晚茶"时分，烧饼店除了贴烧饼，也贴"长形""斜角儿"。"长形"有普通烧饼双倍长，因太长截成两半，一对出售统称"长形"。"斜角儿"是菱形不擦酥的少油烧饼，南通地区称"缸爿（pán）"，有甜有咸，外脆内软，有人早上用它卷油条，有人夹姜片佐麻油吃。通州还有一种咸甜通吃的烧饼"甜夹卤肖"，大胆将糖盐同纳其中，土话有云"甜夹 sào（咸），吃了不发躁（发火）"。

　　初中有位男同学，父亲去世得早，母亲一人拉扯儿女，靠贴烧饼赚生活。早饭时分常见她一手拉着年幼的女儿，一手拎一大篮烧饼，赶到校门口卖给学生，直到快上课，才匆忙走去儿子教室门口，递给他两个压到篮底的半凉烧饼。高中时候，校门口就有烧饼店，但教室离校门远，于是大家就分工，你去食堂打粥，我去门口买烧饼，回到教室一起分享咸菜花生米鱼冻。烧饼酥香的背后，或藏世道辛酸，或是热闹时光。

蟹黄包

　　据说东方的包子与西方的比萨最能代表各自民族文化：前者包馅内敛，众志成城；后者袒露开放，各自为战。这种饮食文化学观点，有那么点意思。不过，包子确是国食，大江南北、举国皆吃，各地特色无非是馅料翻新——荤的、素的；天上走的、水里游的，四条腿、两条腿、一条腿……

　　馅中最鲜最美最矜贵者，非蟹黄莫属。

　　江苏全境水网密布，江苏人向来善吃螃蟹，蟹黄包子并不稀奇——南京龙袍蟹黄汤包、淮安文楼蟹黄汤包、镇江宴春蟹黄汤包、泰兴曲霞蟹黄汤包、靖江蟹黄汤包、高淳蟹黄汤包、扬州蟹黄灌汤包、无锡蟹黄小笼包……多不胜数。

这些出名的蟹黄包，几乎都是汤包。汤包烫面薄皮、馅嫩汁浓，包子皮只是个容器，里面用皮冻、蟹油、肉泥混出的汤汁才是品尝重点。汤包很考验筷头功和吃相，常规夹取易扯破皮，常使汤汁尽流，下口随便一咬更是麻烦——汁水四溅、狼狈不堪。吃汤包须遵循口诀："轻轻提，满满移，先开窗，后喝汤"，方能从容品尝，也就是说，要在包子上咬个小口子，吮吸出汤汁再作咀嚼，谨防烫伤。近年较省事做法是随大汤包附一根塑料吸管，客人只需将吸管插入汤包，轻轻将汤汁吸出，便可如常下箸了。

吾乡蟹黄包无须这么麻烦。我们的蟹包面皮类似于扬州三丁包，精面古法发酵，蒸制后白、暄、松、软，厚薄适中，口感柔顺，嚼而生甜；"兜心"（馅儿）必用新鲜拆煮的蟹肉、蟹黄，混猪肉、皮冻、高汤熬出天然胶原，凝而不流、稠而不粘、糊而不稀，与气孔均匀的酵面完美契合，外皮洁白柔韧，中层饱浸膏脂，内馅咸鲜不腻，口感不以汤汁胜、以胶着胜，与汤包迥然相异。品尝它，无须恭顺迁就、小心翼翼，只管张嘴就咬、大快朵颐。老人孩子也不必忌讳牙口胃口，这种咬下去如棉花朵，嚼起来膏滋融融的大包子，无年龄限制、无消化障碍，一岁吃到百。

蟹黄包受欢迎很重要的原因在于——既品尝到螃蟹的鲜美又避免了吃蟹的麻烦——将剥好的蟹肉和蟹黄直接作为馅料——简直绝妙！剥蟹工作由专业的剥蟹人队伍进行，通常是家族传承手艺，工具有剪刀、线针、小刀、钢钎等，经过拆、剪、碾、轧、挑、剔……近十道工序，最终将数百斤螃蟹变得肉归肉、黄归黄。对于吃蟹这回事，倒真不是人人都跟笠翁一样有雅兴——"独蟹与瓜子、菱角三种，必须自任其劳。旋剥旋食则有味，人剥而我食之，不特味同嚼蜡，且似不成其为蟹与瓜子、菱角"（李渔《闲情偶寄》）。有喜欢亲力亲为者，就也有喜欢坐享其成者，吾乡蟹黄包，成全的是后者。

本地食客吃蟹黄包饶有讲究，一碟洁白柔软的蟹包上桌，须伴以若干细细姜丝、一碟浓浓香醋——驱寒解腻，全靠它们。小时候，哪里有好吃的包子店，外公必带领我们表姐弟几个去吃早茶，他会特地叮嘱店家，泡壶俨俨好茶，姜丝切细多盛点，醋要瓶装自己斟。我们激动地坐在桌边等待，包子店里氤氲着蒙蒙水汽，坐满各色早起吃包子的食客，有的还带来报纸，吃两口包子，喝一口茶，观几行字，快活赛神仙。片刻，一笼热气腾腾的菊色蟹包送上桌来，我们几个急不可耐、抢劫一空，外公不动筷子，只微笑喝茶，满足地看我们狼吞虎咽，仿佛他已吃完一笼。

外公给我们讲过蟹黄包的有趣传说：很久以前，如皋泰山脚下有两个洞，深不见底，大家都叫它"仙人洞"。据说洞里住一条大蟒蛇，蛇尾在洞里，蛇头能伸到北门城河对岸的包子店。那家包子店由于包子好吃，常常座无虚席。有一天关门打烊后，老板清点完包子数后便锁上大门回家。第二天早市时，他再点包子时却发现少了，一连几天都如此，老板怀疑是店里伙计夜里偷包子，就查问伙计。伙计们没偷，受了冤枉气，不肯罢休，决心查出个眉目来。他们约定夜里不睡觉，躲在北门吊桥底下盯着店里动静，他们等啊等，一直等到五更天，猛听得河面一阵哗啦啦水响，只见一条水桶粗的巨蟒蹿出水面，竖起身子拱开包子店楼窗，蛇信子一卷，一只大包子轻松下肚，这才是偷包子的元凶啊！可是，大蟒好长，胆子大的伙计沿着蛇身子跑，一直跑到城里的泰山脚下，才看到缩在仙人洞里的蛇尾。这么个害人精，你说怎么办？伙计将实情告知老板，老板害怕得求神拜佛，生怕得罪了蛇神。伙计们咽不下这口冤枉气，有个聪明伙计提出："白蛇娘娘喝了雄黄酒会现原形，我们要不也来试试，放点雄黄进包子里，让它吃了上西天！"大家买来雄黄，瞒着老板拌进了包子馅儿，专等蛇来吃。夜里，那巨蟒照常出现，一口吞一个，两口吞一双，吃完回洞后，再也没见它出来。后来，这家店就开始做起了蟹黄包，说蟹黄和雄黄颜色一样，蟒蛇看见了，不敢偷吃。久而久之，其他店也开始效仿，于是做蟹黄包子就成了本地传统，后来经过改进，包子越做越好吃，口味越来越鲜美。如今你来如皋品尝蟹黄包，一定要看到包子皮有黄澄澄的蟹油渗出，那才是正宗蟹黄包该有的模样。

在食物保存手段落后的年代，蟹黄包是一种应季食物，只在丹桂飘香、菊肥蟹壮的时节开售，如今，本地老字号"四海楼""孟家包子"一年四季都做蟹黄包，也曾在盛夏亲眼看到店家有活蟹入货，品质相对可靠。而街坊包子铺，严守传统，只做应季，过了吃蟹季节，便不再蒸售蟹黄包了。

脆 饼

　　吾乡茶食中，麻糕、云片糕、馓子、麻饼乃至董糖，别处都有，唯独脆饼，别处真不产。所以它不仅是茶食，还是特产，且是独一无二有名特产。脆饼是种中式干点，以面粉、糖、油为主要原料，长方外形，层多而酥脆，方便携带，老少咸宜。南通地区产脆饼历史已逾百年，讲起它的前世今生，真是说来话长。

　　有人把吾乡地区脆饼分成三个流派——南通派、西亭派、丁堰派。若把"派"换成"流"——南通流、丁堰流、西亭流，颇有花道、茶道气势，或可称"脆饼道"？南通派其实是南通地区脆饼的统称，西亭派与丁堰派的区别才是脆饼的确凿区分所在。吾乡茶食向来有粗细之别，老虎脚爪、云片糕等算粗货，而月饼、桃酥等就是细货了。脆饼原本也属粗货：方方扁扁、板正面光、没有一粒芝麻，略带焦苦，并不好吃。后来经一代代茶食店及点心师傅的悉心改良，粗货细做，才上升到细货的范畴。

西亭脆饼，见证了脆饼由粗入细的过程。传说以前，南通近郊的西亭镇上有家茶食店，老板是个做茶食的好手，能做各式各样的茶点，老板娘主外，两人齐心经营茶食生意。无奈天灾不断，他们一年忙到头却只能勉强糊口，后来遇到荒年，百姓贫苦，茶食店没有生意，不得不关门歇业外出谋生。几年后，凭着省吃俭用攒下的本钱，又重开茶食店，这时儿子已经长大，接替了母亲，与父亲一起经营店铺。西亭是小镇，顾客多是庄稼人，买不起细货茶食，父子商议，决定将粗货细做，以期盘活生意。他们在脆饼上动脑筋，加油加糖，外加桂花橘皮，方形改成长条，上面洒上芝麻，还改革筒炉、掌握火候，终于制成了松香酥脆的脆饼，生意红火。茶食店枯木逢春，老板为不忘昔日冷落之苦，起店号为"复隆茂"，该店流传至今，已成为西亭脆饼的正宗老字号。传说归传说，西亭脆饼的美名远扬，主要得益于近代通城之父张謇的大力传扬。张謇是清末状元，曾任民国实业总长，每年都要回南通西亭祭祖，他不仅自己爱吃脆饼，还以之为乡礼馈赠华商、外商以及达官贵人，脆饼能调众口，享誉内外。

西亭脆饼好比南通脆饼中的窈窕淑女——瘦削而长，喜好涂脂抹粉——素油、精面、白芝麻，虽为"淑女"，性情却刮辣松脆，一口咬下去，决绝分明，从不拖泥带水。有道是"西亭脆饼十八层，一层一层照见人，上风吃来下风闻，香甜酥脆爱煞人"。西亭脆饼不仅好吃，还很有品牌意识，上世纪80年代，亲友赠来的西亭脆饼包装已很讲究，硬纸盒子方方正正，红色底子喜气洋洋。尤记得放学后，钻进碗橱掏点麦乳精泡西亭脆饼，是童年无上的美味。

丁堰地处如皋东乡，比西亭离南通稍远，却发展出一套独有工艺，自成一派。丁堰脆饼也加芝麻，较之西亭脆饼，以酥著称。丁堰脆饼的盛名，第一得益于真材实料、工艺精湛。据《丁堰镇志》记载，"清道光年间，丁堰徐九如的祖父在中街开设徐恒昌茶食店，极一时之盛。店中库存食油五六大缸，红白糖一次进货数十包。制作脆饼，工艺精湛，从不偷工减料。"镇上茶食店众多，互有竞争，拌酥、制坯、上糖、烘烤等每道工序各家均不敢马虎，精心改良再改良，脆饼质量自然出色；第二得益于丁堰地理位置绝佳。丁堰镇是如皋东乡的主要集镇之一，位于通扬运河与如泰运河交汇点，北通海安、射阳，西连泰州、扬州，南接南通、长江，是苏中地区重要的水陆交通枢纽，集镇上，商来客往，运河上，船流如织。日久天长，在当地颇有口碑的脆饼也就成为了特产，作为馈赠佳品，受到外地客商欢迎；第三得益于丁堰脆饼自身。丁堰脆饼好比南通脆饼界的君子，为人方正——长方略扁，不仅谦谦体贴——口味有甜有咸（椒盐），还有风骨——经过高温烘烤，耐存放，不会因为天气冷热或时间稍长就失去其酥脆的口感。综合了天时地利人和，丁堰脆饼自然可以与西亭脆饼相提并论，共分天下。

以上脆饼，都经精工细作，包装成商品。乡人日常所吃，是另外一种——各家自带油粉，去作坊加工，量身定做，数量自定。这种脆饼大概就是脆饼最初的模样：不撒芝麻，红糖着色、焦褐板正，外形虽粗犷，滋味却忠良，存放得法酥脆延续数月。生活中，工人上班早了，农人干活累了，孩子放学饿了，老人想吃甜了，产妇坐月子了，脆饼都能以一当十！成年人爱干吃——脆崩！老弱病"产"多泡食——红糖、白糖、燕麦片、豆奶粉均可打底，风味各具。还有一种乡土吃法——泡玉米糁儿粥——乡人常食粥，有时肚里寡，脆饼含油分，泡食非常搭。

　　脆饼在我人生的两个特殊时期，扮演过重要角色。高中时寄宿在学校，吃不惯食堂，除了泡方便面，泡脆饼就成了女生们的救星。下了晚自习后，趁熄灯前那一会会儿功夫，大家抓紧时间从挂在床脚的零食袋往外掏五花八门的点心，我的零食袋里，总有母亲定做的脆饼，掰碎两个，倒进开水，脆饼变得烂烂软软，散发出红糖、素油的甜香。后来离乡很多年，都没有再碰过脆饼，直到生完女儿恢复上班，从油荤肉多的饮食中走出来，一下很不适应，隔两个小时胃中就会传来巨响——饿得慌！体力脑力的双重消耗使我担心起喂奶问题——孩子的口粮，会不会就此减少？前来照顾我的母亲神奇地变出一堆手打脆饼，说是在我产前就去定做，想给我坐月子当点心吃，月子里虽没有派上用场，现在吃却是正好！融入乳汁的脆饼，又开始滋补起我们的下一代。

　　蓦然回首，灯火阑珊之处，总有脆饼！

董　糖

　　董糖是一种饴糖点心，以前天冷了才做。幼时常看到家里长辈被赠董糖，也常自长辈糖罐中分得董糖——小小长方一块，红黄绿纸包着，隔着纸透着香，拆开来藕色一块，一层又一层，厚薄匀称，当中还有糖路像美人丹凤眼，咬一口，甜酥面，屑屑直掉。长辈会宠溺地跟在后面喊："喝口茶，别噎着……"牙不好的长辈会泡开吃。有时候跟大人去走亲戚，喝了晚茶才让走，客气的人家会放上董糖，小孩子吃一块就很饱。

　　大学时带过董糖给南京同学，她母亲特别爱吃。后定居南京，发现超市里也售卖董糖，名"秦邮董糖"，产地高邮。秦邮董糖买过看过吃过，无论包装还是外形还是口味，都比不得我所熟悉的董糖。这才想到，同学母亲爱吃我带去的如皋董糖，大概不是金陵不售董糖，而是口感有差距。

　　追本溯源，董糖姓董，但究竟姓哪个"董"？这就分出了董糖的两个身份来源：早一点的那个"董"，是明初永乐高邮进士董璘的"董"，姓这个"董"的是秦邮董糖，产自高邮，《江苏掌故·地方特产》中指其为高邮人翰林编修董璘孝母所制，有六百多年历史。秦邮董糖的有据可考，可追溯到清初著名的剧作家、桃花扇作者孔尚任留下的诗作《食秦邮董酥，同陈鹤山、颜遇五、从子衍栻分韵》："皮酒名第一，子鸭美无对。山客过秦邮，停桡定解佩。董家千叶酥，琐细难络喙。旅夜偶佐茶，乃知三者配。重叠雪花轻，胡麻同杵碓。不待芬齿牙，触手旋成碎。生津类蔗浆，甘凉或加倍……"

迟一些的那个"董"便是明末"秦淮八艳"之一董小宛，姓这个"董"的是如皋董糖。据传如皋董糖为嫁至如皋的冒董氏始作，三百多年来在如城传承至今。道光庚寅年《崇川咫尺录》中载："董糖，冒巢民妾董小宛所造。未归巢民时，以此糖自秦淮寄巢民，故至今号秦邮董糖。"要是据此，秦邮董糖和如皋董糖就指同一种东西，怎么会早董小宛三百年呢？事实上，冒辟疆在《影梅庵忆语》中提及，董冒二人在苏州初次见面，之后钱益谦从苏州半塘将董送至如皋，即便在金陵饮酒，也记载二人相伴而行，哪来什么邮寄的事儿？《崇川录》显然未解秦邮乃高邮别称，自作聪明自圆其说附会而已罢？

又有一说，指董糖的命名，与抗清名将、民族英雄史可法有渊源。说是当年史可法受明泓光帝命固守扬州，行军路经如皋，特到水绘园与冒辟疆相聚，受到同为反清志士冒辟疆的热情款待。冒妾董小宛敬仰史可法的民族气节，想到他即将奋战沙场，特用面粉、饴糖、松子、桃仁等原料精制饴糖，席终，董小宛奉上这种长五分、宽三分、厚一分的饴糖点心，为史可法饯行，并言明所包红纸代表了史大人一片爱国赤诚。史可法品此美味，心中五味杂陈，情知此次孤军奋战，难掩狂澜，势必与城共存亡……史可法离开时，冒、董二人赠董糖两箱，犒劳将士、以壮军心。史可法许诺如能获胜，一定派人随小宛学制此"董"糖，全军共飨。后来，清兵围攻扬州，史可法拒不投降，直到弹尽粮绝，将士们仍忍饥拼杀。城池临危这天，史可法以董糖分送将士，激励士气。说是史可法壮烈殉国后，衣袋里还留有两块没来得及吃的董糖。董糖为誉为气节之糖，酥软中自有硬骨头，后来流传下来，名扬大江南北，成为如皋土特产，这里姓的董，乃如皋冒董氏的"董"无疑！

从工艺看，虽然秦邮董糖与如皋董糖用料大致相同，都用芝麻屑、粉面、麦芽饴糖为原料，但如皋董糖无疑更考究，大致分为本味董糖和精制董糖两种。本味董糖以焦屑、芝麻、饴糖为基本原料制作；精制董糖以地产大麦焦屑、黑芝麻、麦芽饴糖为基本原料；另有各式加味董糖，如均匀撒入桂花得桂花董糖，浸玫瑰膏得玫瑰董糖，加桃汁膏、西瓜膏得水蜜桃董糖、西瓜董糖。正宗如皋董糖靠师傅纯手工制作，动用了"箩筛、粗筛、锅铲、芦穄把、簸箕、碓臼、切刀、压尺、响子、案板、炒锅、烧锅"等十来样工具，制糖粉、熬饴糖、包褶压型、层叠有序，成品横截面呈"丹凤眼"，酥软易化，幽香绵长，算得上一等一的精制茶食。

细细想来，象如皋董糖这样细腻成熟、精致完美的艺术茶点，完全靠凭空想象创制不大可能，就算小宛善厨艺——酿露敖膏晒豉无一不精，通风雅——作画供花品香赏月无一不能，心思细——逃难时亦能从容拿出"每十两可数百小块，皆小书轻重与其上，以便仓猝随手可取"的碎金，非常人所能。窃以为技艺创作总归是有原型、有基础、有影子、有迹可循的，之后再经天才归纳总结、提炼增减，才能传承改进、去粗取精、推陈出新。如今看来，小宛曾居金陵，见识过、品尝过早已存在的秦邮董糖也不一定，或许以之为蓝本精心再创造。这样想来，秦邮董糖倒像是如皋董糖的前世，因了小宛的姻缘和素手、巧思与才情，揉进自己的蕙质兰心，烘研磨焙、熬铺压切，才成全了这柔情百转、缠绵悱恻、香甜酥软的"水绘"名点吧！

据载，董小宛去世后，如皋董糖的制作技艺由冒氏家族传承，清光绪三十年（1904年），麒麟阁茶食店创设，冒家糕点师传人王任忠当掌作师傅，董糖技艺后传其子王一桂至二十世纪五十年代。王一桂终身未娶，传其外孙（甥？）段昊翔至今。2008年，"如皋董糖制作技艺"被列入南通市第一批非物质文化遗产名录，2009年，进入江苏省第二批非物质文化遗产保护名录。今天的如皋董糖，承袭了董小宛的正统，继续在雉水小城谱写着传奇。

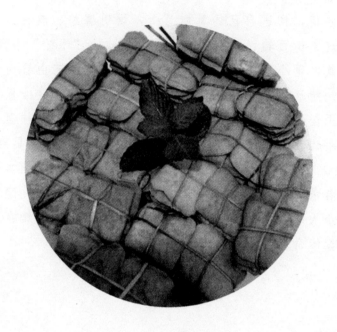

白蒲茶干

　　白蒲是块宝地，人长寿、食鲜美。白蒲镇地处南通、如皋之间，距离两城都六十里，有通扬运河（南通——扬州）穿镇而过。白蒲最早只是水洼地，蒲蒿遍野、芦苇丛生，远看白茫茫一片，近看水中又有陆地，住着几户人家，所以叫作"白蒲"。

　　茶干是白蒲当地特色豆腐干，外形别致，色泽如茶，口感鲜美。白蒲茶干的工艺，传说起源于某种巧合。早年白蒲有户做豆腐的人家，男人做豆腐，女人是渔家，两人早上卖豆腐，白天打鱼捞虾，每天起早摸黑，一起苦度岁月。那时白蒲住户不多，豆腐又是新鲜货，做多了卖不掉也留不住，经常亏本。男人为生计动足脑筋——少做豆腐，多做茶干——茶干水分少，当天卖不掉第二天还能再卖，他还用心改进茶干工艺——把茶干做薄做小，只拇指盖大，浸五香盐卤——茶干香喷喷，受到来往船户、当地住户的欢迎。有次连续刮风，河上无船、路上无人，新做的一批茶干卖不出去，男人只好将茶干摊晾在木板上，这块木板原本是妻子用来晒河虾籽的，没有收拾干净，黏了些虾籽在茶干上。夫妻俩当时并未在意，第二天风停天晴，船来人往，茶干销售一空，买家们回去一尝，越吃越鲜美，越吃越想吃，吃得停不下来，纷纷回头再买。消息一传十，十传百，白蒲茶干的美名随着南来北往的船只，传遍四面八方。男人悟出茶干鲜美的秘诀大概在于那无心之过的虾籽，夫妇开始专做虾籽小茶干，选上等黄豆，水浸细磨，石膏点卤，煮时加进五香、细盐，捞出后趁热撒上虾籽，用关丝草扎牢，方便来往船户旅客携带。如果传说属实，这对夫妇便是白蒲茶干的鼻祖了。

再后来，当地店家纷纷仿效，白蒲茶干逐渐闻名远近，当地凡采用此种工艺生产出的豆腐干，其实都属"白蒲茶干"范畴。白蒲茶干中，"三香斋"最佳。史载"三香斋"于清康熙年间创店，据说1689年乾隆皇帝下江南时，通扬大运河旁的白蒲镇献上"三香斋"茶干，乾隆尝后，赞不绝口，欣然御笔题字"只此一家"，"三香斋"从此美名远扬。民谣传唱："进入三里墩，闻到茶干香，茶干香又香，香溢镇四方"。

作为白蒲茶干中的金字招牌，"三香斋"白蒲茶干选料考究、工艺精良：其质柔韧，小小一片，消薄均匀，对角翻折，不裂不断；其色曼妙，浸酱色、染香料，色焦近茶，古朴醇香；其香悠长，不同于苏南卤豆干的浓甜，不同于安徽水阳干的厚软，不同于川渝麻辣干的薄劲，它鲜香咸美，绵甜甘软；其形精巧，拇指盖略大一片，四框压薄，面烙"三""香""斋"中任一字，二十片关丝草十字码捆一扎。茶干处处有，这么玲珑可爱的，却几乎没有！如今，白蒲茶干传统技艺不仅位列南通市非物质文化遗产名录，更作为省级非物质文化遗产，受到妥善保护。

白蒲茶干，"鲜"字当头。豆干本苦，原味略涩，乡人以"鲜"调和。茶干鲜味原本源自虾籽，我似乎也记得儿时吃的白蒲茶干，外皮沾些橙色小麻粒，如今已不见。三伏酱油可算茶干鲜味之本，乡人三伏三晒，特制酱油浸渍豆干，调咸淡，去涩苦。我总疑心他们改进过工艺，将二者整合为一，寓鲜美于无形——天下也是有虾籽酱油这等美味的！茶干的茶色，就是指这表层的酱色，酱色带咸，附色着鲜，所以没有酱色的白豆腐干只宜做菜，而茶色酱香豆腐干空嚼就很香。

豆干带个"茶"字，便沾染了书卷气。茶干最初得名，透着风雅，在士大夫生活富足的南宋末年，文人雅士闲聚品茶，佐配精制豆干食用，因其颜色近茶，"茶干"的叫法不胫而走。作为茶食的茶干，比瓜子优雅，比蔬果敦厚，是喝茶清谈的绝配。作为菜肴的茶干，可君可臣，能登大雅之堂，能入百姓厨房：一扎茶干摆好，淋醋汁、麻油，便算一道拿得出手的冷盘；与笋干鸡丝凉拌，好比富贵闲人，清净又知足；有功夫可将茶干片开，嵌进肉末，做成茶干夹子下锅；时间不允许也可直接热炒，配蒜、韭、葱、椒，烩鱼圆、肉丝、竹笋、菌菇……款款皆宜。

白蒲茶干能添"寿"。如皋水土长寿，首推白蒲，中科院南京土壤研究所曾取当地土壤样本，实证其中富含硒、锌、硼、镍等微量元素，难得的是，这些微量元素的含量及其组合正好适合人体，它们通过水及食物链滋养一方，使人延年益寿。截止到 2017 年 12 月，如皋市共有百岁老人 403 位，是中国百岁老人总数最多的县（市），白蒲镇共 12.3 万人口中有百岁寿星 46 位，百岁比为 3.7/万人，约是联合国规定的"长寿之乡" 0.75/万人标准的五倍。白蒲茶干一直承袭古法，所采用的原料无非是本地大豆、本地酱油、盐等，纯天然、无添加，物美价廉，当地人粗茶淡饭，几乎日日不离它。

金圣叹有著名遗言："豆腐干与花生米同嚼，有火腿味"，这话，一半真实一半况味。想起金陵名菜"马兰头拌香干"，便是将马兰头的清香、豆腐干的筋韧、花生米的松脆交织在一起，混杂拌食，烘托映衬，得"火腿"之香。而吾乡日常，常有男人温壶黄酒，拆扎茶干，剥把花生，边嚼边喝，如品"火腿"。本来人生怪趣，大半来自于戏谑混搭，用以抗衡生命之杂芜荒谬，闲时便也将茶干就花生米，细嚼感受当下。

白蒲黄酒

　　黄酒是国粹，古已有之，与啤酒、葡萄酒并称世界三大古酒。黄酒古到何时何地，已无据可考，中国汉族酿酒始祖传说有二：一为"杜康"——"何以解忧？唯有杜康"（曹操《短歌行》），自此杜康作为酒的代名词流传至今；二为"仪狄"——"昔者，帝女令仪狄作酒而美，进之禹"（《战国策》），后世遂将掌管酿酒的官员称"仪狄"。

　　三千多年前，夏朝，黄酒出现；商朝，大量酿制；周朝，首颁禁酒令。黄酒之厚劲，使夏朝高祖大禹也大醉过好几天，他立刻意识到"后世必有以酒亡其国者",便令仪狄不再酿酒。大禹一语成谶:夏终结于桀,夏桀"做瑶台,罢民力,殚民财,为酒池糟。纵,一鼓而牛饮者三千人",酒,成了夏朝灭亡的强有力推手;然而继任者殷商,也难逃纵酒亡国的命运,商纣"以酒为池,悬肉为林","使男女倮相逐其间,为长夜之饮",商亡于纣。紧接其后的周为避免重蹈覆辙,颁布了华夏历史上第一个成文的禁酒令——《酒诰》,以警世人。此后数千年间,华夏历朝历代虽时有禁酒,但顺应了人性的美酒,又怎会轻易退出历史舞台?黄酒温和中庸、古朴顺雅,适宜谈儒论道,又烘托世俗欢喜,黄酒文化促成了中国人独特的酒神精神。

正如伏特加之于俄罗斯、白兰地之于法兰西,中国的黄酒家族也尤其兴盛。按照主要原料、曲药以及酿制方法的不同,黄酒大致可以这样划分:北方有以黍、粟为主要原料,以天然发酵的块状麦曲为糖化发酵剂的黄酒,优质代表为山东即墨老酒、山东兰陵美酒、山西大同黄酒、河南双头黄酒等。也有以大米为主要原料,以纯种米曲霉和清酒酵母为糖化发酵剂的黄酒,如吉林清酒;南方惯以糯米或大米为主要酿酒原料,其中以红曲为主要糖化发酵剂的黄酒为一支,优质代表有福建龙岩沉缸酒、福建闽安老酒、梅州客家娘酒、广东珍珠红酒等。而以酒药和麦曲为糖化发酵剂的为另一支,知名代表有绍兴加饭酒(花雕酒)、绍兴状元红(女儿红)、无锡惠泉酒、张家港沙洲优黄、丹阳封缸酒、如皋白蒲黄酒……

终于可以说到白蒲黄酒了。黄酒,本地方言惯说"王"酒,江淮方言里掺杂了吴方言,事实上,白蒲黄酒的源头正是绍兴"王"酒,据说清康熙年间有位章姓绍兴人落户白蒲,开办槽坊,酿造黄酒,开启了白蒲黄酒的历史。虽说白蒲黄酒晚于绍兴黄酒,但它选用本地优质稻米,以加饭酒工艺酿成,稠亮醇厚。白蒲黄酒酒精度不高,本地人常年饮用,男女老少都喝,但后劲大，生客易醉。

　　酒于国，须得避其害，酒于家，却利于融洽。上学时曾寄住亲眷家，他家人口很多，老父老母生三女一男，连带儿媳女婿孙子辈十几口人都住一起，热闹非常。每每吃饭前，女儿们准备饭菜，老爷子会亲自走近酒缸，拿起竹吊，舀上满满一壶黄酒。温酒总是老爷子自己，他怕别人热过头，气"窜掉"不香。老爷子亲自守着饭锅，等差不多了就揭开锅盖，拿竹蒸笼往锅上一撑，凳上黄酒，才心满意足去摆饭碗，每天每顿都有子女陪他喝酒吃饭，每天每顿碗数也不一样。只等饭锅一揭开，黄酒端上桌，靠米饭热气温出的酒如油似珀，倒进蓝边碗里香气扑鼻，男人们陪老父喝黄酒、"港"洋经（吹牛聊天），女人或小辈们偶尔也伸头舔一口，咂砸嘴，"甜的！"然后继续吃她们的饭。

　　老爷子的黄酒靠大女婿从白蒲驼回，大女婿在白蒲镇上班，周末回丈人这里跟老婆孩子团聚，定期给家里扛回白蒲黄酒。老爷子最畅怀的时刻，便是一家老小坐下，儿子女婿陪他喝酒，他总是三个手指夹起碗，红光满面抿一口，对大家讲："你们一起来我这里住，我最开心！都来靠着我住，我才放心！"他常说这样的话，说法有好几种，意思没变过。

　　黄酒也是我外公的最爱，每次我们去探望他，他总掏出钱给外婆："老太婆！去街上买点好菜，待待姑娘堂儿（招待女儿一家）！黄酒不要忘！"招呼女婿喝白酒，自己总喝黄酒。他有时也弄个黄酒坛子，饭前白茶缸伸进去舀满，隔水温好，吃口老太婆烧的菜，咂口黄酒，心满意足。我们虽不与外公同饮，但外婆的红烧肉里，其实也饱含浓浓酒香，外婆用黄酒焖出的红烧肉，是永远的美味，陪伴着我们倍受宠爱、无忧无虑的童年。

　　成年以后，偶尔在家族聚会中，也会被劝酒："白酒、啤酒、红酒、黄酒，你吃哪一样？"白酒是成年男子间棋逢对手、觥筹交错的博弈，啤酒总与夏季、球赛紧密联系在一起，红酒有舶来气质，优雅中透着疏离，唯有黄酒，温文敦厚、亲热和气，还有什么好选？端起酒碗，与兄弟姐妹们隔空示意，抿一口热气氤氲的黄酒，酸涩暖意洋溢心头，忽然间就有了"归属感"——家族情谊，就像这黄酒，酒力看似若无，回味却又温厚，闷声默默不语，熨帖整个心头。

蟹黄鱼圆

　　吾乡最出名鱼圆莫过于蟹黄鱼圆。蟹黄鱼圆其实只是一种加馅鱼圆，因蟹黄馅料而身价倍增，算是母凭子贵。

　　鱼圆方言呼"鱼腐"，鱼肉似豆腐。水网密布的里下河地区，淡水鱼品类丰富，勤劳智慧的人们打来野生大草（青）鱼，灵巧地去皮割腥剔骨，将鱼肉与蛋清等剁茸混合、捏挤成球、入水定型，其色洁白、其嫩似腐，呼作"鱼腐"。

　　鱼腐是门手艺，并非人人会做，做得好做得巧才称"师傅"，家家办酒必请。小时候有次吃席遇上班主任，她年轻文雅，轻易不动声色。那天她招呼我随她同桌同座，吃到热菜上桌，只听她惊呼一声，"鱼腐！"抬头见一只热腾腾大汤碗摆上桌，鱼腐白，蒜叶青，麻油黄灿灿。老师招呼我："快快快，趁热吃！"我舀起一只，一口咬下去，圆子在舌尖颤巍几下，便化作甜美的汤汁，涓涓消失不见啦！鱼腐，实在有些娇柔害羞。

然而它又不是一味柔顺，有些师傅的手制鱼腐入汤滚沸后膨起，似浮出白云朵朵，入口柔滑又带有某种沙脆，如果你吃过加了鸡蛋的冰激凌，抑或蛋白充分打发的蛋奶酥，你一定能明白我所说是何口感。鱼腐如同骨相美人，由蛋清卷裹了空气臻于轻盈，暗藏于鱼糜深处，一旦触及你的味蕾，便能突破油腻庸常的防线，惊艳得你猝不及防。

去闽南去香港去台湾都曾品尝鱼丸，貌似也都一样——一碗清汤、葱花数点、油花飘荡，但纵然洁如玉、白似雪，爽口弹牙，尝来尝去毕竟是异乡滋味，那些鱼圆充满着生猛坚韧的海洋气息，全无肉质暧昧的百转千柔。毕竟手打鱼丸嘛，必须"爱拼才会赢"！

蟹黄鱼圆明明是鱼腐包蟹，乡人偏偏叫反，喊它"蟹包鱼腐""蟹包腐"，不知何故。不如学外地，老老实实叫它蟹黄鱼圆罢？如皋等地水系丰富，螃蟹虽多但略欠肥美，取蟹肉膏脂制馅较为讨巧相宜，蟹黄鱼圆、蟹黄包子皆此法门。也有说法指蟹黄鱼圆为董小宛所制，不可考证。倘真为小宛所制，定名恐更风雅，绝不会喊成蟹（乡音读 hǎi）包腐，风情全无！说到底，鱼圆是种鱼糜制品，起念一定出自某个爱吃鱼又怕鱼刺卡喉的家伙，于是"懒惰"成了第一推动力，完成了人类吃鱼史上的一次突破性变革——剁鱼出茸、汆水成型，由此衍生出淡水鱼圆、海鱼丸、鱼饼、鱼糕、鱼面……而蟹黄鱼圆不过是比普通鱼圆多了制馅、包馅工序，其余雷同。口感上它同时容纳水至鲜——蟹，水至嫩——鱼，鱼为蟹"神"，蟹作鱼"骨"，藏清鲜于滑嫩，置惊喜于余韵，虽只入口，却上眉头，融化心头。

异乡很难吃到新鲜柔嫩鱼腐，蟹黄鱼圆也多半回乡品尝。居宁多年，菜市所售手工鱼圆颜色发乌、口感僵硬，实不配称"鱼圆"，该叫"鱼皮球"。偶遇一兴化人所开小店，现制手工鱼圆，曾饶有兴趣观察他们去皮剔刺，确实高妙，惜成本所限，拆下来的鱼肉中红块不去，影响口感——红块最腥，也影响颜色——不够皎白。他们的鱼圆，虽胜远近，终不及吾乡。

又想起"鱼糕"，它大概要算鱼腐的堂兄弟，湖北荆州长湖湿地一带的人们起出淡水活鱼（青鱼、草鱼、鲢鱼等），出瓤漂净，剁泥加料，搅和打芡，整形入笼，上浇蛋黄，成品切片，黄白方正，煞是可爱！鱼糕与家乡鱼腐同为鱼糜制品中的"精英"，两者鲜美不相上下，最大不同在于：鱼腐靠氽水成型，鱼糕靠蒸制定型。有段时间非常着迷于荆州鱼糕名菜"全家福"，作为某家湖北菜馆的老食客，自然有特权要求老板将"全家福"中的鱼圆全部替换成鱼糕，吃得那叫一个痛快！可惜后来购来的鱼糕，太过执迷于古法——肥膘甚多，观感口感都受影响，这一美味就逐渐被我"抛弃"了……好在还有家乡鱼腐，使我继续安享免刺得鲜的口福。

近年来健身风盛行，每每看到俊男美女们强压口腹之欲，挖空心思吃草（菜）、食鸡胸肉难以下咽之时，便觉莞尔，要是他们晓得有鱼腐这样宝物，低脂肪优蛋白，口味又绝佳，又怎会坐视不"享"呢？开始吃辅食的小宝贝们，也完全没有必要花大价钱代购什么果泥肉泥，罐头有啥好吃？蔬菜碎鱼腐拌饭，足以养出一个健康活泼的中国胃。家庭聚会、乡人筵席，鱼圆皆可入菜，清汤固佳，若配"红嘴绿鹦哥"细菠菜少许、蛋丝两团，恰好比"两只黄鹂鸣翠柳，一行白鹭上青天"，讨个好彩头！

林梓潮糕

　　林梓潮糕是林梓镇名产，很多离开故土的人，多年后回到家乡，还忆起幼时童谣："如皋的董糖，丁堰的脆饼，白蒲的茶干，林梓的潮糕，三十里（平潮）的洋糖京枣，南通的砖头年糕……"林梓潮糕的地位，可是紧随白蒲茶干之后哦！

　　潮糕为中式糕点的一种。中式糕点如同中国菜系，按工艺能分出八个大类：油酥类、混糖类、浆皮类、炉糕类、蒸糕类、酥皮类、油炸类、其他类；按地可区分为：京式、苏式、广式、扬式、闽式、潮式、宁（绍）式、川式、沪式、滇式等。

　　从工艺上讲，潮糕是一种蒸糕。蒸糕是相对于烘糕而言的：潮糕蒸制，属于蒸糕，嵌桃麻糕烘制，属于烘糕。再比如，红枣发糕蒸制，属于蒸糕，枣泥麻饼烘制，就属于烘糕。按地域来说，吾乡地处苏州、扬州的边缘交接地带，风俗、物产与此两地交融相近，本地所产林梓潮糕，究竟属于苏氏还是扬式，并不那么绝对——传统林梓潮糕用米粉制作，桂花口味，口感上具备了苏式花香入馐的传统但避免了苏式糯米糕团的甜腻，风格上具备了扬式潮糕的绵软又偏离了扬式经典的"麻香"，它集苏式扬式糕点的优势于一身，独特而美味。林梓潮糕以创于清雍正年间的"老万和"所制最佳，"老万和"潮糕直径尺许，厚有一寸，雪白糕面上划刻着平行竖纹，六个红印团绕其上，喜庆又吉祥。

我的婆母、先生的母亲是土生土长苏南人，从小到大最爱吃的点心就是各种苏式糯米糕团，如黄天源的猪油年糕、青团等。人随着年龄的增长，消化能力也逐渐减弱，渐渐地，她能吃的糯米制品越来越有限、越来越小份……有次回家，我特地采购了"老万和"潮糕带回南京，她来家里吃饭前将潮糕蒸上锅，爱吃米糕的她，老远就嗅出潮糕的香味，非常期待的模样。没等饭菜上桌，我就打开饭锅，先给她切出一大块皎白绵软的潮糕，告诉她并不全是糯米，让她安心地大朵快颐。那次，她没有碰米饭，光顾着吃潮糕了。

林梓潮糕的特别之处正在于此——米粉的配比须是"糯三粳七"，多不得也少不得；须是新米，若糯米少了，糕不黏滋，若粳米少了，糕易走形。据说百年老店"老万和"迄今还坚持古法，浸米的水一定来自店内老井，夏浸三（天）、冬浸七（天），每日换水。浸好的米再经木捣石臼手筛，出来的米粉白如雪、匀如霜。除对粉质高要求，老字号对配料也很讲究——桂花必选"金桂"，金桂色灿烂、味幽远，代表了典雅纯正的中国风味，用以衬托米粉清香将将好。

其实完全可以将潮糕理解成市面上流行的"米粉蒸蛋糕"。

西点蛋糕的细腻出自两点：一是面粉筋度低。潮糕之所以强调"糯三粳七"比例，原理类似于往筋度较高的硬质面粉中掺入淀粉，降低粉质整体筋度，确保酥松；二是面粉反复过筛。潮糕制作过程中，要进行两到三遍筛粉，首度要筛除结块，中途要筛开白糖、桂花等添加物，最后还要用细目筛子筛米粉，确保疏松。正是以上两点使得潮糕松而不垮。

潮糕比西式烤蛋糕更绿色健康。在西式烘焙中，蛋糕往往有蛋、油脂的加入，借助糖分进行搅打，往蛋白中混入大量空气，达到轻盈膨化的效果。可惜大量糖分、油脂的高热量恰是现代饮食比较忌讳的部分。看看古老的中国人是怎么做的吧！在长江流域的稻米之乡，人们就地取材，选用清香新米碾磨成粉，取粳米糯米二者刚柔之长，通过二次过筛、变换筛目，反复松散米粉，最终由细筛将米粉直筛入笼，米粉堆积渐渐成型，米粉间隙自然形成，这最后一步看似费时费力，却极巧妙地奠定了林梓潮糕比其他糕点暄软的基础——空气感。"空气感"的又一来源是"蒸制"——潮糕的蒸笼需特制，上大下小，三十几厘米高，潮糕胚只高居于蒸笼上层两三厘米处，下面空出的二十几厘米是预留出的空气流通层，潮糕师傅往潮糕表层快速划出平行线条，上通下达，确保蒸汽效果达到最佳。"蒸"比"烤"更健康——能最大程度保留食物原味和营养物质，蒸制食品无须油糖助阵也能美味，烘烤食品失去油脂口感绝对逊色很多，林梓潮糕既规避了现代食物不健康的雷区，又凭借精妙的工艺呈现出绝佳口感，清新又天然。

不知由谁起始，将洁白如玉的潮糕盖上艳丽的大红印团，为潮糕渲染出吉庆气氛。记忆中，"老万和"潮糕六个大红圆印富丽华美，正当中一个，周围五个环绕，这种和和美美、团团圆圆，恰如中国人家寿桃上的红晕、馒头上的鲜红胭脂点，于精心点缀中透露人们对幸福的向往！

脱脂肉

肉食者鄙，肉渣更是鄙中之鄙。偏偏如皋这个地方，既盛产肉制品，又擅长将猪油渣演变为"脱脂肉"，还尊为特产，稀奇！

如今成为特产的脱脂肉，方言叫——"脂油粑儿"。脂油粑儿大概的确脱胎于油渣。我记事时，也就是上世纪80年代初，猪肉还很珍贵，并不能天天吃到，很多时候家里买回猪肉，多为肥瘦相间，油水十足。有人家特地专买肥肉、板油炼制出猪油，汪汪地倒进搪瓷盆子，冷却后凝脂如雪，俗称"脂油"，锅内所余焦黄残渣，便是"油渣"，也叫"脂油粑儿"。会过日子的人家拿碗爱惜地将其盛起，用来烧青（白）菜豆腐，偶尔也会挑几个给小孩子当零嘴。家常版的"脂油粑儿"是种"脱脂肉"。

如皋当地"东串猪"出色，猪肉加工业为当地经济重要支柱。"上帝的归上帝，恺撒的归恺撒"，生猪的精华部分自然被加工成优质火腿、香肠、肉松等，源源不断销往国内外市场，剩下猪头、猪杂等也各有妥善去处，绝妙的乡人不仅将猪头肉爊制得远近闻名，也将猪杂祛脂后华丽转身，美名曰"脱脂肉"。成为特产的脱脂肉，也分三六九等，便宜的是便宜的部位，贵自然也有贵的道理，可自己找作坊加工，也可购买品牌产品。市场上"脱脂肉"品牌还挺多，不断开发出脱脂肉新产品、新吃法，包装精美，销路不愁。

其实，无论是家常版的"脂油粑儿"、还是工业化的"脱脂肉"背后，都暗藏着这个时代所稀缺的惜物态度和匠人精神。起初不过是些肥猪肉、猪下水，但也丝毫浪费不得，直逼尽最后一滴残油，剩下的部分也依旧可以食用。"一粥一饭，当思来之不易，半丝半缕，恒念物力维艰"，乡人们大概就是以这种初心开始制作"脱脂肉"的罢？如今升级版的"脱脂肉"精选特定部位（五花肉），压模成饼、携带方便，直接吃可行，炒青菜炖白菜亦别有风味，切薄做酥又是脆香零食……猪油渣的学问被挖掘发挥到极致。所有这一切全凭匠人师傅的"金手指"，唯有他们在机器和速度统领一切的年代，仍耐心地给猪肉榨油去脂，推陈出新猪油渣的口感，用专注挽留手工精神，做着这件平凡又特殊的事情。

爱惜猪肉的传统，吾乡早已有之，有的还颇具时代特色。在一本专门记录"肥肉"的书籍中，我看到如皋籍女作家黄蓓佳对猪肉的回忆，甚为有趣——

"记不清是一九六三还是一九六四年，也记不清是什么原因了，我们老家县城运往苏联的一大批猪肉被拒绝入境，发回原地。当时那是一件大事。猪肉价贵，不宜贮藏。搞不好霉变生蛆，损失巨大。迫不得已，县里提出号召：爱国吃肉。""那时候的人思维简单，一说爱国，人人争先。尽管肉价昂贵，我父母出于爱国之心，倾半月工资，踊跃扛回家一只肥猪后腿……"据说这只后腿，她们家足足煨了三个时辰，一锅汤浓白咸香，"狂欢的气氛。手舞足蹈的老小感谢苏联老大哥，感谢体恤我们的县委领导……"可惜结结实实饱餐一顿的黄老师，在其后看戏途中，吐了……她最后回忆说，"那一夜我总共吐了三次。无法想象一个人的胃里能装下那么多东西。实在是撑着了。"

　　我实在好奇，那时的领导怎么就想不起有"脱脂肉"这种东西呢？也许只需号召"爱国脱脂"，黄老师的胃就不必受那吃撑之苦了！

　　"脱脂肉"口味有其独到之处。记得小时候放学后，跟同学一起玩，有的孩子会踮起脚，从高高的堂屋粮柜里揪出点"脂油粑儿"，分给伙伴们，大家一起津津有味地咀嚼起来，很多人多年后仍惦记这一口，每次回家必去买点"脂油粑儿"尝尝，以慰乡愁。而这也不仅仅是局部现象，美食家沈宏非就曾将"猪油渣"比作凝固的音乐，说"小时候在上海，小食店里一小碟撒了点盐花的猪油渣，常常会是我和一些同学放学之后的下午茶点心，而且属于豪华型的高消费，只可偶尔为之"。他提及在法国的葡萄酒产区博若莱，猪油渣迄今还是很受欢迎的小吃，当地人以之配酒，这使他老怀大慰，觉得若是猪油渣的馋瘾一旦发作起来，起码还有一个去处，尽管稍嫌远了些。其实，哪用那么复杂？两百里外的吾乡猪油渣（脱脂肉）任君享用！

　　最爱猪油渣的名人食客，大概要算蔡澜。多年前看他主持的美食节目，大为惊骇——生猪肉都敢吃，什么都觉得要舀点猪油才香，大谈"猪油捞饭"为死前必食，实在令人叹为观止。他自言猪油渣是他最爱的食物之一，特地撰文《猪油渣》详细点评各色猪油渣，他一度为广东中山乡下的猪油渣所绝倒——"这和我以前吃过的猪油渣完全不同，其薄，似空气；其松化，有如西方的烧棉花糖；其脆，比炸虾饼要脆十倍。"他闭门仿制，总算研制出独门蔡家猪油渣了。其实，蔡先生也真没必要如此费事，有机会不如寄几包吾乡"猪油渣"（脱脂肉）请君品尝！

荤食

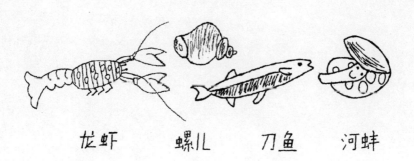

龙虾　　螺儿　　刀鱼　　河蚌

河　豚

　　吾乡临江近海，水产丰富，其中最有名者，河豚也。为什
么有名？因为"拼死吃河豚"！河豚剧毒又极鲜，所以名气大，
刀鱼、鲥鱼、鲴鱼等虽也美味，但不必拼了性命去吃，不刺激。

　　小时候，河豚大多是长江里野生的，偶尔在人家吃酒做席
时吃到，主人家必是花了大价钱待客。河豚一般采用红烧，不
作兴劝菜，母亲会先尝，然后再搛点给我，说："这是河豚！"
我点点头，吃了，除了觉得肉细腻点，也无甚特别。

　　外公上班的镇，离长江不远，镇上有悠久的河豚烹饪历史，
饭店里有烧好的河豚外卖，必须厨师亲自尝过才能放出来。一般
人家平常无事自然不会特地买来吃，但如有小型的家庭宴席，去
买一些回来做一个大盘子，是件相当有面子的事。同样的规矩，
主人既不会按位分筷，也不会主动劝菜，一把筷子往桌上一放
——自取，颇像自视甚高但服务态度不好的小馆——爱吃不吃！

一直都在饭桌上与河豚见面，其实不知它长什么样，想来不过一种鱼罢了，从无察觉到死亡气息——大人们吃得兴高采烈，丝毫不用拼死！其实，吃河豚并不像表面那般风平浪静，河豚毒是强烈的神经毒素，毒性相当于剧毒药品氰化钠的1250倍，只需0.48毫克就能致人死命。据说每年都有不少人因贪吃河豚而中毒，大多是由杀河豚、烧河豚不规范引起的。但人类又实在舍不得河豚的鲜美，为着食品安全、为饱口腹之欲，如今吾乡饭店都去延请正规河豚厨师，他们至少要经过两年以上培训，具备省级河豚烹饪上岗证，会严格遵循去毒程序，以野生河豚的料理方法谨慎处理养殖河豚（毒性较小）。总之，通过正规渠道吃河豚，安全系数更高。

　　一直到很久以后，才在明档经营的饭店里看到玻璃缸里小马达般欢快的巴鱼，才明白为什么它叫河"豚"。通常我们所吃的野生河豚是从海里洄游至江中产卵的海底鱼，身体圆滚滚，像水中"刺猬"，遇险时胀气成球，竖起皮上倒刺自卫，变成肥胖小猪，又一说河豚被捕出水时发声类猪叫，猪者，"豚"也。也有叫它"气泡鱼"或"气鼓鱼"的。单就外形来看，河豚不失为一种淘气可爱的动物呢！

　　吃河豚的标配是河豚师傅。江边小镇会料理河豚的人很多，很多人家里长辈总有个把会这一手。据说常规套路是这样的：师傅有两人，一人杀、一人盯；工具要两套，生一套、熟一套。河豚身上卵巢、肝脏、眼睛剧毒，剥皮去眼掏内脏务必干净利落——鱼肉要洗清爽，鱼眼内脏要点清爽——"洗"要洗到看不到一丁丁血丝，"点"要点到内脏一个也不能少、眼珠要成双。清洗对于料理河豚非常重要，所以又叫"拼洗吃河豚"。杀好的河豚分成可吃部分和抛弃部分，可吃部分包括河豚身体、肝和肋，抛弃部分包括河豚的眼、腮、肠、子、脊血等；可吃部分挤尽鱼血，继续漂洗浸泡，不可吃部分清点完成后，须像对待医疗垃圾那般小心，土办法是将鱼眼、内脏、鱼子放进盛装草灰的畚箕里，搅拌沾灰，最后将其投入粪坑或深埋、焚烧，以免被家禽舔食或被人误拣煮食中毒。

起火烧河豚也有很多讲究。土灶煮河豚，厨师必先铲尽铁锅底灰、掸尽灶上尘，锅口要撑洋伞或遮老纱帐，防止蛇鼠贪香或土灰掉落。河豚入锅前还要再逐个检查一遍，去除残血、切除伤口、剔除血隐，才敢放心下锅。河豚下锅顺序不可错：先下肝片，肝片最毒，重油烧至结壳，捞出；再烧鱼身，配上作料，高温油煎，与肝齐齐焖透；皮与肋无毒且鲜，最后下锅；烧煮过程中盖不离锅，所用盛具皆高温消毒，烧鱼铲刀置锅内同煮，以尽余毒……出锅前，各家师傅自然都有独门试毒秘诀，但最终的试毒，要由人来完成——大厨试吃十分钟，河豚才能端上桌。

清明前后江豚最美，毒素也最强。二十世纪八九十年代，长江的生态环境还未恶化，住在江边的同学说她小时候吃河豚吃到腻，那可都是江里的野生河豚。但随着自然环境逐年恶化，"蒌蒿满地芦芽短，正是河豚欲上时"已成为过去，野生河豚极其稀少罕见，取而代之的是大型养殖企业出品的人工驯化品种，鱼体中的毒素被降低至安全食用范围，酒庄饭店会用"巴鱼"来含糊称呼它们，以显示是无毒品种。

吾乡河豚的传统烧法当然是重油——放蒜瓣红烧，或白汁——金花菜打底清炖。河豚鱼皮可单独入菜拌三丝，河豚肝油煎、红糟各有特色。也有地方引进日式吃法——鱼生，但不大符合国人饮食习惯，风险也较高。老家年轻一代，大多是吃河豚的行家，一次回家吃酒，同桌的堂妹详细向我科普巴鱼与河豚的区别，远房弟弟指导我将鱼皮反卷过来整吞，说是养胃。

记得有次在盐城，席间有道红烧江豚，河豚与五花肉同烧，肥美鲜嫩异常，主人不无得意地说："放心吃吧！我们这是从如皋特地请来的师傅，不会有问题！"

拼死吃河豚

刀 鱼

刀鱼鱼身如刀，倒着可以竖立起来，因而得名。海刀、江刀、湖刀虽都叫刀鱼，但味道相差甚远，其中江刀最美，也最昂贵。历史上，刀鱼与河豚、鲥鱼一道，并称"长江三鲜"，这三者都属长江洄游鱼类，咸淡水两栖，每逢春季溯江而上，在淡水产卵繁殖后入海，因此肉质迥异于一般江鱼，鲜嫩细腻，备受历代食家追捧。

如皋临江地区为长江入海前沿，江鲜资源本该最为优质丰富，但如今江水污染严重，加之人类长期捕捞过度，三鲜中，河豚已被驯养，鲥鱼几无踪迹可寻，刀鱼也接近消亡边缘。多年来人们津津乐道的长江鱼野鲜美，大概也要随着它们的稀缺而渐趋式微，或许以后将只是美好传说了。

不过，江边人一向秉承"今朝有酒今朝醉"精神，有鱼堪吃直须吃。在我们小时候（上世纪80年代），普通家庭还是吃得起刀鱼的，比较讲究的家宴也能吃到，清蒸为多，然而我并不爱吃。为什么？刺太多！作为一个吃鸡只啃大腿，吃肉最喜大排的人来说，吃鲫鱼都觉得困难，吃刀鱼简直是折磨！要对付那些细乱如麻的芒刺，如何有心思去欣赏刀鱼的味美呢？我总是很干脆地放弃吃刀鱼这等"美"事，好在，吃刀鱼还有更好的办法。

　　有次去我舅舅家，舅妈正在灶台上忙活，表弟神情很兴奋，告诉我："姐，今天吃刀鱼馄饨！"看表弟兴奋的模样，我倒不禁也有点期待！舅妈特地熬好一锅母鸡汤作底，我们眼巴巴地守着这锅热腾腾、香喷喷的鸡汤，期待主角的出场。不一会儿，刀鱼馄饨起锅，每人面前放只大汤碗，舀进黄澄澄的鸡汤，撒进翠生生的葱花，捞一群皎白的细馄饨，顿时鲜气弥漫，饭桌生香。虽说馄饨馅中还是难免夹点毛刺，但不得不说，这"长江三鲜"之一的刀鱼，不是浪得虚名，只要吃法得宜，像我这样的懒人也能坐享其美！

　　刀鱼好吃刺难摘。就拿刀鱼馄饨来说，馄饨制馅，先要出刺，店家出尽百宝，采用许多方法——一、用棒"敲刺"；二、斩碎后"滤刺"；三、煮半熟"捏刺"……但这些都会一定程度上折损刀鱼的鲜味。制馅最传统的手法如下：取江刀（鱼）中一两左右的毛刀（鱼），不去鱼鳞，直接剔除脊椎大骨，将鱼肉洗净平铺砧板上，以刀背轻剁出刺，待小芒刺出尽后，再以刀刃剁茸成泥。刀鱼馄饨馅儿中并不纯用刀鱼，有的地方馄饨馅儿采取七分鱼、三分猪，有的地方馄饨馅儿加入秧草，有的地方不太讲究，则加韭菜，以上各种，混上蛋清、猪油，葱姜料酒适量。刀鱼馄饨皮须特制，市面上普通碱水面皮不合格，须采用纯面粉、纯蛋清薄轧而成的面皮。如此种种精制出来的馄饨，如不以鸡汤或鱼汤打底，以蛋皮、紫菜、葱花烘托，是对不住每个环节所下的心思和工夫的，价格昂贵也是应该……

清明前后，长江刀鱼从东海出发，经崇明一路往西，途经如皋、常熟、张家港、靖江、江阴等地，等待它们的是层层重重数百米捕捞的大网。江阴人普遍认为，能从崇明长江口开始，突破千张渔网而抵达江阴的刀鱼，简直就是刀鱼中的"战斗"鱼，他们对这些"精英"持有敬意的方法就是——吃！又有说法："刀不过镇江"。其实，刀鱼本是长江三鲜中产量最高的鱼类品种，上世纪80年代，捕捞刀鱼的渔船都是摇橹的帆船，渔网的质量也比较差，据说当年一网下去，每网都不会落空，大刀鱼能达三两左右，刀鱼价格也比较正常。九十年代以后，机械化捕捞开始，刀鱼长江洄游沿线水质开始恶化，刀鱼数量逐渐下降，价格遂逐年上扬。进入21世纪，刀鱼价格与日趋稀少的捕捞量成反比，每斤由600元/斤跳升至1600元/斤甚至2000-3000元/斤。至如今，三两以上的刀鱼价格已达8000-9000元/斤的天价。

　　现在吃一条小小刀鱼，动辄成百上千。能吃上刀鱼，往往成为身份与地位的象征。每条刀鱼连脊骨都舍不得丢弃，做成椒盐炸骨嚼碎下肚——这样的饮食，不免让人觉得悲哀！人类的饮食链中，是否真的就单缺"刀鱼"这一节呢？还是为了满足口腹之欲，于是不顾一切豪取猎奇呢？或是仅仅因为获利丰厚就不惜锋刀利器，挖空心思围追堵截这种远行生子的可怜鱼类呢？"扬子江头雪作涛，纤鳞泼泼形如刀"的盛景早就成为过去，可惜人们并不主动进行反思，刀鱼天价，屡禁不止，沦为消费符号的牺牲品又何止刀鱼？其背后折射出的人与自然的关系，已是畸形。

　　人在破坏环境这条路上一意孤行，终致无路可返。

文　蛤

去菜市场买菜，海鲜摊头热闹非凡，探头进去一看，原来有新鲜文蛤运到，奋力挤进前排，白头发阿姨正往漏篮里挑文蛤，边挑边说："菜花儿黄了，蟪螯（文蛤）肥了，正是开始吃的好时节！"我也赶紧称上两斤本地带壳文蛤，现场劈壳挖肉，看到只只晶亮饱满，自觉十分满足。随着劈蛤人娴熟的手法，文蛤壳纷纷掉落桶中，心头一动，跟摊主讨要些花纹美丽的蛤壳，一并拎走。

比起南方文蛤，本地文蛤要贵出一倍不止，即便单看外形，也知一分价钱一分货，只要略加比较南方文蛤的细瘦单薄与本地文蛤的肥硕厚实，购买的天平便自然而然会发生倾斜——贵有贵的道理！

本地文蛤来自吾乡往东一百多里的如东滩涂。那里曾有过一种职业叫"挑鲜",挑鲜人多为脚力好的青壮年。五更天，鱼儿出水，蛤蜊进筐，挑鲜人接过赶海人连夜捕踩的海里鲜，负上一两百斤重担出发，越过芦苇滩，翻过海坝堤，一路狂奔百多里，尽快赶往如西（今如皋，原辖如西、如东两地）早市，走得慢近午才达，担子落后一步，鲜货价钿减损几分，如西人的恣意口福完全建立在如东挑鲜人的辛苦奔波之上。如今，交通工具发达，陆地道路平坦，海鲜运输通畅，食客吃鲜稀疏平常，挑鲜职业已成过往。

曾有如东同窗半开玩笑地敬告我们："在你们心目中，大海一定都是蔚蓝蔚蓝的吧？但我要告诉你们，我们那里的大海可不是你们心中那样，我们的大海——是黄色的！"我虽没亲眼去见黄色的大海，但一直知道黄海对如东沿海有种特别的馈赠——文蛤。如东南黄海滩涂临近长江入海口，浅海辽阔，泥沙松软，阳光充沛，气候温和，水质盐分适中，海藻和浮游生物丰富，特别适宜文蛤生长，虽说周边的启东、海门等地也产文蛤，但名气最响、产业化最早的还要数如东。如东文蛤也有区分，有本港天然文蛤，也有人工养殖文蛤，人工养殖文蛤又分本地养殖和异地养殖。受气温限制，本地养殖文蛤只供应每年四月至入冬前这段时间，为满足市场，很多养殖户将文蛤苗运往广西、广东等温暖地区养殖，育成后运回本地接棒冬季文蛤供应。如东人自家吃自然只认本港货，我这如皋人买到的本地文蛤估计该是本地养殖，旁边的南方文蛤大概就是南方一带养殖的吧？橘生淮南则为橘，橘生淮北则为枳，水土风物，真的好有讲究！

我自然不如如东人生猛，将文蛤生炝着吃——盐、白酒、葱姜蒜，醋、麻油、细砂糖，这"天下第一鲜"海边人能一口一口吃得过瘾，鲜得眉毛也掉下来，我却不能。"是葱爆呢？还是蒸蛋？"我一路盘算……

最传统经典的自然是做饼。《随园食单》中"捶烂蟶螯作饼，如虾饼样煎吃，加作料亦佳"。现代版文蛤饼是要混入猪肉、鸡蛋、荸荠等丁末，调入面粉、精盐及佐料，与文蛤碎一起搅和拌匀，热油中煎成鸡蛋大小的圆形薄饼，酥香鲜脆。其中荸荠一味，不如用丝瓜，丝瓜清鲜，文蛤腴美，且都有种似有若无的柔滑，此二者搭配才真叫"吃了文蛤饼，百味都失灵"。

同买的有韭菜，与文蛤同炒，最为家常，是懒人搭配。可惜没买豆腐，文蛤与豆腐清炖淡雅，下汤则鲜滑。也可切碎些韩式泡菜，来两片五花肉煸底，大酱葱丝嫩豆腐，不吝啬地搁入好多文蛤，我向往就着这样的泡菜汤冬夜煲剧。

回到家，还是没想好要怎么吃，且将蛤肉放一旁，倒出一堆文蛤壳卖力清洗，女儿自然很开心，围着我问东问西。

"这是什么呀？"

"文蛤！"

"文蛤是什么呀？一种贝壳？"

"是，文蛤是一种美味的贝壳！南通文蛤最鲜！"

"这么好吃，我们要怎么吃？"

"还没想好，喏——贝壳送给你！"

"贝壳真美丽！谢谢妈妈！——啊，我想到吃什么了！"她指着家中几只熟透的农家番茄，兴奋而急促地说，"海鲜意面！妈妈，做番茄海鲜意面！"

绝妙的直觉！天才的创意！番茄海鲜意面，一举划出了我与她的分野：我所能想的菜式仍囿于传统，她则开始重组食材拓展疆界，下一代俨然已是口味国际多元的一代。

顺时针洗搅文蛤肉，换六遍水，去沙滤净，一点点酒，一点点蒜泥，一点点白醋（或柠檬汁）……烂熟的番茄酱在旁熬煮，唯一遗憾家中只有五号通心粉，还是略有点粗，我更中意用一号"天使发丝"来搭配文蛤……假如你要增添点风味，不妨假装自己住在香草满园的意大利乡间，没有罗勒或欧芹，替之以佩兰或藿香——这些到处有。当晚一盆热腾腾的文蛤意面广受好评，浓稠的番茄酱汁饱浸白嫩柔滑的足料鲜蛤，每个人都吃得酣畅淋漓，回味不已。

而那些洗净的美丽蛤壳，是更好的环保教育——"妈妈小时候，有一种特别的面霜，装在有趣的容器里，猜猜看，那是什么容器?"我有意无意地在她眼前将文蛤壳张开又合上。

"啊，不会是装在文蛤壳里吧?!"

"哈哈，恭喜你，答对了! 就是文蛤壳! 那种面霜叫 wài 儿油，几乎每家都用。你看，每一个蛤壳的花纹都不一样，女孩儿们每次抹脸前打开贝壳，就像海底的人鱼公主上妆呢!"

"嗯，蛤壳这么有用，我要用来做我的首饰盒!"

"好啊! 可是，你要放进去的首饰在哪里?"

……

马鲛鱼

　　小学时，冬季早晨挣扎着起床，顶着清冷的寒雾走路上学去，路过菜市场，鱼贩们总在上货。他们穿着长长的高筒靴，带着厚实橡胶围裙，吃力地抬起一箱箱满是冰碴的鱼箱，搬上推车或摩托车，泥泞湿滑的地上，零星地掉落些木桩般硬邦邦的纺锤形银鱼，尖头燕子尾，散发出阵阵咸腥海味。

　　这种泛着幽光的咸腥鱼类，是当时为数不多适宜长途贩运的海鱼，叫马鲛鱼。马鲛鱼是近海温水性洄游鱼类，冬季在外海过冬，清明谷雨前后结群洄游，一部分进入我国渤海、黄海、东海等近海区域。在胶东及以北地区，它叫鲅鱼，辽宁营口港附近有因盛产鲅鱼而得名的"鲅鱼圈"，江苏省最北的连云港临近山东，鲅鱼与马鲛鱼混叫，到了淮河以南就都叫马鲛鱼了。马鲛鱼与带鱼、银鲳等海鱼一样，出水即死，离海远一点的地区所售卖的都是冻货。

　　有一次在大连，出租车大哥实诚热情，载着我们穿过梧桐深深的日式老街区，七拐八拐后停到一家不起眼的饭店门前，周围都是破旧老洋房，店内装饰也停留在上世纪末，但生意非常兴隆，一群群当地人围着大圆桌吃喝谈笑、兴高采烈，这才是真正的街巷美食。服务大姐给我推荐了鲅鱼水饺和几种海鲜，水饺个大皮薄、滋味鲜美，海鲜分大量足，吃得过瘾。那一路越过渤海海峡，途经烟台一路南下，直至青岛，每站必点的就是——鲅鱼水饺，不同地区饺馅有所差异，有的是纯鱼肉馅儿，有的加入韭菜，有的海腥味儿重些，有的清鲜可口……

　　胶东地区有传统民俗"离家饺子回家面"，回家用面条接风，出门吃水饺饯行：面条细长缠绕，寓意"牵绊""留住"，希望亲人回家常住不远游；饺子圆圆滚滚，又叫"滚蛋饺"，寓意"利索"，希望亲人出门放心，不要牵扯挂念。可是，不知有多少游子，梦里都牵挂着临行前妈妈亲手做的鲅鱼水饺呦！

　　南通地区不吃水饺，吃扁食，鱼肉入馅儿较少，更不会用马鲛鱼。那时候冷冻后运来的马鲛鱼个儿大，刺少肉厚，入味不易，腥气也重，家常多用红烧，但不是人人都能烧得好吃。我原本不吃马鲛鱼，高中寄宿时伙食差，有个同学家里送来一盒红烧马鲛鱼，招呼大伙儿同吃，一尝之下惊为天人——世上竟有这么好吃的鱼肉，清甜无刺，滋味绝佳！这才开始了解马鲛鱼的鲜美。但我请家里人烧来烧去，始终不如同学家烧得美味，放糖也还是咸，技艺不精！多年后回乡，适逢亚洲老年田径锦标赛在如皋举办，一时多少老年豪杰云聚吾乡，街头南北方言、中外面孔比比皆是，热闹非凡！去相熟的小饭店吃饭，老板娘告诉我："马鲛鱼卖完了！"又朝旁边一张圆桌上围坐的老年人努了努嘴，"天津人！每次来都点马鲛鱼，一下子就卖光了——"看来，就连北方海滨群众也爱吃吾乡红烧马鲛鱼呢！

　　马鲛鱼无鳞、刺少、肉多，华南临海地区通常用来做羹、蒸鱼卷、捶鱼丸。福建泉州地区的马加羹和蒸鱼卷都是知名小吃：闽南话中，"鲛"读作"加"，所以马鲛羹就是马加羹。最正宗的马加羹诞于泉州晋江深沪镇，马鲛鱼肉作主料，盐、水再加地瓜粉，手工或机器顺时针搅打，最后捏成鱼梗，下汤成羹，达到"气味香甘、色泽透明、留齿不黏、停喉不滞"的境界，在冬季尤受人们欢迎；泉州惠安的崇武古城出产最正宗的马鲛鱼卷。崇武三面临海，夹于泉州湾与湄洲湾之间，古城为明朝抗击倭寇所建海防基地，几乎全由石头垒成，伫立于潮湿多雨的东南海边，硬朗得像个战士。鱼卷起始于军用干粮，风来浪去的海边人赋予它"头圆尾圆、长长远远"的美好愿景。鱼卷是马鲛鱼浆中调入盐水、蛋清、猪肉、青葱、地瓜粉等，经手工击打、揉肠发酵，蒸熟晾凉后切片食用。鱼卷类似于鱼肉火腿肠，但比火腿肠更鲜甜清脆。鱼卷汤中，比香菜更适配的是芹末，它能赋予热腾腾的鱼卷汤一种清扬爽朗。以马鲛鱼等海鱼制成的手打鱼丸，与牛肉丸、鱼皮饺、香菇贡丸一起并称"潮汕四宝"。这种鱼丸的好吃，关键在于手打——在鱼肉糜中添加盐水，再经人手猛力拍打，直至成茸起胶，黏手不坠，下温水挤丸定型，手打鱼丸一定要清汤煮至膨起，吃起来筋爽鲜脆。

马鲛鱼最舒适的吃法，莫过于做成砂锅鱼粥，少许盐、葱花、芹末，营养又美味，全家都喜爱。

鲫 鱼

鲫鱼大概是中国最普遍的淡水鱼种，中国版图上的绝大多数地区都能买到吃到，它也是南方地区最普通的食用鱼。

南鲫北鲤，南方人爱吃鲫鱼，北方人推崇鲤鱼，此二者在淡水食用鱼中的地位如同粮食中的大米与小麦，难分伯仲。鲫鱼与鲤鱼，同属鱼类鲤科，面目也类似，但还是很有区别：鲫鱼是"淑女"——性情温和，体型较为娇小；鲤鱼是"猛汉"——身壮力沉，长着胡须。所以有"鲤鱼跳龙门"的传说，而不是"鲫鱼跳龙门"。

民间认为鲤鱼、鲫鱼都是发物，常熬汤汁用作产妇催乳。据说，唐代以前，淡水鲤鱼最普遍，可是唐朝为李姓天下，为避讳禁止贩卖、禁食鲤鱼，如不小心抓到鲤鱼，必须放生（各地普设放生池），这也就是为什么如今放生鱼多选鲤鱼的由来。以食为天的人民，渐渐地就放弃了养殖鲤鱼，转而喂养其他鱼类。而鲫鱼无此忌讳，身小灵活，繁殖力强，混在其他青草鲢鳙中活得逍遥自在。

作为平民鱼种，鲫鱼吃法非常多样，其中最经典的，莫过于炖鲫鱼汤。有谁家没烧过鲫鱼汤呢？大小不一的鲫鱼去鳞洗净，排队整齐，只等那油锅一起，姜葱一爆，入锅一"呲"，菜铲一挥，双面煎黄，盐料酒冷水足炖片刻，鱼鲜飘香之后，便是奶汤熬成之时。撒把碎葱出锅，汤汁浓白鲜美，至于鱼肉，已成"鸡肋"。著名的东台鱼汤面，便是以鲫鱼为主熬出稠滑汤底，汤面的奥妙和精华，全在这一口口"滴点成珠"的鲫鱼汤里。东台鱼汤面，比起举国闻名的兰州拉面，更具南方气质，比起备受热捧的日式拉面，口味有过之无不及。它倚靠的正是这一碗碗鲜润柔和的鲫鱼浓汤。

端午时节，女儿女婿携带节礼回娘家探望父母，哪怕是再寒酸的家庭，团聚的餐桌上也总少不了一道鱼菜，红烧鲫鱼最常见。不同于江南的葱烤鲫鱼以及川菜中的葱烧鲫鱼，吾乡烧法是加大量蒜籽儿——鲫鱼自然要料理干净，腹中黑膜务必撕尽，蒜籽肥大，剥上一把，姜葱煎鱼，浇入酱油，焖熟后鲫鱼喷香、蒜籽酥烂、浓汁赤酱，令人食指大动！

天气热起来，鲫鱼便开始大肚便便，进入繁殖的季节。中国人素有食用未成形幼崽的习性——活珠子、羊胎、鹿胎——认为大补，然而鱼的幼崽——鱼子，他们倒不认为是好的。围着大桌子吃饭时，长辈会给小孩子夹红烧鲫鱼肚子上的那块肉，但绝对不会搛鱼子。偶有不信邪的父母"顶风作案"，给孩子舀鱼汤淘饭，夹带点鱼子，桌上的老人眼睛一瞪，发话了："给孩子吃什么鱼子！"又转头对孩子说，"乖乖！鱼子不能吃！吃了不识数！"小朋友懵懵懂懂，不知到底该吃还是不该吃？老辈人的说法——鱼子不能吃，吃了不会算账；鸡爪不能吃，吃了写字歪斜。如今都知道，这些不过是种流传已久的迷信，吃鱼子，不仅不会影响算术，反而其所含的脑磷脂、矿物质及多种蛋白成分能够补铁、补钙、强身益脑。事实上，也有人酷爱鱼子，专门购买鱼子用于红烧，以啤酒去腥，淡橙色鱼子搭配雪白米饭，既饱眼福又饱口福，是道经济美餐。

鱼子还是世界性美食。日式料理中，常拿鲑鱼子做成鲑鱼子丼（盖浇饭），豪华版还要加上海胆等，鲑鱼子军舰寿司也是经典中的经典。日本人还吃鳕鱼子、鲱鱼子、柳叶鱼子等，最偏好"乌鱼子"，乌鱼子采自海中鲻鱼体内连着卵巢的鱼卵，压扁后造型像中国传去的墨，所以得名"唐墨"。日本对于乌鱼子的喜好也影响到中国台湾，台湾南部所产乌鱼子甚佳，曾在台南"阿霞酒家"品尝乌鱼子，那种丰满弹韧、肥糯甜腥的滋味，的确很少吃到。尝遍全球的蔡澜先生也将乌鱼子列为"死前必吃"食物之一，说首选希腊岛上封了蜜蜡的乌鱼子，大而软熟。

一直以来，鱼子酱与松露、鹅肝并称食界三大美食，俄罗斯人热爱鱼子酱，除了出产昂贵稀有的黑鱼子酱（鲟鱼），还将大马哈鱼鱼子、三文鱼鱼子也制成红色鱼子酱，满足市场所需。曾在边境口岸出于好奇买过俄货鱼子酱，品尝过后，我的南方舌与中国胃表示这玩意儿太腥，绝对不如咱们小时候红烧鱼汁淘饭中的鲫鱼子好吃！比起俄罗斯鱼子酱，蔡澜先生更推崇伊朗鱼子酱。早前，伊朗与俄罗斯同为全球两大主要鱼子酱出口国，受过度捕捞和国际制裁的影响，其供应量呈逐年下降趋势。近年来有中国企业在千岛湖附近水域养殖鲟鱼，为鲟鱼编号追踪，生产出优质鱼子酱，成功打进了国际市场，成为多家米其林三星餐厅和其他高端酒店的供货商。日本、以色列等国也纷纷开始填补鱼子酱的市场空缺，一时间鱼子商机无限。

不知道"荷包鲫鱼"这道菜是不是得自鱼子的灵感，人们突发奇想将本该做狮子头的猪肉馅填入开膛破肚的鲫鱼腹中，干煎后进入葱姜红烧程序，焖熟收汁起锅，肉馅使鱼形饱满，肉汁与鱼汤融合，鱼香肉、肉香鱼，想吃鱼的吃鱼，不吃鱼的吃肉，各选所好，不亦乐乎。也有人家用荷包鲫鱼烧汤，想喝汤的喝汤，不喝汤的吃肉（鱼），各得其所，亦乐。

杂　鱼

　　杂鱼一般用来指又杂又不入流又一点点大的鱼们,不名贵地杂烩在一起。不同地区的人吃不同的杂鱼。海边吃海杂鱼,江边吃江杂鱼,里下河吃河杂鱼。吾乡有江有河,江连着河,河通到江,杂鱼就是江河杂鱼。

　　通常情况,杂鱼是渔家卖大鱼剩下的,有的是长不大,有的是还没长大,物贱价廉,要么渔家留着自己吃,要么送人家做个人情,不派大用场,吃法也不讲究。以前是这样:起个油锅煎一煎,料酒红糖酱油烹一烹,浓油赤酱端上桌,鱼香肉嫩,啖去骨头,嗦个味水,过过老酒。如今风水轮流转,拜养殖业发达所赐，肥美的大鱼大肉人们早已吃腻，转身寻求返璞归真，追求真鲜杂野之味，以前难登大雅的野杂鱼反倒吃了香，摇身一变身价百倍，成为菜单上备受追捧的"香饽饽"，常常供不应求呢！

　　杂鱼最常见吃法就是红烧杂鱼锅。杂鱼锅是体量不够、数量来凑的典型，多条、多种小杂鱼交错互织在一起，杂糅出一种大开大阖、粗放直爽、毫不造作的质朴乡野风，别有趣味。杂鱼锅在东北叫一锅鲜，又叫乱炖，是冰天雪地里经典的围炉菜：五花肉、宽粉条、冻豆腐、榛蘑、豆角、白菜打底，大酱起锅，炖各式特色杂鱼，贴些苞米面饼子或花卷，杂乱、热闹、温暖，拯救无数冬日灵魂。东南沿海，挚爱酱油水，适用于一切海鲜以及杂鱼，做法不复杂，平衡很讲究，葱姜盐腌渍入味后，先煎后煮，用萝卜干或白糖平衡咸甜，取酱油加水平衡浓淡，不重厚味重原味，不重酱色重鲜甜，家常做法、大众标准，却无往不利。吾乡红烧杂鱼，江河混杂，干煎炖煮，炒酱色，汤浓厚，下大量蒜籽儿祛泥腥，亦可加两把花生米（毛豆米）平衡酸碱，熬至起胶，晾成鱼冻，冬日就热糁儿粥、老酵馒头，抿口黄酒，风味绝佳，其中的蒜籽儿、花生米（毛豆米）比鱼更美。江苏洪泽有名菜"小鱼锅贴"，红烧小杂鱼时在铁锅边贴薄饼，半浸汤汁，汤鲜饼脆，一锅一顿，方便实惠美味。

　　幼年时，母亲曾将杂鱼细细刮洗干净，裹上蛋汁面糊，下油锅炸酥，一口下去，喷香松脆，是补钙佳品。但我只吃过寥寥数次，记忆至今。

　　杂鱼虽好，也应懂得适可而止。如今沿江水污染日趋严重，鱼类亦受影响，购买杂鱼时一定要细闻多辨，以免食用不当，危及健康。此外，从大环境看，长江生态环境堪忧，野生杂鱼作为江水食物链的中间环节，其数量的减少会危及整条食物链，造成长江整体生态失衡，导致无可挽回的损失与影响。现在的时代，口福很多，从环境可持续发展考虑，杂鱼不妨少吃点。

螺 儿

小时候玩过一种桌面游戏——"抓螺儿"：一、二、三、四、五，手握五只棱角磨圆的石子儿，一只抛向空中，其余四只拍向桌面，腾出手接住回落石子；再抛一次，撸起桌面所有石子，并接住空中坠落石子。按每次拍回石子个数不同，能玩上整整一套，课间常常因此显得短暂。游戏是生活的缩影，那手间翻覆所抓之物，不过是乡民最为熟悉的食材——"螺儿"——老辈人惯称"香螺"，学名"中华圆田螺"，俗名"螺蛳"。

吾乡沟渠多，水网密布，有一条直通长江的大河，叫"如

73

海河"。清明前后，竹笋破土，淡水螺开始繁盛。水冷的时候，抓螺儿用耥网——耙网是用竹竿木头钉成的"T"字型工具，长竖是把手，短横固定三角形小鱼网。将网沉到河底，压着竹竿推推拉拉，在水里来来回回，凭着经验起上来瞧，耥的快的话一会儿就能装上半篮。小姑是耙螺好手，每次总能胜利地拎满沉甸甸一篮子回家，她把螺儿倒进盆里，常换清水，催螺儿们"吐故纳新"。

春天吃螺，清煮为多，煮熟的螺儿挑着吃。奶奶从绕线板上取下缝衣针，小姑别出心裁，拿上竹刀，去菜园篱笆上砍来几只"戳人钉子"，递给侄子侄女一起挑。挑螺儿时给我们出谜语："生的是一碗，熟的也是一碗。未吃是一碗，吃了还是一碗。"是什么？"香螺儿！"

挑出整整一碗黑白分明的螺肉，奶奶舀来老酱，小姑斟来酱油，嘱我们蘸着吃，说清明节前吃三次香螺儿，便不会害眼睛。可为什么螺儿就成了香螺儿呢？怎么就香了呢？我并不很懂，许是为着听起来好吃、惹吃罢？就像有的孩子不叫"婆婆"非叫"好婆""亲婆"一样，以示爱昵。清明节祭祖也总少不了一盘春韭炒螺，大约祖先也好这一口。宽宽的洋蒜叶炒香螺，扒饭极好。

天热起来，小姑时不时就约上伙伴们一起去河沟摸螺儿。摸螺儿，人多点安全，互相有个照应，螺儿陷在淤泥中，踩进去拔脚都难，更何况水中还有蛇呢！摸回来的螺儿清水养净，父亲拿来老虎钳，夹掉螺儿尾巴下锅爆，葱姜蒜料酒一个都不能少，起锅时撒上青蒜，一家人围坐一圈，吮一盆百味淋漓的香螺，连汁带汤，那叫一个过瘾！

爱螺儿的又岂止我们家乡？湘粤用紫苏入菜：紫苏鱼、紫苏鸭、紫苏排骨、紫苏炒田螺……以紫苏之温辛芬芳祛螺丝之泥腥寒凉，实属神来之笔，是以传为经典。粤人炒田螺，食其形，桂地螺蛳粉，取其神。著名的柳州螺蛳粉之所以能从一众米粉中脱颖而出、独树一帜，其奥秘大约正在于对螺蛳的妙用——一碗酸香浓辣的螺蛳汤底粉，不见一颗螺肉却已饱浸螺鲜灵魂，大象无形，有种东方式的玄妙。

蚬　子

　　吾乡蚬子是小巧贝壳，长在河道内。河是通往长江的内河，有龙游河、如海河，还有好多好多不知名小河。

　　我们这种蚬子，不是海蚬子，是河蚬子，不是黑蚬子，是黄蚬子。河蚬子有灵性，净水活水里拥簇群生，聚集河道中央。能产它的地区并不多，临江近海的吾乡及周边才有。

　　记忆中父亲那一辈，对于蚬子始终抱有既欢喜又感激的复杂感情。早年贫寒农家，有时饭也吃不饱，更不要说吃肉。蚬子是自然馈赠给乡野孩子的慷慨大礼，何况下河"踏"蚬子，本身就是好玩游戏——和小伙伴下河戏水，顺便凫到河中心，扎个猛子，比比谁摸的蚬子多，带回去家人都开心。河蚬子虽小，但高蛋白、高微量元素、高铁、高钙、少脂肪，汤白浓郁，滋味鲜美，穷人家还有比这更好的打牙祭恩物吗？据说，过去河道里蚬子那叫一个多，铁丝漏篮远远一甩，拉回来满满当当，物多价也贱，街上卖蚬子，一撇子河蚌壳舀下去，才一两分钱，谁都吃得起。

蚬子不仅是穷人荤菜，更是绝美味荤菜。农家总"窝"蚬子汤，大铁锅煮到蚬壳全开，汤色奶白，笊篱捞出锅，端个"趴趴凳"，坐下"拈"蚬子。主妇"拈"蚬子用巧劲，趁烫轻轻一摘便脱壳，不必使蛮力。

蚬子最宜一物两吃。蚬子汤暧昧混沌，却是天生君王汤，汤中仿佛集结河鲜百味，抿一口乳色浓汤，鲜到你头脑"轰"一声。蚬子汤无计可驯服，只允融入和衬托，用它下面条、炖豆腐、煮合算粥，略加细葱调色，少许姜蒜末祛寒，足矣足矣，否则过犹不及。蚬子肉比汤和气，与之相得益彰的蔬菜，春韭算一个，春韭纤细翠嫩，与柔白蚬子肉合炒，有绕指般柔情，恰少女情怀；丝瓜也适宜，瓜之清新嫩绿与蚬之细腻洁白水乳交融，稠汁饱吸蚬子鲜甜，可羹可菜，可勺可筷，浑然天成，若妇人风韵。其他蔬菜，韭黄略欠色，香葱、洋葱不够柔和，青椒、青蒜失之粗笨。听说有人家包韭菜蚬子扁食中元节祭祖，很有想法。丹东有著名黄蚬子，肥嫩多汁，大家风范，与吾乡这小家碧玉比，缺了些醇鲜透骨、活色生香。

河蚬壳薄亮细巧，有专人收，收去锻石灰，可见其中含钙。农家拿它砸碎碾粉喂鸡，避免"软壳蛋"，饲料厂亦专门有蚬壳粉出售。

常有人家将空蚬壳倒于门前屋后，铺条小路，酥雨无声，润湿黄色蚬壳小径，悠悠远远，消失在翠色腾绕的丝瓜架旁……

河 蚌

蚌、蚬子、螺丝，是吾乡河中三宝，也是穷人之宝，河网中常见，清明端午前后最佳，烧得好吃起来真好吃。跟螺儿一样，河蚌也是寒凉之物。"清明节前吃三次螺儿不害眼睛"的说法大概取螺儿凉性，那么吃河蚌也是一样，民谚也说，"春天喝碗河蚌汤，夏天不生痱子不长疮。"以食代药，可见民间有智慧。

比起蚬子，河蚌的确不算鲜香；比起螺儿，河蚌也不算柔嫩，蚌肉蛋白质虽高但纤维质较粗，但胜在口感筋韧耐嚼，肉块宽大厚实，极适合喜欢大口吃肉之人，且蚌肉补铁补钙补磷降血压，妇女小儿老人适量进食有所补益。

　　河蚌廉而易得。农村的孩子，下河玩水时，河床里踏一踏，顺手就能捞得几个大河蚌拿回家。街市上卖河蚌的，也是水叽叽摊一地，腥气十足不事收拾的模样，一派满不在乎。河蚌在河泥中生长，吃之前最好在淡盐水里养几天，吐尽泥沙，再剖蚌取肉，去肠去鳃，洗净焯水待烹。

　　河蚌吸味儿，食路广泛。做河蚌，浓油赤酱使得，宽汁厚味使得，麻辣爆炒使得，酸鲜鱼香也使得。河蚌与五花肉红烧，肥油渗进蚌肉，肉因蚌去腻，蚌因肉添酥，配上绿莹莹的金花菜打底，色香味俱全。咸香的做法也相宜：配雪里蕻咸菜，有田园风味；炖咸肉火腿，添冬笋百叶，是加料腌笃鲜；烧白菜、豆腐、香菇，汤浓似奶，素中透鲜。将青蒜、朝天椒、红黄椒入油锅豆豉爆香，下蚌肉急火快炒，香辣小炒河蚌即成；泡椒打底，蚌肉与蒜苗干辣椒同爆出锅，酸香开胃；"鱼香"乃烧菜万能公式，凡吸味食材均可照搬，蚌肉切丝与木耳笋丝同炒，似较鱼香肉丝更胜一筹。

　　河蚌中的三角帆蚌是淡水珍珠之母，普通食用河蚌中也时有珍珠，多为异形，不圆，光泽也欠缺。蚌壳粗磨成粉，添进饲料中喂鸭据说易产双黄蛋，蚌壳细磨成末，被商人掺假充珍珠粉，服用须谨慎。除去食用，蚌壳也有装饰功能，磨薄镶嵌在漆器、乐器、屏风、家具、盒匣、盆碟上，唤作螺钿。螺钿工艺华美绚丽，为中国特有之传统技艺，扬州漆器的点螺工艺更是奇中之巧、巧中之奇。

　　倚河而生的里下河地区，人们常把河蚌想象成水中精怪，编排出一套风趣幽默的"河蚌舞"，俗称"玩蚌壳精"——渔人东捉西拿，蚌精你进我退，展示人蚌逗趣或男女欢愉，戏谑活泼，情致盎然，每每表演，人人喝彩。

蟛蜞

　　小时候去人家吃酒，桌上大人说："哦呦，还有'爬海'（螃蟹）！来来来，给你一个！"我看看那只黄灿灿的硬壳"将军"，说，"有什么稀奇？我家门口河边多呢！"大家愣了愣，哄堂大笑。他们都知道，我把蟛蜞当成了螃蟹。

　　家前面有条内河，住在岸边的是远房伯伯——瘸腿拄拐杖，有点驼，四十多未娶亲，跟同样驼背的老母亲过。内河十米来宽，不浅，通着连长江的如海河，冲过来的鱼很多。伯伯在岸边自己造了木栈桥，搭了小窝棚，窝棚里的木轱辘牵引河中心大渔网，只要一转就能起网，捞起各色大鳊花、野鲫鱼、小杂鱼等，他还泊条破水泥船在河边，有时乘船到河中心查看渔情，布置"天罗地网"。河岸两边密密长满芦苇，芦苇下面是淤软湿地，无数粗拇指大小泥洞，静下来能听到窸窸窣窣、毕毕剥剥的声音，那是蟛蜞。

天热了，小姑常去河里踏蚌、摸螺儿、捞蚬子，有时候也带我去，让我坐在栈桥边看东西。她累了也坐进窝棚休息，顺带摇转轮起腰网，看到大鱼的话会毫不客气够上来，放进自家篮子。有几次我还看她从芦苇丛中拉出几个扁壶竹篓，透过壶口看看，把里面东西倒进篮子，用脸盆盖住，不许我翻开。篮子里窸窸窣窣、毕毕剥剥，那是蟛蜞。

蟛蜞个儿小、身体方、腿上多毛，相貌类似螃蟹，是螃蟹的堂兄弟，平日吃素，喜在洞中独自修行。蟛蜞内河边有、如海河边有、江边很多，插秧时，稻田里也有。栽秧的时候，常听大人"啊呀"一声，从淤泥里拔出脚来，拿下钳得正欢的蟛蜞，摔到地上。有的老爷子兴致高，用草根系个蟛蜞回家，给小孙子当玩具耍，孙子如不小心被钳住嫩指头，钻心地疼。

蟛蜞身体瘦，没肉，一般不蒸来吃，腥气。姑姑只拗下蟛蜞钳子，其余捣碎了拌细食喂猪喂鸭子，钳子肉嫩好剥，蒸熟蘸酱醋吃。母亲曾将蟛蜞一切两半，挂面糊下油锅炸给我们吃，是一种乡土"面拖蟹"。对待江鲜河鲜，父亲欢喜"炝"，他倒出祖父的高度粮食酒，将蟛蜞醉得七荤八素，第二天沥净凉拌下酒，一边吃一边"唑唑"，仿佛味道绝好。有人家做蟛蜞豆腐，蟛蜞去脏捣碎，纱布滤出汁水，合上蛋清一煮，出来一团团肉絮絮，嫩滑嫩滑。记忆中还有谁做过蟛蜞酱，乌漆墨黑，大抵类似麻虾酱。

和龙虾一样，曾经沟渠边蚁生的甲壳将军们，如今都身价倍增——蟛蜞市价何止翻了十番！喜吃蟛蜞的江阴等地，白灼、红烧、十三香，烧法直追红透天下的小龙虾。据说，蟛蜞"海边的没有江边的好吃，江边的没有内河的好吃"，内河里最好的，出自吾乡。盱眙有北大才子返乡实验"虾稻共作"，创立本土优质龙虾品牌，吾乡蟛蜞虽好，生态价值却鲜有挖掘，商业运作也处低端，不免可惜。

龙 虾

童年的夏天，是薄荷、藿香以及佩兰的悠远清香，伴着玉米棒子大麦粥的舒坦；是蒲棒干草燃起的呛人浓烟，白粥咸鸭蛋隔水传递的温凉；是闷热雷雨前满耳聒噪的蛙声，停电后昏暗里急急避撞的飞蚊……

父亲有时雷雨前到家，带回很多食材，准备给我们做顿美餐。雨后黄昏，空旷怡人，舒适清凉。做饭的父亲，也相当放松，享受掌勺的乐趣，还有儿女"嗷嗷待哺"的急馋。

除了鱼、田鸡，父亲有时拎回一包龙虾，倒进圆盆中，铁甲乌壳、窸窣乱爬。不清楚他如何清洗，他讲卫生，洗得总不会太差！然后就是钻进厨房：倒进小半锅油，不紧不慢开始炸花生，留意花生老嫩，稍变色便欲起锅，盛进盘中还叽叽喳喳。转眼又指挥虾兵们跳进油锅，笊篱一捞，虾壳镀红，换锅后以葱姜料酒伺候，父亲青睐十三香，十几分钟后，挥舞大螯的威武虾兵已成前世，今生他们只有一个名字——十三香龙虾。

红艳艳的龙虾端来，我和弟弟早就候在桌边，欢呼迎接父亲的杰作。在他默许的微笑下，不必呼爷唤奶，自行开饭！拨开丝丝挂挂的碧绿香菜，两人赤手空拳剥皮抽筋，汁水连着汗水淋漓，口中麻辣辣，手中咔嚓嚓。待到父亲炒好其他菜，倒好酒，过来一坐，筷头一伸——"细畜生！"筷子一拍，"全剩虾头了——"他一半嗔怪，一半却是满足，随后只能就着我们的嬉皮笑脸，不甘心地吮吸剩下的虾头。往事中的父亲，如同龙虾——外壳坚硬，内在柔软，献出自己，甘被"果腹"，但我知道，那种时光，他也幸福。

零四年前后，我已居宁，那里是引领小龙虾风潮的核心腹地。工作关系常吃到当时城中最知名龙虾，龙虾来自某名湖大泊，只只身大体壮、健硕红亮，烧法也很多样——红烧、麻辣、蒜茸、麦烤、清水、梅香……一时间四方客云集，专为这红透半边天的铠甲大将军。这家饭店除做龙虾，糖炒栗子也相当出名，口味也很多样，竟然还有蓝莓味儿。当时开过玩笑：这里的大厨最擅长一样——专事收拾硬壳无味的东西，各种入味……曾带父母弟弟去吃这家龙虾，那天父亲有烦恼，我惹他伤了心，那顿饭大家都吃得心里疙疙瘩瘩，自此我很少吃龙虾。

龙虾虽与我缘尽，但与大众的缘分才刚开始。彼时酸菜鱼的热潮还未完全褪去，小龙虾已经挟裹着十三香的麻辣，从洪泽湖畔的盱眙出发，来到省城，辐射全国，所到之处无不掀起红色旋风。一时间，人们街边所望、心中所盼、口中所啖，非小龙虾莫属。2008 年，盱眙龙虾节由"中国龙虾节"一跃成为

"国际龙虾节"，当地龙虾在产业化、品牌化、国际化方面探索积累了很多经验，一时成为美谈。

犹如普洱茶的集散地（普洱）与主产地（西双版纳）的关系，盱眙龙虾虽烙上了盱眙的金字招牌，但其主产地却在多水的临县金湖。金湖西临洪泽湖、东靠京杭运河，被白马湖、宝应湖、高邮湖三面环抱，得淮河入江水道自西贯东，宽广的水域实为淡水小龙虾的生长天堂。这种名为"克氏原螯虾"的腐食性动物，本是日本自美国引进的牛蛙饵料，后传至中国，上世纪 80 年代长江中下游沟渠水域中多有分布。小龙虾生殖力强，生存力亦强，可惜不幸地来到饕餮的国度，成为了好吃国人的腹中之物，也算"一物降一物"。

金湖虽无力与会做生意的盱眙争抢标签，但也还是借着"荷花节"的东风大推"三湖美食节"，广纳各方食客。平日里金湖人也爱龙虾，简直无虾不成局。当年有位同事，出差去金湖，蒙爱特福集团老总在厂区亲自设宴招待，大盆海装龙虾一一上桌，见识颇广的同事也为之战栗欢呼，龙虾盛宴充分展现了农民企业家的淳朴与热情。

盱眙人的精明不仅体现在善于抢占先机、品牌意识强上，还体现在能因地制宜、及时调整经营思路。以前曾听说外地龙虾来盱眙过个水便算盱眙龙虾的事，好比产品贴牌，大闸蟹也是这样，不算新鲜。新鲜的是盱眙人想出了"虾稻共生"的点子，绕过水域缺失的短板，利用空歇稻田养龙虾，实行虾稻轮殖（植），虾为稻"除草、松土、增肥"，稻为虾"供饵、遮阴、避害"，无须化肥农药，轻松收获"龙虾米"和"稻田虾"，达到绿色养殖、生态双收。龙虾产业做深到这种程度，不服不行。

淡水小龙虾的爆红，除去商业利益的推动，也自有其深层文化及心理成因。小龙虾之前的全民网红菜品是酸菜鱼，同样是川式菜口、大众菜品，小龙虾缘何后来居上？说到底，酸菜鱼等同于毛血旺，是标准的平民菜，口味重、食材廉、分量大，是草根聚餐标配。小龙虾是酸菜鱼的升级版，口味可浓重可清淡，虽大盆却有定数，价格约为同份酸菜鱼的 2—5 倍，任君选择。你看小龙虾像不像一位可塑性极强的青年？可摇滚可清新，可炫酷可卖萌，一切皆有可能。它的出现，模糊了地域和阶层的疆界，契合了寄望融入城市的乡土群落和重审乡土价值的城市群体，它介于下里巴人和阳春白雪之间，是土与洋、旧与新、过去与未来的碰撞。总之，它是生命力极强的小龙虾，抓住了时代的机遇，获得了自身发展。

　　不比亦舒女郎们爱吃的高贵海龙虾，小龙虾简直就是她们略显土气的乡下表弟，高分考进城里，读大学、找工作、谈对象、买房子、生孩子，哪一样不现实？哪一样不残酷？哪一样不需奋力向上？哪一样不蜕掉几层皮？等人到中年，生活略有松弛，闲时打开电视，切到球赛，开罐啤酒，剥盆小龙虾，人生不过如此。

跑油肉

据传"跑油肉"为董小宛创制，又叫"董肉""虎皮肉"，这道菜在江南一带流传甚广。

跑油肉顾名思义，当然是在油里"跑"过的肉，但制作过程比这句话要长许多，不然，也不必等到年节或酒席才能饱口福。

吾乡酒席号称"八大盘子八大碗"，跑油肉是八大碗之一，无它不成席，不会做跑油肉的乡厨，不是合格乡厨。办席前大厨取刮洗干净、肥瘦均匀的长方块带皮夹心五花肉，皮上扎孔，冷水葱姜料酒煨至八成，上糖色，入七成油锅，至肉皮起泡，滤出后激冷水，浸卤冷却，改刀切大片，皮朝下垫入碗底，堆木耳、笋片、黄花菜等，上笼蒸至酥烂，碗口倒扣盘中，去碗使肉皮向上，浇浓卤成盘。因此也称"扣肉"。

跑油肉的妙处在于：瘦而不柴，肥而不腻；入口酥烂、老少皆宜；经久耐放，回锅容易。看过程：扎孔——排水分，清煮——去血腥，上色——定色泽，油炸——耐存储，激冷水——出虎皮，浸卤——添风味，改刀——赋层次，垫碗——做造型，笼蒸——再入味，扣盘——成形状。其制作过程繁复，烧煮煎炸、渍卤蒸浇，每步都不可省，每步都不能改，环环相扣，才得这皮褶皱、色浓稠、肥不腻、肉酥香的董肉，比起大开大阖、醇厚浓郁的"东坡肉"，非精巧细致女子者不能得，创制者蕙质兰心若此，着实可叹！

在以前没有冰箱、缺乏油水的乡间，得两大块跑油肉，搁进篮子吊在屋梁下，能保持数日不坏，作为半成品能变幻菜式吃上数顿，每顿只需切下几片烩青菜，孩子扒饭那叫一个香！我还清楚地记得，家中老爷爷九十多岁时，牙已掉光，许多荤菜无法嚼烂，唯有这蒸得酥烂的跑油肉，每次都能畅快入口，一次吃完两块，满足好一阵子。家里人出门吃酒时，也总记得带点跑油肉回来，给老人家尝尝。

逢年过节，供奉祭祖，有跑油肉最佳——也要让柜上供着的上人（长辈）饱饱腹、肥肥口，尝尝肉香。从供柜上撤下的跑油肉，总易沾上烧纸钱的黑灰，吹不干净，重新回锅后会染上烟熏的味道，那是祖先的味道。掐来嫩绿豌豆尖作底，扣上回锅的跑油肉，勾薄芡浇酱汁，给家人搛上，热腾腾的肉香，那是团圆的味道。

肉　圆

　　肉圆也有地方叫肉丸，大名鼎鼎的扬州肉圆雅称"狮子头"，吾乡猪肉圆惯呼"斩肉圆子"，简称"斩肉"。其实扬州白话里也只是叫"斩肉"，对外地人才说声"狮子头"。

　　斩肉是做酒大菜，乡厨提前一天就开始准备：买来猪肉六分肥、四分瘦，切成小粒，葱姜齐剁，敲入鸡蛋，掺荸荠碎，加水搅拌，团肉成型，下油锅炸至金黄，笊篱捞出，入大瓷盆遮纱布放凉备用。第二天的流水席，用秧草或黄芽菜打底，上放斩肉回蒸，隆然一盘端上桌，算热菜里的大荤，众口能调。

　　有人说斩肉不靠斩，要靠切，若成糜会破坏口感。谈到口感，有人喜韧有人好软，所以哪种口感为佳，还不一定。"斩"在方言中就是剁，吾乡大厨们都是系长围裙、双刀上阵，横竖交叉、快斩慢剁，直至猪肉细密近米，油炸后才出弹跳口感。

以前外公单位食堂大厨蒋师傅，外公家宴也请他主勺，他说话风趣，做事麻利，还有许多好点子。他擅长做斩肉，说"斩"这个字时，总要咬牙切齿，舌尖发出一种"焉"的后音，仿佛嘴能切肉，看他说这两字几乎就能想象出他剁肉时的情景，吃他做的斩肉时也总会联想起他说"斩肉"的语气，他的"斩肉"园子因此个性独特、气场十足。

除了做酒，斩肉也入家常菜肴。乡人平日所吃斩肉并不似扬州狮子头那般求大，只乒乓球大小，孩子爱吃瘦就肥瘦三七，老人爱松软就肥瘦五五，比例随意。春天挑荠菜做荠菜斩肉，秋天蟹肥了做蟹黄斩肉，混上芋头做芋头斩肉，老豆腐捏碎做豆腐斩肉，各有千秋。斩肉圆子可油炸定型，也可水汆成型，一般来说，肥一点的斩肉适合油炸，逼肥腻，瘦一点的斩肉入水汆透，较嫩软。定型后的斩肉可保存数日，吃时回锅，红烧、上酱色、配蔬菜，也有白切肉打碗底上锅蒸熟倒扣的吃法，此常见于祭祖烧经。

去扬州时，热情的主人都爱招待"狮子头"大斩肉，有时红烧，有时清蒸，按位上碟，每碟一只，体积十分可观，有成年人拳头大，油光光颤巍巍，温香软玉酥松可口，若全吃完胃近饱和，再也吃不下其他，若吃不完又不免浪费，每次总会左右为难。

女儿上幼儿园时，常回家夸赞食堂刘叔叔手艺好，做的珍珠肉圆好吃极了。刘叔叔的肉圆是苏北盐城一带"糯米坨子"的做法，在肉糜中混入一定糯米饭，得到一种润而不腻、软而不肥的独特口感，外层遍裹洁白米粒，蒸熟后油汪晶亮，像极珍珠，所以叫"珍珠肉圆"。而用纯肉糜裹糯米做成的小肉圆，在湖南湖北一带叫作"珍珠丸子"。

"丸子"的叫法使肉圆不仅仅是一道菜肴，更成为一类食物的统称——猪肉丸子、牛肉丸子、鱼肉丸子、羊肉丸子、豆腐丸子、蔬菜丸子……貌似各地都爱"丸子汤"，其中以徐州豆面丸子汤和新疆回民丸子汤最为出名，前者素丸子绿豆皮猪骨汤打底，后者牛肉丸蔬杂菜牛骨汤打底，分别可作中原汉人和西北回民餐饮风格代表。

猪头肉

　　吾乡熟食摊卖"燶巴肉"。燶通熬，这里指一种熟食制作方法，即长时间文火卤汤烧煮。隔一条江的苏州人，爱吃燶货，昆山周市燶鸭、常熟杨园燶鹅等都是远近闻名的美味。比起江南人的文雅，江北人总归土气豪爽些，我们燶猪下水——猪头、猪舌、猪嘴、猪脚、猪尾、猪零碎，大料、硝水、红曲燶得红彤彤，放在铅纱罩着的玻璃柜里卖，叫燶巴肉。燶巴肉的"巴"字大约等同乡巴佬的"巴"，隐含轻贱。

　　看过怎么料理猪头，你会明白这轻贱何来。小学放学会经过燶巴肉摊，常看那摊主就地处理猪头——一只大铁锅，半锅松香熬得发黑，阵阵呛人浓烟中，浇上肥硕多毛的猪头，刺啦刺啦……冷却后一块块撕，脱蜡般黏去猪头刺须，撕过的部分与周围焦黑映衬，白嫩得触目惊心，大着胆子瞟一眼，一只奶牛状斑驳的"狮头"猪首直视你，又不免胆战心寒。在一只杂毛丛生的猪头中寻找食机，与扒桶捡食何异？偏偏人们还要分而食之，猪耳、"拱拱"（猪鼻）、口条（猪舌）、猪眼……虽煮至红烂酥软，终究只是些"巴"肉罢了。

燶巴肉中，父亲最喜猪耳，提起燶猪耳，他总一副口水都能流出来的模样，一点也不像大人。而母亲与我总是抗拒，不能明白那种层层叠叠、半肥不瘦的怎能称为肉？父亲拎回猪耳朵，我们总一起"嘲笑"父亲，而父亲红着脸也要迫不及待，蘸酱吃得喷香。也许，父亲的喜好与时代相关，燶巴肉应是某代人饥寒里难忘的幸福时光。

父亲的猪耳朵，我敬而远之，太不能欣赏那种脆崩的嚼感，常想起故事中巫婆吃儿童……猪鼻子是猪八戒……猪眼太可怕……猪尾臊气……只有舌头，比瘦肉细腻，比肥肉劲糯，沾蒜蓉、酱醋风味十足。嚼口条时的筋韧，我也会不自觉联想到"三寸不烂之舌"，深觉用"不烂"形容舌头，扼要精当。

猪头肉自带江湖气，尤得些豪侠儿喜欢。吾乡关于猪头肉的吃货地图比比皆是，搬经镇必在其中。据说搬经咸猪头取材当地优良种猪，工艺科学，味美肉香，吸引了不少铁杆粉丝，不惜驱车百里购买品尝。草莽爱吃，偏偏皇帝也爱吃，省内来看，南京六合猪头肉、宿迁黄狗猪头肉据传都因乾隆赞赏而闻名，看来，对猪头肉来说，"纵横天下、四海一家"早就不是神话！

猪头肉貌似粗鄙，却也并非不雅。民间食肆取名可是巧妙无比——一帆风顺（猪耳）、鸿运当头（猪头）……猪头肉入书传世：《随园食单》中袁枚的做法——甜酒三斤五斤，秋油（秋缸酱油）大杯、葱三十根、八角三钱、压重物、开水漫一寸、煮二百余滚、文火收干、烂即开锅——样样关照得事无巨细，不免无趣；不如那《金瓶梅》中宋惠莲只用一根柴火就将猪头炖得粉烂，且美人齐啃，猪头做鬼也风流，风骚得很。猪头肉经典有地位，淮扬菜"扒烧整猪头"位居"三头"之首，哪三头？——"扒烧整猪头""红烧狮子头""拆烩鲢鱼头"！猪头肉不仅是国粹，外国人也吃——杨绛先生在《我们仨》中提到，英国食品杂货"店里的猪头肉是制成的熟食，骨头已去净，压成一寸厚的一个圆饼子，嘴、鼻、耳部都好吃，后颈部嫌肥些。"

猪头肉之味，空口过瘾，配饼子也宜。南方的周作人喝茶也吃肉，写《猪头肉》"白切薄片，放在干荷叶上，微微撒点盐，空口吃也好，夹在烧饼里最是相宜，胜过北方的酱肘子"。曾在闯王故里陕北米脂街头闲逛，当地有名吃"狮子大张口"（肉夹饼），千层油饼"狮子"口中所夹之肉，无他，唯猪头肉尔。

我无意煞风景，只稍许作提醒：猪头肉乃发物，肥厚生痰，现代人吃猪头肉或该有所讲究，须从源头开始把关，精选健康猪头，无毒去毛、淋巴除尽、科学卤制、适量进食，方能既享其美，又利健康。

大　肠

　　猪大肠，很多地方叫"肥肠"。看过白煮大肠没？冷却后，白乎乎一层板油，那便是"肥"。

　　不吃猪大肠的人很多，理由无非两类：一、心理因素，二、不习惯这种口味。不吃的人连碰也不会碰，有大肠的锅边菜都会避开；吃猪大肠的人也很多，很多人尤其爱吃，他们齐齐表示——就爱这口荤。

　　小学时的语文老师美丽文雅，一次课上不知怎的说起猪大肠。她首先申明她不吃猪大肠，因为有亲戚曾在吃酒时夹起大肠段，发现里面竟然有不该存在的东西，听的人从此留下心理阴影。这种桥段，相信绝不仅是个案。

　　小时候随母亲去亲戚家吃酒，上来一盘红烧大肠，众人纷纷叫好，下箸如雨，母亲跟熟人说，"原本我不吃大肠，但他们家大肠弄得干净，做得也好，好吃！"她不仅自己吃，还夹一筷子送到我嘴边，我没留意张开了嘴，一咬，"哇——"一股令人反胃的气息油然升起，毫不客气吐了出去，落到台面上。母亲尴尬，其他人不以为意，招呼着吃别的菜，接下来，母亲夹给我的菜，我一概不吃，因为嫌她筷头上沾了大肠的味道。

　　所以向来不能理解那些嗜肠如命的人，到底爱它什么？有人说，大肠肥，有人说，大肠脆，有人说，大肠韧揪揪——如果论口感，大概这种口感的确难得，如果论气味，猪下水中的猪肝、猪肚、猪肺、猪血……都比大肠易于接受，为何人们乐此不疲花大力气清洗，煞费苦心品尝呢？

　　只能有一个解释——避免浪费。无论是农耕文明还是游牧文明，食材的获得从来都不是唾手可得。人类生存的首要任务，从来都是以食为天、填饱肚子。农业社会饲养家畜，除作生产工具，还兼作补充蛋白质的来源。猪作为体型庞大的家畜，通常要到重大节庆时才宰杀烹饪，猪的每个部件，都不应该被浪费。人们经过摸索，将一些特殊食材精心处理，发展出独特风味。我国汉族地区人们处理猪下水很有办法，他们知道，要食用猪大肠，至关重要的步骤一定是清洗。

　　清洗猪大肠，失之毫厘，谬以千里。处理得不好，直接影响成品的口感。母亲曾特地虚心向那家大肠做得好的亲戚讨教，好不容易求到独门秘诀，她花了大力气，却毫无用武之地——家里没人想吃。我在这里不妨透露一二，以免"绝世秘方"失传：得去除秽物的新鲜猪大肠一副，翻面撕去赘油；白醋搓揉，粗盐搓洗，料酒去腥，漂去渣滓；加入面粉，正反搓揉，反复冲洗。洗好的大肠并不直接配菜，需焯水。冷水中放花椒葱姜

95

料酒，长橘树的人家不妨摘入两片橘叶，大肠放进去烧至水开浮渣，捞出温水清洗晾放，改刀切块待用。一副完美的大肠半成品，最终会与佛之境界趋同——空、净。

大肠的料理，多半遵循遮盖之法。猪的部件中，猪肝、猪肚、猪肺等气味较小，可清淡；大肠、猪脚、猪血等，味道较重，须厚味；白切大肠也不是不可行，只不过，基本上，很难做好。红烧、卤制、酸辣、油炸……以更浓重刺激的口感搭配大肠的荤味，比较易行。家常肥肠，爆炒最常见，配菜不拘——青椒、红椒、尖椒、泡椒，青蒜、蒜苗、姜丝、酸菜……口味越浓重，与大肠愈相配。

山东人吃肥肠，九转肥肠是名菜，独特的肠套肠方法，改变了大肠空洞的物理形态，先焯后炸再炒，肠寸段、皮瓷实，成品很有些像红烧面筋卷儿，所以有人用豆腐皮卷做素烧大肠，形神兼备。

四川人吃肥肠，公认江油肥肠好吃，成都人不服——肥肠粉、冒节子（猪小肠）、肥肠鸡、粉蒸肥肠、水煮肥肠、豆花肥肠……我们哪一样差啦？

上海人吃肥肠，必须正宗本帮烧法，浓油赤酱、卤汁浓重、大肠糯软，配上清炒金花菜，一道"草头圈子"拥趸众多。

广东人吃肥肠——卤大肠、炸肥肠、肥肠煲仔……潮汕人吃肥肠——糯米涨肥肠、酸菜炒肥肠、大肠炝……东北人吃肥肠——熘肥肠、炖肥肠、脆皮肥肠、灌血肠……贵州的肥肠血旺、西安的"葫芦头"……

有一道菜，堪称大肠暗黑之最，号称"金陵双臭"——"臭豆腐肥肠煲"，豪华版还要添加高淳臭干、金陵鸭血等，不少人爱吃，据说送饭极佳。

负负得正？

胰·肝·腰

　　周末猪肉摊前人头济济，对着玻璃橱窗巡视半天，我认准了一根非常不错的筒骨，正要招呼摊主，却突然发现今天多出一种没见过的红色条状物，"猪舌头？还是猪肝？都不像啊！"我指着那些东西问。

　　"猪胰子！"摊主笑眯眯作答。

　　我愣了半晌，"没听说有人吃这个啊？"

　　"据说对糖尿病好，老客户跟我定我才进的！"摊主忙里抽空告诉我。我对着暗红色的猪胰子，企图格物致知，未果，悻悻地拎着大筒骨回家……

97

猪胰用来吃，很少听说，我只知道，古方中猪胰常用于制皂。猪胰是指猪的胰脏，扁平长条状，赤红细腻，甘润柔滑，是猪的消化器官，富含强烈消化酶——胰淀粉酶、胰蛋白酶、脂肪酶，能分解蛋白质、消化油脂。唐代孙思邈《千金要方》中记载，将猪胰脏去脂除污后捣碎，添加豆粉、香料等，干燥定型后可作去污之用。后人在此基础上加以改进，加入砂糖，以碱或草木灰代替豆粉，加入猪油，溶解混合过程中发生皂化反应，定型后成为人们普遍使用的纯天然洗涤皂。小小一只猪胰皂，去污泥能力强，防冻、防裂、润肤，包含了无数民间智慧，一直传承至今，如今北方部分地区仍有老辈人将肥皂称为"胰子"，猪胰制皂技艺也作为非物质文化遗产得到相关级别的认证和保护。

　　国人惯于"以形补形""以脏补脏"，猪胰柔润甘滑，入肺经、脾经，能益肺止咳、健脾止痢、通乳润燥，是味重要中药，多用于药膳食疗，常与薏米、黄芪、山药、玉米须等煮水煎服，或制丸、熬粥，能改善脾胃虚弱、消化不良及消渴（糖尿病）等症。

　　猪胰药用大于食用，猪肝、猪腰则不同，作为食材更普遍。传统观点认为，猪肝营养且美味，能补铁、补血、补充维生素A，适宜孩童及女人食用。中餐里猪肝做法很多，爆熘卤炒，无一不香，吾乡通常做"盐水猪肝"。盐水猪肝虽简单却经典，仅用盐及少量调料清水煮，关键要把握好时间，火候恰当则口感糯润，煮过了则成猪"干"。广东自古商业发达，讲究吉利，以水为财，忌讳水"干"，广东人将猪肝改称"猪润"，不独如此，豆腐干、番薯干也称"豆腐润""番薯润"。盐水猪肝，做出"润"之口感，才算成功。

　　盐水猪肝适宜冷食，冷却下来切薄片，腥气尽褪，独留一种缠绵暧昧的气息。猪肝片形状也好看，尖角纤秀，像时尚元素佩斯利纹样。盐水肝片单吃略显平淡，口味重者习惯蘸点蒜泥酱油，嚼嚼又香。

不比鹅肝的高贵细腻，猪肝是平民朴实的，做成浇头别有特色，无论搭配面食还是大米，有股浓郁街头风。酱爆猪肝盖浇面、青椒猪肝盖浇饭、瘦肉猪肝面线、番茄猪肝粥……无不于粗粝中透着精明，恪守本分又独具性情，猪肝的口感，是矛盾的混合体。

猪肝腥，猪腰臊。猪腰做菜，去臊是关键，去臊有两步：一是要将猪腰外层的薄膜撕尽，二是将猪腰纵向片开后，割除芯部白筋及深色组织，做足这两步，加上有效的清洗，基本就能去除令人不快的气息。也有很多人不以为然，他们撕除整个猪腰表层膜衣，整只浸入加了佐料的清水白煮，然后切片食用，据说连着白色筋膜一起吃，没有异味。我没亲自试过，没有发言权！

1980年代末，上海及临近地区甲型肝炎大流行，周围很多亲友感染，我上小学三年级，体弱不幸中招。当时医疗环境还谈不上先进，感染了甲肝，除了打针吃药，定期做肝功能检测，没什么其他有效方法能够迅速痊愈，我只好停学在家，避免传染他人。母亲给我双管齐下，吃西药也喝中药，每周问诊老中医，定期捧回一副新药方，每天逼我吞下三碗漆黑焦黄的苦汤，本来甲肝患者就成日昏昏欲睡，吃不下饭，加上被逼吃药，日子真的难熬！

老中医每次都谆谆叮嘱："多吃内脏，尤其是猪肝、腰子！"我原本不吃这些，架不住母亲变着花样烧盐水猪肝、爆炒腰子、胡萝卜炒猪肝、大蒜腰花……在被逼着把一辈子猪肝、猪腰份额都吃尽后，甲肝总算痊愈了。

说也奇怪，半学期没去上课，什么都没学，但新学期老师讲的内容我竟然全部都懂，尤其是原本混混沌沌的数学，奇迹般地清楚知悉所有关节，一通百通，这难道就是传说中的"开窍"？不知道是老中医的汤药发挥了神效？还是猪肝、腰子吃多人变聪明了？

肚 · 心 · 肺

印象中，乡人常把猪肚、猪心、猪肺一起煮熟食用，不是家常菜，红白喜事或者过年才有，烧成雪白浓厚的肚肺汤压席敬祖。

肚、心、肺，并不昂贵，然而也非随意可得，须提前预订，屠夫才会给你留新杀猪的健康内脏。猪肚、猪心、猪肺春节前更是紧俏，肚肺汤是年夜饭、祭祖饭的大菜，家家户户必备，自家不养猪的，过了腊月便要赶紧去找相熟的肉摊老板或屠夫订货，千叮万嘱，万不可忘。

腊月里小年一过，各家馒头做妥，廿七廿八便要去取定好的猪肚、猪心、猪肺。我们家由爷爷负责这个事，记忆中总在一个滴水成冰的日子，路面土冻还没有消融，爷爷已经骑车到了家，粉红的猪肚、绛红的猪心、绯红的猪肺都用草绳拴着，拎回院中来。

奶奶将猪肚置于盆中，翻面加盐、料酒、白醋腌，过后再反复抓揉，搓尽黏汁秽物，祛尽腥臊之气，过水焯一下，过冷水凝固污油，刮洗，再放盐醋搓揉，直到滑腻感全无，才算大功告成，清洗结束！

猪心看似完整，实则内藏血污。清洗猪心，由外而内，由表及里。剔除猪心外挂油脂后，清水浸泡片刻，用刀沿大血管将其划开，剖面能看到很多毛细血管和块状淤血，要尽可能多地去除血管、挤去残血，可加入淀粉类的物质如面粉，反反复复浸泡揉洗，直至干净，才算事半功倍，清洗结束！

猪有五叶肺，寻常人家一叶肺足矣。清洗猪肺要靠灌，以前没有自来水，爷爷用漏斗对准肺管灌水，挤出血水，再挤、再灌，如此反复，出尽大半血水后挂在树下，灌水、滴水，再灌、再滴，如此反复，至少折腾大半天，直到肺叶上每根毛细血管都洁白如雪，不见一丝血色，才算功德圆满，清洗结束！

总之，清洗猪肚、猪心、猪肺，绝对是一件费力、吃力、臭烘烘、油腻腻的脏活儿累活儿，一年次把次也许还能接受，等闲无事，大可不必自寻烦恼。记得以前爷爷奶奶清洗肚肺时，我总捏着鼻子绕路而行，但离家多年，他们清洗的每个细节我却历历在目、清晰如昨，大概因为那也是过年的一部分罢？

本地传统猪心肚肺汤是这样：猪心切片，猪肚切条，猪肺切块，添些排骨、木耳，葱姜酒盐等放齐，敲数十粒白果，大锅一次性放满水烧到滚，改小火慢"哆"（微火慢煮）两三小时，直到汤色奶白，自然凉透后一层厚脂油封住汤，就这么放着，随吃随取，个把礼拜绝不会坏。

除夕祭祖，猪心肚肺汤又称"全家福"，待老祖宗默默"喝"完，再热一遍轮到我们。我们家会再搁点萝卜，撒进葱花香菜、胡椒粉，滴几滴镇江香醋，猪肚粉烂、猪心细嫩，猪肺絮软，如果棉花可以吃、云朵可以嚼，大概就是这种绵软轻柔。

除了传统烧法，也有人爱鲁菜烧法。据说那位著名的清末状元张謇就爱"海底松银肺"——将海蜇头与猪肺同炖，海蜇头俗名"海底松"，炖猪肺色白如银，软烂似豆腐，汤清味醇，化痰止咳，补肺益气，养生佳品。广州的杏仁白肺汤、北京的卤煮火烧，都是用猪下水入膳的经典平民菜品，找对方式，腐朽也能化为神奇。

日前有位风趣的老同学，将自己牛饮灌茶戏称为"灌肚肺"，别致传神，令我想起家乡的猪心肚肺汤。

蹄 筋

　　中学时的上学伙伴，其父职业是"杀猪匠"（屠夫），络腮胡子，面沉似铁，身姿猛健，力大如虎，一把杀猪刀远近闻名。孩子们喊他伯伯，却都怕他。屠夫的二女儿与我同学，她身材不高，丰腴硕美，皮肤细白，有若凝脂。我常有错觉，她的皮肤像她家长年食用的猪油。

　　每天吃完饭，顺路经过她家，喊一嗓子，她就出来，一起骑车上学。有时她吃得迟，洗完脸揽镜自照，慢吞吞抹着雪花膏，让人等得跳脚。每当这时候，我并不进屋候她，也不坐下，就只原地站着，"一、二、三、四、五……"仰头开始数她家向阳墙面上贴的一条条"橡皮筋"，看到底数到几，她才会梳妆完毕，走出家门。

那些"橡皮筋"就是猪蹄筋，每条三四寸长，米黄油腻，如同一排排鼻涕虫，整齐爬贴在她家砖墙上，晒干了起，起了又贴……天长日久，青灰砖墙上留下影影绰绰好多黄白"鼻涕"印，晴天看到觉得日子丰足，阴天经过又感觉丑陋恶心。这道独特的墙上风景，方圆数里，只她家有，别处不可寻。

有一次，父亲带着全家去县城，坐在老松林，点好菜，催我们快吃。他特意夹了什么送到我嘴边，我下意识一咬，又突然触电似的一吐："哇，什么东西？"父亲举着筷子，丢也不是，吃也不是。母亲横了我一眼，嗔怪道："吃吧！蹄筋！好东西！"我连连摇头，什么鬼东西，肥嘟嘟地像虫子，咬上去又像橡皮筋，好恶心！

我终于将这肥腻可怕的东西与屠夫家那满墙贴晒的"鼻涕"对应了起来，原来这个就是蹄筋？原来蹄筋就是这样吃的？我不寒而栗！多年后喂女儿吃辅食，大约是喂某种糊糊，当她舌头接触到那团物质，脸上浮现出某种生无可恋的惊惧，吐了又吐，泪眼婆娑，看得人又好笑又好气。顷刻间想到自己，当年吐出蹄筋的心情，大概类似于此。

对于很多人来说，蹄筋确实是好东西，有营养、有嚼头，做酒席才用，算比较高档的食材。屠夫家满墙贴晒的干蹄筋，先要经过泡发，泡发常用油发或水发。油发法比较麻烦，但发出来的蹄筋较松软：将干蹄筋冷油下锅浸泡，逐渐升热油温至蹄筋膨化，冷却定型后水漂去垢，使成品糯软松蓬。水发法简易一些：将干猪蹄筋敲松，入温水浸泡一夜，再加清水慢煮三四小时，至透明松软，冷水浸泡，撕皮剔渣备用。同发海参一样，发蹄筋这种干货，消耗最多的就是功夫，只要功夫深，"蹄筋"也能发成参。

老松林所吃那道含蹄筋的菜，应该是所谓的"全家福"，内容囊括肉皮、丸子、蹄筋、粉丝等种种。中国最富传奇色彩的"全家福"，当属"佛跳墙"。在福州时从"聚春园"门口经过好几次，一直心中作痒，琢磨着要不要去尝尝正宗"佛跳墙"。闽式名菜"佛跳墙"，广纳海参、鱼翅、鱼唇、鱼肚、皮胶、鳖裙、蹄筋等多种胶原食材，与上汤、绍酒入坛慢煨细炖，汤汁醇厚浓郁，滋味繁复缠绵。蹄筋入菜，"坛启荤香飘四邻，佛闻弃禅跳墙来"，吃货的最高境界莫过于此。

2006 年左右，有位自称太医后代的刘弘章红极一时，他在《刘太医谈养生》《是药三分毒》《病是自家生》等书中提倡的核心控癌疗法就是"用牛蹄筋熬汤，水解出胶原蛋白包裹住癌细胞，控制肿瘤"。后遭方舟子打假、媒体曝光、群众举报，当事人被公安机关立案调查，据说还追究了刑事责任。无所不能的"牛蹄筋"汤，不过是轰轰烈烈的伪养生运动中一朵浮泛的泡沫，因迎合了时代迷信浮躁的求医心理，绽放出短暂的光芒。

所以无论是牛蹄筋、生泥鳅，还是酵素、159，无论是生机饮食还是断食辟谷……考验的无非是人类判断力与饮食态度，均衡饮食、过犹不及始终是真理，无端地哄抬某一类、某一种、某一样食物的药食功能，难道不觉得可疑？

猪蹄筋也一样，不过是碰巧成为人类的某种食材，适当食用可补充胶原蛋白、增强细胞代谢、促进皮肤弹性、适度延缓衰老。喜欢食用、恰当食用就好，大道理，少来！

羊

　　个人以为，羊肉只有两种——膻与不膻。有人质疑，有不膻的羊肉？有！真有！还不少！

　　比如，中国西北宁夏盐池滩羊赫赫有名，到宁夏首府银川吃正宗的盐池滩羊，白煮、蘸点盐，鲜嫩、细滑、甜香，不膻，真的不膻。毫无疑问的国羊之"状元"。

　　再如，内蒙古草原辽阔，畜牧资源丰富，羊肉选择很多：乌珠穆沁羊、阿尔巴斯山羊、苏尼特羊……有次从山西上经呼和浩特，西达包头，过鄂尔多斯，一路吃过去，羊肉整体水准都很高，其中呼和浩特餐馆众多，烹煮羊肉最为出色。内蒙古羊肉算国羊之"榜眼"，嫩滑略失，但也不膻，真的不膻。

同样位于大西北的新疆，饮食习惯以清真为主，人们食用羊肉普遍而广泛。除了羊肉串、烤羊排、手抓羊肉等特色菜肴，手抓饭、拉条子、烤包子、馕包肉等主食点心也离不开鲜美肥羊，据说南北疆羊肉口感迥异，双方争执得厉害。我曾在北疆地区穿行，觉得此地羊肉与别处最大不同在于——肥——无论烧、煮、烤、炖都比宁夏羊肉和内蒙古羊肉要腴腻些，膻味更重，算"探花"吧！

以上所说，多为绵羊，中国西北地区所饲较多，吾乡所在的长江下游平原，多饲养山羊。绵羊山羊品种相异，风味大不同，再加水土差异，总体来说，南方山羊肉较之北方绵羊肉，膻味要重。上世纪80年代，人们物质生活条件还没完全得到改善，苏中农村地区还有很多人家住着土房子，大灶支在房子一头，有人家灶头旁就是牲口圈——养羊，虽说用绳子系着，但山羊们成天"咩咩"叫唤，地上滚满"乌金蛋"，满目乱草，一股膻臊，那种环境，与贫困交织，令人烦躁。

这些家养山羊，属长江三角洲白山羊种系，与海门、启东、崇明一带的山羊血缘相近，是不可多得的皮毛与食用价值兼顾的良种。长江三角洲白山羊两颊凹陷、头角坚硬，周身洁白、下颚生须，公羊健壮、母羊丰硕。农家室内喂羊多用胡萝卜、番芋藤、花生茎等，有时也差孩子们拉出去田间拴牢，任由羊四下啃食地头草，丰富的草料加适度的运动，使白山羊生得毛质细密、肉质细嫩，羊毛可制优质毛笔，皮肉经过烹煮，变成一道道独具风味的地方佳肴。

农家散养的山羊，自会有走村串户的贩子前来收购，本地大大小小的山羊们最终被集中到吴窑镇山羊市场，再转运至苏南、上海、浙江乃至全国各地。吴窑镇的山羊市场早在1978年就有雏形，当时只是马路边小小一圈山羊交易地，后经有关方面着力培育、宣传，渐渐发展为当地重要贸易基地，地盘也由最初两亩扩展至四十五亩，山羊年交易量逾百万头，年经济产值达两亿元，不仅在华东地区首屈一指，在全国也名声响亮。

小时候去吴窑外婆家，常在盛夏暑假中，行至土公路旁的羊市场，炎热的气温、飞扬的尘土、骚动的羊笼、"咩咩"的山羊，除了掩鼻而过，不作他想。谁曾想到这一块小小的脏乱市场，靠着当地人的吃苦、肯干，竟发展成大产业，提供了贩运、加工、屠宰、深加工等诸多工作机会。据说有的专业收购队伍多达一两百人，常年活跃于全国各地收购山羊，收来的山羊品种多样。山羊市场不断良性运转，全国各地客户滚雪球般接踵而来，都知道这里"市场大、品种全，别处买不到的这里能买到，别处卖不掉的这里也都能卖掉"。吴窑男人们勤苦——贩羊，吴窑女人们能干——宰羊：交易旺季时，"半边天"们起早贪黑，手起刀落，十多分钟就能搞定一只，每天工作量多达六七十只，她们是现代"庖丁"，羊市"砥柱"。山羊致富，是辛苦付出、合理经营的必然结果。

除了流向外地，本地人也食用山羊。我们这种羊肉，说实话还是颇有膻味的，这更需要饲养屠宰的配合与烹饪技术的平衡，才能最终成就美味。羊肉、羊杂，趁着新鲜，迅速移交饭店后厨或加工户手中，自有那技艺出众的大厨、师傅，精心料理，专注炮制，捧出一道道风味佳肴，以飨食客。最经典的当属"白切羊肉"，这是吾乡地区正统吃法——带皮羊肉白煮切片，皮弹肉嫩、凝脂似雪，搭配姜丝酱油（醋）食用，原味过瘾。其次是"红烧羊肉"，海门一带最喜欢，据说在海门，红烧是压倒一切的羊肉料理方式，除了红烧，还是红烧，红烧始终是海门人料理羊肉的不二之选。

所谓"靠山吃山，靠水吃水"，吴窑人"靠羊吃羊"。背倚华东地区最大山羊贸易市场，有什么羊身上的部件不能得到、不能付诸食用呢？羊肉、羊眼、羊蹄、羊脑、羊肝、羊心、羊腰、羊肺、羊肚、羊血、羊鞭、羊蛋……百无禁忌、百种可用；蒸煮、冷切、白汤、红烧、爆炒、铁板、烧烤、煎炸……款款皆宜、招招制胜。整出个"全羊宴"，轻轻松松，不在话下。

　　每年秋风起，北雁南飞，我就盼着父亲给我捎来羊肉，他去镇上有固定店家，店主懂得挑选山羊，亲自去村庄收购细嫩肥山羊，又练得一手好"煮"艺，经他挑选、宰杀、白煮的羊肉，不老不嫩、不膻不腥，于平淡中见真味。父亲是他的老主顾，他们的交情大约可划到一斤羊肉便宜十块多钱。吃羊肉，享用乡间美味，接受父辈荫庇，怎么不是种幸福？

牛

　　十岁前，我在一个厂区长大，厂里来来往往的人多，常有些好吃的分享。有一天，厂里食堂操办聚餐，那天除了大师傅异常忙碌，还抽调了几个勤快的女工前去帮忙。食堂大厅张开了超级大的圆桌，坐十几、二十个人没有问题，巨大的桌面上摆满了碗、盘、碟，有多少只？数不过来，只记得亮锃锃、明晃晃地铺满了整张桌子，中间一圈是凉菜，已经摆好盘，外围放了碗碟，大盘子里整齐盛放着可以直接热炒的蔬菜、肉食等。天气暖热，食堂当中的一根大梁用钢筋吊着大叶风扇，已经呼啦啦开启，权当祛蝇降温。

当日，我路过食堂门口水池旁，一个我喊她"姨妈"的人叫住了我，神秘兮兮地招手让我过去，只见她笑嘻嘻地走到圆桌边，从一个盘子里拿了点什么，走回水池边塞进我嘴中，我下意识一咬，一股不熟悉的异味在舌尖弥漫开。"啊！好难吃！"我立刻呸呸呸吐了出来，一点都没给"姨妈"留情面。然而"姨妈"并不难为情，她径自往自己嘴中塞了一块，香香地嚼起来："是牛肉啊！呆伢儿！"

　　正说着，背后突传"铛——"一声巨响，然后是稀里哗啦瓷器碎裂的声音……站在食堂门口的我们慌忙回头看——原本飞速运行的大吊扇，竟然脱离钢筋挂钩，重重地砸向圆桌正中，一时停不下来的吊扇叶片横扫一切餐具、菜肴，烂泥般甩向墙面、地面……其状之狼藉，现场之惨烈，如同一场噩梦，令人不忍直视、不愿回想。

　　所幸，其间并无人员伤亡，当时离吊扇最近的人，其实就只有我和"姨妈"。其他人听到响动跑来时，吊扇已经停止甩动，只留满目疮痍的"案发现场"，任由大家发挥想象。我瞄到地面刚才被吐出的那片"牛肉"——深红，纹理粗疏，留有几个齿印，很无辜的样子，躺在地上。牛肉，就这样与无端脱落的吊扇联系在一起，成为私人记忆中挥之不去的警惕不安。

　　本地养牛人家极少，我只见过零星用于耕地的健壮水牛，血统源于去乡不远的如东，是品种优良的稀缺品种，名唤"海子牛"。海子牛又名黄海牯牛，由几年前的亚洲野水牛演变驯变而来，与四川德昌水牛、云南德宏水牛、湖南滨湖水牛、上海水牛合称为中国五大优等水牛。作为一种优秀的沼泽型水牛，海子牛从事着沿海滩涂运盐、垦荒以及鱼货运输等繁重劳动，形成了环角宽背、厚臀圆蹄的高硕形体，其性情温顺，能耐劳负重往返于海水与坡塘间，耕田种地，寻淡水、识旧途，渔、农两用，全身是宝。海子牛生殖期近二十年，淘汰屠宰后瘦肉率高达 30％－40％，经济价值非常可观。海子牛分布在苏中黄海沿岸，北至盐城的滨海、响水，南及如东一带，如东虽为海子牛的核心产区，如今栏存已不足千头，十分可惜。不过在当地，海子牛已上升为一种文化象征，人们立海子牛铜雕于城中广场，视为本土精神标志，时时用"不待扬鞭自奋蹄"自勉。

与黄牛不同，水牛并不易染疯牛病，水牛肉性凉，祛湿降糖，是治疗"消渴"（糖尿病）的良方，所以说食用水牛肉，是相对安全的选择，否则单就口感而言，各种牛肉各有千秋。在西部品尝过鲜美的牦牛肉，去台湾尤爱牛肉面中的澳洲牛腱，也很喜欢西南贵州、昆明一带的原生山地牛肉，而最好吃的水牛肉，其实近在眼前——盐城秦南水牛肉。江苏为传统汉人聚居地，养猪食猪，清光绪年间，回民哈氏移居盐城秦南，带来牛肉宰杀及加工工艺，后逐渐发展为地方特色。现在，秦南水牛的来源已经由本地家养水牛过渡为外地收购散养水牛，出众的加工工艺、多样的料理方式使秦南水牛肉成为盐城名产。青菜烧水牛肉是秦南水牛肉的最经典打开方式，也是盐城酒席八大碗的必备菜式之一——甜中带苦的青菜炖煮疏松耐嚼的牛肉片，红绿相间，或可加入细白粉丝，增添丝丝缕缕的情趣。如今秦南兴起了全牛宴，包括"干切牛腱、红烧牛肋、白汁牛鞭、青菜牛肉、牛骨髓羹、红烧牛肉丸……"约 16 道菜，价格不菲。现在想起来，当初"姨妈"塞给我吃的，可也是尊贵的水牛肉呢！

水牛奶也是一绝，产量虽低，营养价值却高，等量水牛奶的综合营养价值约是黑白花牛奶的 1.8 倍，高含量的酪蛋白使其尤适合加工为高品质奶酪，但物稀价贵，意大利比萨中，使用水牛奶奶酪的比使用普通奶酪的价钱要高出不少。水牛在我国南方广东、广西、江西、四川、云南等地均有广泛分布，两广人青睐的"双皮奶""姜撞奶"，严格来说须用水牛奶制作，成品口感浓郁，诱人异常。曾在云南腾冲品尝过当地水牛奶所制双皮奶，醇浓奶香至今难忘。

　　水牛确实全身都是宝，利用水牛皮制凉席是中国一项古老工艺，据说渊源可追溯到秦汉时期，至明清年代，四川地区水牛皮凉席长期成为皇室贡品，受到王公贵族、达官贵人的疯狂追捧和喜爱。为什么是四川？因为天府之国闷热潮湿，会享受的川渝人民发现，临近的三峡库区及丘陵地带所出水牛皮毛孔粗大、透通滑爽，夏日近身有凉意，实乃天赐物产。能工巧匠遂精挑十年期左右壮年水牛，从中遴选出疤痕少、毛孔粗、皮质韧厚的大小牛皮，不断更新改良工艺，成就了一张张吸湿、透气、散热、防潮的天然降温消暑利器——水牛皮凉席。水牛一生亲水，其皮肤天然具有祛湿利水的性质，一张上好的牛皮凉席，印刻着水牛忠诚勤恳的前世，夏日贴近你的肌肤，敦厚温凉的触感如同一种感动。

鸡

　　世界之大，有地方不吃猪肉，有地方不吃牛肉或羊肉，有地方主吃海鲜，但几乎没有地方不吃鸡肉。

　　鸡之普遍，因之好养。作为一种从古代就开始驯养的动物，鸡已经不能高飞，正适合庭院饲养。同时，鸡吃得杂，无论是野地里刨出的虫子，还是农家调制的细饲料，都能吃得津津有味，并不挑嘴。母鸡下蛋、雄鸡报晓，鸡肉嫩滑、鸡蛋滋补，如此一来，鸡注定会成为家禽界的"无冕之王"，食材界的"多面选手"，就连文化界也本能地选择了以"心灵鸡汤"命名"治愈"文化，而不是"心灵猪骨汤"或"心灵海鲜汤"。

　　中国古代神话传说中，女娲正月初一造鸡，初二造狗，初三造猪，初四造羊，初五造牛，初六造马，初七才造人。作为第一个造出来的"鸡"，女娲精心构思，赋予它"文、武、勇、仁、信"五德——"头戴冠"寓意文德、"足搏距"显示武德、"敌前敢斗"是为勇德、"见食相呼"展现仁德、"守夜不失时"具备信德，可谓用心良苦。后来，人们将每年正月初一到初六命为"说畜日"，初一为"鸡日"，初二为"狗日"，初三为"羊日"，初四为"猪日"，初五为"牛日"，初六为"马日"，初七才为"人日"，民间流传开年第一天以红纸剪鸡做窗花的风俗，鸡谐音"吉"，暗合了人们的幸福祈愿。

事实上，作为最早被驯化的家禽，鸡早期更类似于某种战将，中西皆然。早在古希腊时期，人们就将鸡视为斗士，热衷于斗鸡，一些城邦甚至专门为斗鸡建造竞技场，用以教授年轻的士兵如何英勇作战。中国文化中的鸡更是精彩，竟是星宿下凡，乃《西游记》中降服蝎子精、蜈蚣精的"昴日星官"是也。曾两度下凡帮助齐天大圣的昴日星官，原形是只双冠大公鸡，鸡食百虫，正所谓一物降一物，猴子搞不定的蜈蚣、蝎子之流，在鸡眼中，不过是区区小虫罢了！

斗鸡也在古老的东方长盛不衰。春秋时期，"斗鸡"就开始风靡全国，主人为了斗赢刘方，有给鸡穿盔甲的，有给鸡带趾套的……出尽百宝只求一胜！唐朝斗鸡达到顶峰：唐高宗年间，不满二十岁的王勃曾是沛王（李贤）的入幕之宾，沛王、英王（李哲）兄弟斗鸡相争，王勃写《檄英王鸡》为沛王助阵，触动了李氏王朝"兄弟相杀"的敏感神经，遭贬官驱逐，为年少轻率付出了代价；唐玄宗（李隆基）热衷斗鸡，专门开辟"鸡坊"，精选斗鸡、广纳鸡童，由精通驯饲的贾昌统领管理，贾昌时年十三岁，号称"鸡神童"，专享斗鸡殿，狂妄作恶，权倾一时，百姓有谚云："生儿不用识文字，斗鸡走马胜读书。"斗鸡背后的无血之争、荣华烟云，仅仅是统治者翻手为云、覆手为雨的一个缩影，犬马声色总是更容易俘获空虚者的心灵。

平民鸡文化，则更多是一种田园生活的象征。说到田园，总是绕不开"鸡"的身影——"狗吠深巷中，鸡鸣桑树颠"（陶渊明）、"故人具鸡黍，邀我至田家"（孟浩然）、"鹅湖山下稻粱肥，豚栅鸡栖对掩扉"（王驾），"莫笑农家腊酒浑，丰年留客足鸡豚"（陆游）……

广大老百姓可不理文人那一套，鸡嘛，就是用来吃哒！下的蛋嘛，也是用来吃哒！悠久深远的农耕传统、博大精深的烹饪技巧使中国人吃鸡方式十分多样——四川口水鸡、上海白斩鸡、江苏叫花鸡、广东盐焗鸡、江西三杯鸡、海南文昌鸡、重庆辣子鸡、云南汽锅鸡、新疆大盘鸡……更有符离集烧鸡、小鸡炖蘑菇、德州扒鸡、宫保鸡丁等诸多名菜。小时候，有户亲戚家的廊檐下，每到冬天就挂起几只鸡"团"。为什么叫鸡"团"？因为它们看起来是带毛的母鸡，其实鸡头又被塞进身体，团成一体，只直直地吊起两条肥腿，西北风里任它吹晾，他们说这叫"风鸡"，风透腊香。

鸡蛋花样更多——煎炸炖炒、腌糟焯卤，种种美味！有几种吃法，不太常见——松花蛋、活珠子、旺鸡蛋，都是外国人传闻中的华夏黑暗料理，频频入选世界黑暗料理榜单，早就"享誉"全球。对中国人来说，活珠子和旺鸡蛋是有严格区分的：活珠子是正在孵化的带胚胎的鸡蛋，亦鸡亦蛋；而旺鸡蛋又叫毛鸡蛋，是孵化不成功的鸡，是鸡非蛋。少时有位好友，她家就爱煮"旺鸡蛋"，常见她从煮锅里摸出个蛋，剥开蛋壳，露出毛乎乎的胎鸡仔儿，吃得喷香！她邀我吃，我摇摇头，只是看着她，陪着她。

吾乡雉水（如皋别称）得名与"鸡"有关，《左氏春秋》所载贾大夫射中博妻三年一笑的就是只会飞的野鸡。本地家庭饲养品种为如皋黄鸡，这是一种具有"三黄"特征的肉蛋兼用型地方良种——黄嘴、黄脚、黄羽，尾部虽夹有黑羽，但鸡身主体为黄，故称其为"如皋黄鸡"，又称"三黄鸡"。如皋黄鸡体型适中、肉质细嫩、汤味鲜美，是适应了南方消费的优育品种，其遗传资源已经定型，故被列为农产品地理保护标志产品，本地专设了黄鸡保种场，由国家级鸡种基因库（江苏）于1988年引种进行异地保护。经过多年试验摸索，如今黄鸡的饲养保护已取得明显成效，不仅数量逐年增加，商业利润也很可观，可喜可贺！

鸭

　　邻居的阿姨，是房族里的婶娘，乳名"鸭儿"，嫁过来后，虽说我们都喊惯她"鸭姨"，但只有她老公才会有时不太客气地大喊"鸭子——"

　　自己成家后，春秋季常带着女儿回乡下娘家小住。有次下午无事，心血来潮挎上篮子带把铁锹去门口园子挖东西，秋阳刚刚好，晒得人酥懒，一个人漫无目的东铲一下、西挖一锹，时不时拨一拨土，看看有没有"宝贝"。不知什么时候，一个人影停在我旁边，头一抬，是鸭姨！

　　"你一个人在干吗？"她笑着问。

　　"呃，没干嘛！"我也不知道该怎么回答，忽然间有点心虚——快四十的人，出生以来从没正经干过农活儿，突然装模作

样开始挖土，多少有些鬼崇可疑……"噢，我，我挖'何香'
（蚯蚓）——"

"挖'何香'干吗？"她随口又问。

"呃——挖——喂鸭子——"话一出口，我立刻意识到不
妥，自己就感到些尴尬。

她不在意地笑笑："你妈只养了鸡哎，呆伢儿！"她好意提
醒我。

"噢，噢，没养鸭子啊？"我如梦初醒地嘟哝，顺口又问一
句，"那你家养鸭子了吗？"

话一出口，更觉不妥，又无法收回，怪不好意思地看她，
笑笑。她也笑笑地看我，我更加紧张，真心不是故意……

后来帮母亲摘菜，很郁闷地提及这件事，她大笑，嗔怪我，
我也很混闷，总不会是我有意，大概是秋天惹的祸，舒服得昏
了头。

民间常有给孩子取低贱乳名的习俗，诸如"猫""狗"之
流，还要用"栓""锁"之类定住，一是有"贱名好养活"的说
法，二是有看牢防阎王的用意，总之，越不起眼，就越可以瞒
天过海、免病消灾。例如，房族姑姑家前两个儿子没有收住，
到了第三个，就起名叫了"细狗"。《红楼梦》中，王熙凤请刘
姥姥给女儿起名字，一是要沾点刘姥姥的长寿福气，二是要借
刘姥姥之口，取俗气轻贱的名字，使多病的孩子，命硬实一点。
如此可见，鸭子在吾乡是多不起眼的家禽，才能获得取名界如
此隆重的对待和高规格的任用。

比起本地黄鸡，鸭肉确实要略逊一筹，所以酒席家宴中，
更多使用鸡肉，印象比较深刻的鸭菜，大概就是只有"八宝鸭"
了。八宝鸭相当考验厨师手工，要将整只鸭子拆骨而皮肉不破，
填入荤素搭配的八宝馅料，整形成葫芦状，既讨"福禄"彩头，
又寓意五谷丰登，绝对可算压轴大菜。由于加入了糯米馅料，

蒸熟融汁后的八宝鸭每一口都浓腻黏滋、绵密酥软，极适合老少同食。这种口感，跟我很多年后吃到的韩国名菜"参鸡汤"，何其相似？中外料理的思路，竟如此鬼使神差般略同！

到目前为止，我已在南京度过"半辈子"，这里号称"鸭都"。初来乍到之时，吃惯家乡鸡的我并不太能接纳鸭之滋味，以及周围人对于食鸭的热情。大学时，南京同窗们纷纷盛情邀请外地同学去家中作客，不同的父母们都会做同样一件事情——斩点鸭子、配点卤子、摆上桌子、招待孩子，那一盆盆鸭子所传达的长辈情谊，迄今都心存感激。后来居宁渐久，吃鸭渐渐成为生活中一部分，也习惯斩点鸭子回家待客，给异地朋友捎带礼物手信，也常是真空包装盐水鸭及四件（鸭翅、鸭掌各一双为四件）。

南京人吃鸭，主要有盐水鸭和烤鸭两种，其余鸭翅、鸭舌、鸭胗、鸭肝、鸭心、鸭血鸭肠等也都各自成菜，衍生产品还有鸭血粉丝、鸭油烧饼若干。盐水鸭搭白卤，烤鸭配红卤，卤子绝非清汤寡水，是由几代相传的老卤与鸡、鸭、香菇、葱姜、香料等熬出的高汤调配而成，地道的南京吃鸭，鸭肉的鲜嫩占了一半，卤汁的鲜透占了一半。焦糖色的烤鸭撒上喷香的松瓢粉，又香又美叫"松子烤鸭"（也有卤汁带松子），烤鸭的红卤主要靠糖醋着色，没有酱油什么事！

世人皆知"北京烤鸭"名气大，殊不知其源头却是南京烤鸭，本就是朱元璋爱吃的金陵烤鸭，不情愿地被随都北上的御厨们赶去了京城。起先由"便宜坊"传承地道南京做法——焖炉叉烤，主打"金陵片皮鸭"，后又有以"全聚德"为首的一批烤鸭界后起之秀精进工艺，发展成为如今独步世界"明火挂炉"、果木烤制技艺。北京烤鸭吃法上融入了鲁地习俗——卷入薄饼，搭配面酱、葱段食用。只有留在原地的南京烤鸭，初心不改，坚持着红汤赤卤的江南甜口，蜜汁饱满、心平气和、悠游笃哉地混迹于盐水鸭中出售。

鸭血粉丝这种小吃不知起始于何许年间，"胎气"（南京方言，"大气"之意）包容了鸭血、鸭肝、鸭肠等诸多鸭兄弟，后来居上，稳稳坐上金陵鸭家族中第二把交椅，鸭血粉丝汤连锁店、小吃店遍地开花、生意兴隆。人们喜欢去店里点份鸭血粉丝，爱吃肝的加肝，爱吃肠的加肠，香菜辣油自便，这种轻松随意，十分南京。别人我不了解，反正我隔一段时间，就会不自觉想去吃碗鸭血粉丝汤。

鹅

　　带女儿回老家，隔壁嬷嬷（mà，方言中称呼年长伯母辈）过来转转。这位嬷嬷是十几年前年嫁给隔壁大大（dà，方言中称呼年长伯父辈）的，大大前妻精神不大好，留下一个如花似玉的女儿离婚走了，嬷嬷比大大年长几岁，前夫去世，带来两个成年儿子，五个人一起挤在三间瓦屋下，重组一个完整的家庭。她来时就已经四十多，大个子、国字脸、齐肩发，面庞已染风霜，笑容却很温暖。如今仔细端详，花白头发已转全白，眼角额间皱纹更深，眼神依然和善，笑容温煦和暖。

　　她手里端把葫芦瓢儿，笑嘻嘻地逗女儿玩，仿佛当年逗引我们。葫芦瓢儿里堆着几个大鹅蛋，嫲嫲说，没什么别的好给，送来几个鹅蛋，给小姑娘吃了玩。我像小时候去她家喝粥般自然，高高兴兴接受她的美意，并不过多客气。

鹅不是家家都养，养鸭人家，鸭蛋腌成咸蛋，过粥下饭当小菜。嫲嫲勤劳，既养了鸭，也养了鹅，还养了羊，儿子早已成家分开，继女也已顺利出嫁，他们还住原来的瓦房。我家屋后，她家侧旁，就是池塘，早上醒来，传来白鹅下河"昂昂昂"！

硕大洁白的鹅蛋，女儿很喜欢，很努力地吃完一个当早饭。我奶奶在世时爱说鹅蛋肉粗、腥气，很少给我们煮鹅蛋，我看女儿吃得喷香，也情不自禁拿起一个尝尝。

女儿吃完去找隔壁的隔壁的尧尧玩，她极其自然地与乡村融为一体，丝毫没有长辈担心的城里人的"嫌弃"。她在小伙伴家画画、做手工、帮尧尧妈喂鹅。尧尧妈小惠在院里圈了半个场，围挡起来养鹅，孩子们跟着小惠满院跑，观察小惠如何拌饲料，观察大白鹅拥簇进食，还搬出小画板描绘鹅群百态。

晚饭要去前面"鸭姨"家吃，为了款待我们，鸭姨早早开始备菜，我去看时，她正拿把镊子坐在水槽旁认真除毛，手里那只肥硕的大鹅，无力地耷垂下脑袋，褪去白羽的鹅皮白到发光，不久它将变成浓油赤卤的"红烧老鹅"，闪亮登场。

炊烟起，夕阳斜，倦鸟归林，各家纷纷呼喊伢儿小名回家吃饭，在大锅内炖煮多时的老鹅也已香飘四方，孩子们跟我们小时候一样，张着嘴巴等在饭桌旁。

又是一大家子人，热热闹闹围坐大圆桌，鸭姨的婆母是我的姨奶奶（奶奶的二妹），一起嫁过来的姊妹四个，大姐（我奶奶）已经不在。照例要先给长辈们盛饭，然后是小的，然后是半大不小的，然后才轮到鸭姨她们自己。最受欢迎的，果然就是那一大盆红烧老鹅，小的们吃得满嘴流油，卤汁淘饭也不肯丢。鹅肉厚紧有咬劲，几个姨奶奶们自然嚼不了，只是笑眯眯地看我们尝。

鸭姨说，鹅为什么好吃，因为小惠下了功夫！她每天去河里捞浮萍，或者切碎萝卜缨，拌上麸粮精心喂养，慢吞吞生长的肥鹅，肉自然很香。可是，食草鹅卖给收鹅贩子一斤才八块钱，一只鹅，十斤八两，值不回小惠的辛苦汗，这批出栏，小惠不打算再继续养。不知怎的，我脑中突然冒出"卖火柴的小女孩"情景——第二根火柴擦亮，桌上"摆着精致的盘子和碗，肚子里填满苹果和梅子的烤鹅正冒着香气，……这只鹅从盘子里跳下来，背上插着刀和叉，摇摇摆摆地在地板上走着，一直向这个穷苦的小女孩儿走来。这时候，火柴灭了，她面前只有一堵又厚又冷的墙。"墙！谈及现实，都是又厚又冷的墙，如何才能促进乡村经济良性发展？什么样的价值取向才能平衡商业社会的贪婪？

春节时贴的堂联"鹅湖世泽，鹿洞家声"仍红艳艳挂在门上。小时候看这门联，心里总嘀咕：年年都这两句，也不想着换换？但天天瞧、年年看，瞅惯了自家的，有时能体会到一种固执的守护感，祖宗传下来的，怎好随随便便换成别宗堂联？偶尔瞄到"鹅湖""鹿洞"，不禁产生遐想，那是多么质朴的乡村家园……

史载昔日朱熹与陆九渊"鹅湖之会"影响深远，作为一场著名的学术之论、观点之战，知识分子对于自由思想的追求、哲思观点的探讨辩论，余韵犹在鹅游之滨、湖水之畔，中国士大夫阶层对于"儒道"与"致用"的追求，嵌入了"鹅""鹿"的故土意象后，别有探幽之趣。如果谈到理想，唯有希望变化中的乡土社会，徐徐缓缓，鹅仍在、鹿成双，堂联代代相传。

狗

　　大概是四岁？还是五岁？家中老园地前面还有两间土房，偏间当厨房，当中是客堂。

　　阴冷的冬日，吃过饭的午后，我看到父亲和一堆死党兄弟聚在一起，兴奋地讨论着什么，隐约传来"用绳子套""会不会咬""红烧还是白煮"……

　　冬季天寒，午照渐短，不知不觉，屋内昏暗。远处传来闹哄哄的声响，人声鼎沸的模样，嘈杂声越来越近，凄凉的狗吠、咆哮，人们的尖声、叫喊……

　　我跑到场院，下午的那群人拿着绳子，追赶家里的黑狗，好几次眼看就要套上绳索，数次却又被狗逃脱，眼瞅着越来越近，最终狗敌不过人多，被套进绳圈，撕扯、抵赖地被拖到了土房旁。这只黑狗是普通土狗，中等大小，已养了些时日，没想到今天被逼到尽头，吊上了屋梁。大概是预感到末日将临，自己将成为盘中餐，黑狗哀号凄喘，声音中全是恐惧不甘，闻之心惊难安。

追打者们摩拳擦掌，兴奋地商量如何快速解决束手待亡的猎物。我站得老远，看不见狗的眼睛，没准它正泪流成行……我只依稀看到黑色毛皮缩成一团，瑟瑟抖动着，徒劳挣扎着……

最终，他们选出行刑者几人，各抡一根大棍，轮流敲向黑狗脑袋——一下，两下、三下——他们额上全是汗，眼睛泛着红光。我堵住耳朵，凄凉惨叫刺入心头，不知旁观者是否都跟我一样——喉咙、手臂、后背爬满恐惧，那是活生生的死亡。

闷棍一声声，土墙也在抖，听见有人说："轻点，轻点，墙要倒了——"渐渐地，哀号声没去，抽搐、蹬动、平息……他们把棍棒往地上丢，"咣当"！"咣当"！很快，那具不再蠕动的身体被剥皮清洗，剁成一块块，清白无辜地下锅，土灶中飘出浓浓异香。

我站到那面土墙前，深红血迹渗进褐土，墙身似有裂痕，墙壁略有倾斜……"没事，没事，不得倒！"他们扛来树干，支撑了房梁。那群人晚上分吃了黑狗，红烧狗肉据说喷香，我不想尝。

成年后有次全家经过常州探访旧友，她很贤惠，张罗出一桌好菜，有鱼有肉，满心款待，特别请我们尝尝那红烧骨头，吃完要我们猜，是什么肉？猜不透，半晌，她不无神秘地说："狗肉！你们来巧了，平时都没有！"童年记忆已经淡去，主人巴心巴意，尝尝这骨头，倒也无妨！只是我们平时不常见杀鸡屠猪宰羊，看不到所有的家禽牲畜，都有临死挣扎，都有对生命的渴望。

贫寒年代，杀狗也不能就称为暴行，屠宰本质都一样。为凸显仁慈，伊斯兰教特地规定了屠牲方法：穆斯林在宰牛、宰羊、宰鸡等可食动物时须以安拉之名而宰；屠宰者须为之祷告，遮其眼睛，使牲畜在平静中献身；屠宰须快速，减少被屠动物痛苦；避开落日后、日出前的动物安眠时间……总之，伊斯兰教屠宰法为"弱肉强食"中强者一方做足了道德功课，也算是一种避免心灵遭受折磨的宗教救赎。

狗相对于其他牲畜，更有家庭成员意味，食用其身体，总莫名笼罩些伦理阴影，其实狗肉在很多地方都是传统菜肴。历史上最著名的狗肉莫过于汉高祖刘邦爱吃的"樊哙狗肉"：话说秦朝末年，樊哙在泗水之西屠狗卖肉，刘邦好吃狗肉，尚未发迹时，常赊樊哙的狗肉吃，两人虽说交好，但亲兄弟明算账，久而久之，刘邦还是欠了樊哙一屁股狗肉钱，这叫欠"狗肉账"。后刘邦起兵反秦，得力助手很多都来自他的草莽朋友，樊哙就是其中一名干将，曾在鸿门宴中啃生肉、助刘邦脱险。鸿门宴后，西楚霸王失掉战机，刘邦赢得天下，可以说，是一帮"狗肉朋友"助其赢得的战果。刘邦称帝后，沛县、丰县、萧县、砀山一带的狗肉也随高祖声名远扬，端的是"一人得道、鸡犬升天"！

贵州及两广地区狗肉也很盛行。贵州的花江狗肉是布依族传统菜肴。广东有著名的湛江白切狗肉、雷州狗肉煲，开平五香狗肉、吴川红烧狗肉等。广西人吃狗肉声名在外，著名的有玉林脆皮狗肉、灵川带皮狗肉、宾阳白斩狗肉、合浦乾江狗肉等。广西玉林有一传统——"狗肉荔枝夏至菜"——夏至节气，呼朋唤友，食狗肉，啖荔枝，把酒言欢，旺上加旺。

有个民族爱吃狗肉——朝鲜族，狗肉料理是他们古老饮食文化的一部分。说是韩国人每年要吃掉数百万条狗，狗肉是他们仅次于猪、牛、鸡的第四大肉食。还说金日成就很爱吃

127

狗肉，朝鲜国宴中总少不了狗肉身影。中国朝鲜族聚居地延边地区流传"狗肉滚三滚，神仙站不稳"，当地气候寒冷，"狗肉火锅"很是流行，当地人尤其推崇在夏天食用狗肉汤进补。我曾在夏天抵达延吉（延边朝鲜族自治州首府），品尝过各式朝鲜族料理，但始终徘徊在生意兴隆的狗肉馆门外，提不起兴致。

蔬果·菜

谁是你的菜？

荠 菜

　　语文课本里学过的《挖荠菜》，其实是篇春游范文。每当燕归来，春风拂面，田野里、道埂边，又青又嫩的荠菜便开始纷纷占领地盘，远处、近处、高坡、低洼，我们也像《挖荠菜》里一样，挽起篮子，揣上铁锹，奔赴那星星点点、望不到边的荠菜海洋。

　　荠菜，吾乡惯呼其"野菜"。野菜兜心、野菜烧饼、野菜春卷、野菜扁食……指的都是"荠菜"。荠菜是春日第一鲜，万物复苏的初春平原，数它最繁多、最常见，生长最蓬勃、最乡野，正因为这种恣意旷达、未经驯养，所以人们直呼其"野菜"罢？

"野菜"是生活化的叫法，"荠菜"的名称则体现出文化性。中国两部最古老的诗歌集中，已经出现荠菜的身影：《诗经·谷风》中弃妇觉得"谁谓荼苦，其甘如荠"——只要不被丈夫抛弃，苦菜也甘美如荠！《楚辞·悲回风》中感叹"故荼荠不同亩兮，兰茝（芷）幽而独芳"，荼菜苦，喻"小人"，荠菜甘，喻"君子"，以之表明君子志向高洁，不屑与小人为伍。"荼荠"并用遂成为典故。

　　荠菜拥有强大的精神力量。它不畏严寒、逆境顽强，冬至后出苗，贫瘠也能生长；它隐忍低调不张扬，茎叶入冬变褐，隐色土壤，耐饥耐寒；它滋味甘美不自矜，在野自在，可作良药但不苦口，默默奉献。晋人为它作赋，咏之以"松竹"（夏侯谌《荠赋》），古往今来，咏荠诗篇无数。

　　荠菜为药食同源之草，药用价值极高。荠菜古名"护生草"，虽不起眼，根、花、子却均可入药。从成分分析，荠菜含草酸、酒石酸、苹果酸等多种有机酸，11种氨基酸，7种糖分，还有蛋白质、粗纤维、胡萝卜素、胆碱、皂苷，黄酮类以及多种维生素、无机盐类。多样的成分赋予了荠菜多种疗效功能——丰富的维生素C能抑制致癌物质亚硝胺的产生；粗纤维有助于预防高血压、冠心病、肥胖症、糖尿病及肠癌、痔疮等；丰富的胡萝卜素有助于治疗和预防干眼症、夜盲症；荠菜酸能帮助凝血、止血；乙酰胆碱等物质可有效清理血液、降低血压；蛋白质含量高，有助于补钙……

　　民间一直有"三月三，香荠当灵丹"的说法，很多地方流传农历三月三，要吃荠菜花煮鸡蛋。三月三前后，地方菜场里，几乎每个摊位都售卖开着成簇白花的老荠菜，买回后，洗干净弯折成小捆，入锅没水与鸡蛋同煮，待鸡蛋凝固后轻敲蛋壳使其微裂，荠花清香就能渗进蛋中，荠菜花煮鸡蛋就完成了。据说孩子春天吃了这样的蛋，耳聪目明，不易生疮。

如今，深秋时节，就开始有荠菜上市。既有纯野生的小叶种，香味浓郁，也有人工种植的大叶荠，香气则逊淡很多。虽说很多摊位都卖摘挑过的净荠菜，但买回家后还得再次清理，那些没有摘拣过的荠菜就更不用说了，花一两个小时，三斤挑出一斤是常有的事，真是想吃荠菜却难摘，费时费力好辛苦。贤惠的现代主妇们，充分利用时代科技，在荠菜肥美的季节，一次性摘挑好一些荠菜，飞水后分成若干小份，装进保鲜袋入冷库保存，随吃随取，轻松方便。

　　荠菜是猪肉、鸡肉的良伴，搅碎制馅儿最妙。荠菜猪肉馅包子、馄饨、面筋果子，荠菜鸡肉笋丁圆子、饺子、虾米丸子，都是些清鲜易做的家常好菜，老人也好、孩童也罢，每个人都能通过荠菜肉馅一品春鲜。不得不说，荠菜与豆腐是绝配，南通话中"荠菜豆腐"谐音"聚财头富"，荠菜豆腐羹为正月初一早上头一碗。春节前后，人们还喜欢干炸荠菜肉丸，清香好吃，停不了口。

　　食用荠菜，也有需要注意的地方：首先，荠菜刮油能力强，体虚或便溏者不宜多食；其次，荠菜中含草酸，食用前先焯水比较利于健康；还有，荠菜与芹菜、苋菜等一样，是感光蔬菜，吃完后不宜日晒，否则易得日光性皮炎。

香 椿

　　去菜市场买菜，相熟的摊主热情招呼，"有刚上市的香椿，绝对好！给你留了一把！"既是为我"留"的，却之显然不恭，我花大价钱带回一小把昂贵的香椿头。

　　极少有孩子能欣赏香椿之"香"，女儿并不买账。做完一个香椿炒蛋，她跑过来嚷嚷要开窗，并希望我们把这盘菜撤离她面前。其实，这种温室型的种植香椿，早已失去野生的浓郁气息，何"香"之有？

　　这些年，很少主动买回香椿。一则它是发物，并不适合家人体质；二则觉得它跟桑葚一样，童年时要多少有多少，稀疏寻常的东西，竟要花钱购买？

吾乡农村，绝大多数人家门前屋后都有香椿树。轻寒早春，百草苏醒，椿树也在春雨滋润下，从它的胳膊、肩膀或头顶慢慢冒出几丛嫩芽，起初是清新的黄绿色，不几日，迅速泛青，再两日，边缘老成红色。椿芽宜吃的状态是，长约三寸，红边绿叶，若全部转红，嫩芽已成老叶，过了头，没法尝！

香椿的性情就是这么疯狂，它长得快，拔节迅速，一年一个样。千万不要欲与椿树试比高，你会输得很惨——咦？明明去年还跟我差不多高，今年一看，我已跟不上趟！家中个子最矮的奶奶最爱吃香椿，到了季节，便隔三岔五去树下瞅瞅，一旦椿树冒出嫩芽，便立即回家将镰刀绑上竹竿，扛到椿树下，踮起脚尖探上枝头，割下心心念念的椿芽，那种急迫热切，活像个孩子！

奶奶常做香椿蒸鸡蛋。拿来大海碗，敲进五六个小个头草鸡蛋，一撮粗盐、一勺素油，混进剁碎的椿芽，大灶里热气一腾，锵锵锵！香椿蒸蛋即将隆重登场！虽然椿芽的色素黯淡了鸡蛋的嫩黄，但酥软的蛋羹也渗满了椿芽的异香，汪一勺香油，浇几滴香醋，挖几口淘饭，三碗不过岗。

父亲喜欢香椿拌豆腐。椿头焯水切碎段，豆腐焯水切粒状，椿芽、葱末、香油、盐等与豆腐拌匀，一清二白，既有小葱豆腐的素雅，又带着香椿荤冲冲的狡黠。若以香椿头代替马兰头，香椿拌香干也是种不错吃法，撒进些油炸花生碎，香上加香，满口余香，不如就叫"拌三香"？

香椿与蛋适配，香椿炒蛋、香椿煎蛋、香椿蛋饼……都是老奶奶们的心头好。有一种吃法，不知你听过没——香椿入馅儿！纯用香椿制馅儿恐怕能接受的人不多，就有好吃之人发明出将香椿炒鸡蛋做馅儿，包饺子、做包子、卷春饼……既疏散了香椿的冲鼻与涩感，又搭配了荤素与主食的营养。

中国人取名好用形象，山西人爱吃面，有"面鱼"，陕西人炸香椿，叫"香椿鱼"。整根香椿飞水后蘸蛋液、裹面粉，下油锅炸出脆壳，出锅撒点椒盐，又脆又香。有图省事又精刮的家伙，直接使用天妇罗粉加水挂糊，香椿炸得又酥又松又爽，不失为一招懒人好办法。

　　云南有很多野生香椿树，香椿头也是滇菜中爱用的天然元素。得地势之便，从二月开始，温暖的西双版纳椿芽便开始在滇上市，随着气温升高，云南人逐渐能吃到省内各处椿芽，椿芽季会一直持续到四月中旬才告结束。云南人吃椿芽，除椿芽炒蛋、香椿烘蛋饼等常规吃法外，还发明了一种特色吃法——油香椿。将椿芽洗净切碎，锅内植物油烧热，放入芽碎小火煸炒，出锅前加盐，晾放于无油无水干净玻璃瓶中，密封保存。以油浸渍，以油封缄，这种油椿芽能吃上好久，每次吃前用干净调羹挖些出来添作小菜，或炒鸡蛋、拌面条，每每定格春天的味道。油椿芽这种做法，与油鸡枞异曲同工。椿芽只生一季，若想更长久地品尝椿芽的味道，也可以像荠菜那样，焯水后分成若干小份速冻，随吃随用。

秧 草

　　高中寄宿时，住校学生返校都会带些耐放小菜，存起来几乎能吃到下次回家。带得最多的就是腌渍咸菜——老咸菜、青咸菜、雪里蕻咸菜、萝卜干、酱菜、榨菜……不一而足。各家妈妈将咸菜酱菜榨菜切细了，爆油锅，搁点青红椒，撒些葱蒜花，或者舀些黄豆酱、蚕豆酱，配肉丁、茶干、花生米，熬一锅八宝酱，用干净大玻璃瓶压满，给孩子带去学校。

　　那时每个返校日一到，各个宿舍桌上都挤满高高低低、林林总总、五花八门、各形各色的下饭菜，拼凑一个下饭小菜博览会绝无问题。

其中最出色的要数秧草咸菜。秧草咸菜是长青沙孩子最喜欢带的小菜，腌得黄灿灿的秧草，间着白生生的蒜瓣，泛着翠嫩嫩的葱花儿，透过晶莹明亮的玻璃瓶，飘荡出鲜咸酸爽的味道，油滋滋地撩拨你的食欲。喝粥时大家都喜欢凑在带秧草咸菜的孩子旁边，就为能分上一口，秧草咸菜夹在菜馒头里赛肉鲜，夹在肉包子里去肥腻，大家公推它第一。

长青沙是长江入海末段江心沙洲小岛，土壤肥沃，大半土地都曾是围垦农场，之前只听过长青沙花生香、山芋面、黄桃甜脆、西瓜沙瓤，却从不知此地秧草鲜美。长青沙的孩子告诉我们，秧草就是苜蓿草、三叶菜，老人叫它"黄花"，江南人叫"草头""金花菜"，课本上说用它喂马，长青沙用它"喂"田。年前种下它，开花时铺天盖地的黄，栽秧耕田的时候土一翻，把它们压到底下，稻田里一放水便腐成了稻秧的肥，所以叫"秧草"。这落"黄"竟非无情物，化作春泥更护"秧"。

腌秧草美味，鲜秧草也堪吃。初春的嫩秧草口感近似豌豆尖，酒香爆炒色味俱全。秧草纤维质多，清爽刮油，吃口更像草，通常拿它般配丰腴食材，常以其碧华翠泽烘托春意，如"秧草肉圆""秧草河蚌"。吾乡大厨会烧"秧草河豚"，细想想，草肥配毒鲜，绿意少腴腻，真绝配也。上海人爱吃的"草头圈子"，是秧草衬红烧大肠，苏州红艳艳甜津津的酱汁肉，下面一定得铺金花菜才圆满，大概取自绿叶衬红花的审美。看来，秧草虽为草肥，入菜倒不取其肥，反取其瘦啊！

最让人怀念的却还是玻璃罐中那咸酸开胃的秧草咸菜。做腌笃鲜时常想，要是放点秧草咸菜，定添灵动，做浇头时常想，要是用秧草咸菜代替雪里蕻炒肉丝，定极鲜美。想来，如今只是想来，如今只能想来，隔着时空做菜。

韭 菜

　　韭菜就像乡间杂草，割了又长，长了又割，生生不息，生命力极强。

　　杜甫有首描述旧友会面的《赠卫八处士》，开篇就惊心动魄，"人生不相见，动如参与商"，诗中处处对照，"访旧半为鬼，惊呼热中肠""昔别君未婚，儿女忽成行"，让人感叹时间飞逝，距离残酷。后面的余韵却脉脉，温情又烟火，"怡然敬父执，问我来何方。问答未及已，儿女罗酒浆。夜雨剪春韭，新炊间黄粱。"这"夜雨剪春韭，新炊间黄粱"一句，相见之下，甚是喜欢——又贴景又合情，又清新又温馨。有过农村生活经验的人都知道，春雨过后的清晨，初初冒头的新韭，翠绿饱满，嫩而无渣，口感绝佳。农村的韭菜一般不用"剪"，而用"割"！拿一把割麦子的大镰刀，风卷残云般地横扫一片，颇有"大风歌"之气势，很是豪爽。杜甫不用"割"而用"剪"，自有其用意，让你想象出女子纤纤素手持银剪，灵巧地在绿叶丛中翻飞，利索裁下滚着晶莹雨珠的翠韭，一把又一把，更见诗意。

生活中，韭菜哪来那么小清新，明明就是糙汉子。首先，从气味上来说，韭菜那股强烈的侵略气息，就不讨很多人喜欢。那不是"臭"是什么？那是一种名为"硫化丙烯"的物质，属大蒜素的一种，"五辛"中葱、蒜、韭，差不多都是因它而"臭"。洗过的韭菜如果没有及时吃完，放置一夜后，你会发现残留水渍的叶片已经开始腐烂，散发出浓重刺鼻的硫化物气息。不过，我们也可以巧妙地利用韭菜、香葱和大蒜的这项共同点，做菜时如果没有而又需用葱、蒜爆锅增香，切点韭菜末也能代替，反之亦然。其次，有一种流传的观点认为，韭菜温肾助阳、有益房中事，自然也就被奉为一种阳刚食物，受到男人们的欢迎。再者，食用韭菜有个众所周知的毛病——后味儿很足！无论是口腔中残留的气息，还是胃部反刍上来的嗝气，都足以令你周围的人退避三舍，使你颜面无光。解决韭菜类（包括大蒜）的口气残留问题，可不是件容易的事——漱口水？口香糖？刷牙？喝茶？好像都没那么简单。凡事反其道而用之，坊间传闻女演员们拍吻戏前，以吃韭菜、吃大蒜生成口气，以防不必要的侵扰，不失为一种好方法，以其之矛攻其之盾嘛！

韭菜活像齐天大圣的头颅，割而又生，又比齐天大圣的头颅更神奇，每割一次，还会一分二、二分四，越割越茂盛。按照能量守恒定律，总肥力不变，植株整体密度的增加必然会带来单位品质的下降，的确，后几茬韭菜的滋味就一茬不如一茬，还是头茬韭菜最嫩最香。

一般来说，菜市出售的韭菜有细叶、宽叶两种：宽叶韭菜颜色较淡，叶质柔软，口感细嫩；细叶韭菜色泽较深，韭叶柔韧，嚼劲更足。前者气息淡，后者韭味浓，人们将后者称为"香韭"，以示区分，此二者价格不同，目前大约相差五毛至一元每斤。

　　有个好朋友的母亲潜心向佛，一向吃素，请她吃饭，葱、姜、蒜都不能放。她告诉我，佛家把"葱、蒜、大蒜、韭菜、洋葱"列为五辛，又叫五荤，认为此类菜蔬生吃增嗔、熟吃发淫，助生不清净心，有碍修行，故当戒食。难怪小时候常听小姑嘀咕，说韭菜是荤的，原来渊源在此。

　　韭菜是实打实的小炒百搭。炒素：韭菜炒百叶、韭菜炒茶干、韭菜炒豆芽、韭菜炒粉皮……炒荤：韭菜炒鸡蛋、韭菜炒肉丝、韭菜炒河虾、韭菜炒腰花……此外，韭菜负责为江河海鲜提味：韭菜炒江虾、韭菜炒蚬子、韭菜爆螺蛳、韭菜炝响螺……

　　面点也离不开韭菜：韭菜饼、韭菜卷、韭菜盒子、韭菜饺子（扁食）。饺子中最经典的三鲜水饺，北方家庭最常用的三"鲜"之一就是韭菜："素三鲜"包括韭菜、鸡蛋、虾皮等；"肉三鲜"包括韭菜、猪肉、虾仁等。

　　韭菜不见阳光，长出来的嫩叶叫韭黄，较之韭菜更为柔腻；韭菜长老抽薹，其菜薹也是下饭好菜；用韭菜花磨出的韭菜花酱，是北方家庭拌面条、夹烙饼、涮火锅的好搭档。

油　菜

　　油菜花是乡村报春花。每当大地回暖，气温上升至十四五度，金灿灿的油菜花便开了，绵延成片，为田野平添许多亮丽的风景。

　　油菜作为我国最普遍的经济和食用作物，可谓家族庞大。中国油菜家族大致可分为白菜型、芥菜型、甘蓝型，其中仅白菜型就有南北方之分：北方小油菜比较矮小，刺毛多，青海湖边盛开的门源油菜就属于此类，盛开时间相对南方而言要晚好几个月；南方油白菜比起北方小油菜，反而植株高大，组织疏松，不刺不毛，苏州、兴化一带的油菜均属此类。芥菜油菜辛辣有刺，我国西北、西南一带有生长。甘蓝油菜非本土品种，20世纪30—40年代从日本和欧洲流入中国，亩产量高，50年代中期以后，经有关部门系统引进，选育出一种高亩产、多熟易栽的芥蓝油菜——胜利油菜，向黄淮及长江流域推广。

油菜的价值，首先在于榨油，其次在于食用，第三可以采蜜，最后才是观赏。为什么国家要引进芥蓝型油菜，并向适宜区域推广，很重要的一点就是它作为重要油料作物适合我国国情。目前在全国油料作物中，油菜种植面积最广，占全国油料作物总产量的一半以上，主要分布于长江流域。放眼全世界，油菜的种植面积和总产量也要数到第二，仅次于大豆。

吾乡油菜主要用于榨油。油菜籽乌细麻黑，人工收集不易。油菜成熟后，将田间结籽的油菜齐根砍下，铺在塑料地垫上烈日曝晒，几日后再用"连枷"（一种农具）一折又一折地反复拍打，直至油菜荚壳开绽裂，搬走油菜杆、扫出油菜籽，再反复过筛去除杂质，过程不可谓不复杂。母亲有时候会请孩子们先到油菜上跑跑跳跳，这种前期工作有趣而高效，富有农家之乐。油菜籽拣净后倒入麻袋，送到油坊榨出菜油，残留的菜饼也派用场——喂鸡、喂猪或作肥料，全无浪费。

女作家谌容有过一部作品《人到老年》，虽不及她的代表作《人到中年》轰动有名，却也细腻生动。其中主人公之一才女曾惠心"文革"中与丈夫隔阂离婚，独自抚养女儿长大，多年后前夫特来寻女，并在住处亲手下厨招待素昧平生的女儿，指着其中一道"油菜炒香肠"告诉她，"这是你妈妈以前最爱吃的！"女儿后来为母亲做这道菜，惹得惠心大怒，触"菜"伤情！一道寻常普通的油菜炒香肠被写成人物感情的爆发点，于细微中见精彩，也令我印象深刻多年，念念不忘这道菜。自己当家后，试着蒸好香肠切片，与春天的油菜薹同炒，却总归不像那么回事——不是香肠太老就是油菜一汪水，自我反省，总结原因，得出结论

——小灶头燃不起"镬气"，出不来那种碧绿嫣红、油汪润泽之感，毅然决定放弃该菜，转攻"香肠菜心煲仔饭"去也。

初春，菜薹上市，有青色菜薹、白色菜薹、红色菜薹。青色菜薹为油菜菜薹，梗青绿，市面上较普遍多见；白色菜薹为"苏州青"菜薹，梗泛白，更肥嫩，上市时间短而价钿较贵；红梗菜薹据说是异地品种，梗发紫，少而金贵。如果炒来吃，挑选青绿油菜薹就很好，无须过分摘拣；白菜薹两吃最妙，嫩尖留着爆炒，菜梗撕皮凉拌，各有风味；红菜薹据说以武汉洪山所产最佳，被尊为"金殿玉菜"，是贡品，与"武昌鱼"齐名！

油菜花普通却不平凡。我国油菜种植面积广泛，从每年三四月间开始，到八九月份结束，几乎整整半年时间，各地都可见油菜花先后绽放的身影，蜂农们经过整冬的休整，开始风餐露宿、不辞辛苦地追逐花期，穿梭于各个油菜花产区间，采集新鲜油菜花蜜。油菜花蜜产量虽大，功效却不含糊，能防治前列腺疾病，清热解毒降血脂，润肤养颜，男女皆宜。只是真蜂蜜如今较为难寻罢了！

有个朋友曾半开玩笑，"无论什么植物，只要连成一片，都会变成风景，因为有气势！"油菜花也不例外。单独来看，这黄灿灿的小花除了颜色讨喜，姿色并不惊艳，气息也不悦人。可是，当它们连成一片，浩浩荡荡，那种开阔热烈，那种质朴坦荡，不由你不感动、不惊叹！从初春开始，由南向北，自西而东，不同地区油菜花们竞相开放，连成河流，汇成海洋，在山谷、在水乡、在村落、在草原——广西阳朔、陕西汉中、云南罗平、江西婺源、重庆潼南、浙江瑞安、江苏兴化、江苏高淳、上海奉贤、湖北荆门、湖南衡阳、四川崇州、北京密云北庄、青海门源、新疆昭苏、内蒙古呼伦贝尔草原……

不妨追随养蜂人的脚步上路，去欣赏未经斧凿的天然油菜花风情。

甜 菜

　　在一个介绍世界各地风味美食的节目中，看到新加坡人做菜，用甜菜头汁做一道料理，当时看着红洇洇的甜菜汁，心想，吃完不用抹口红了。在新加坡，甜菜是做沙拉等的常用食材。

　　红菜汤是俄罗斯最负盛名的佳肴之一，甜菜，正是俄罗斯红菜汤的核心灵魂所在。正宗俄式红菜汤，起源于乌克兰，是以甜菜根和酸奶油为原料，汤色艳丽，味道偏酸，于二十世纪初传到上海，经沪人改良，创制出番茄版本的罗宋汤，其原型就是俄罗斯甜菜汤，"罗宋"正是俄罗斯"Russia"的音译。因为这道菜，甜菜俨然已成为俄罗斯文化的一个代表符号，近年来美国文坛崛起了一批俄裔作家，他们多数于 20 世纪 70 年代末至 90 年代后期苏联解体前后移民到美国，对甜菜浓汤的共同乡愁使他们被称为"甜菜一代"。

吾乡原来也种甜菜，小时候听说磨头有个制糖厂，据说就是用甜菜制糖。说起甜菜制糖，又有一段不为人所熟知的历史典故。18 世纪末，拿破仑率领法国横扫欧洲大陆，英国不满拿破仑建立法兰西殖民帝国，数次组织反法联盟，约 1803 年，英法海上开战，英国凭借强大的海上优势，封锁住法军的主要港口，掐断了法国人的蔗糖来源（西印度群岛），嗜糖如命的法兰西民族如何能够忍受？此时德国一个名叫阿恰德的年轻化学家成功研制出甜菜根制糖，并在德国建立起世界上第一个甜菜根制糖厂，拿破仑得知后欣喜若狂，大力推广甜菜种植，使法国摆脱了蔗糖危机，甜菜也由此"鲤鱼跃龙门"，成为欧洲食品业新星。甜菜出糖率虽不如蔗糖，但仍是仅次于蔗糖的世界第二糖料作物，甜菜糖至今仍在俄罗斯、德国等温带大国占据着主要市场。

甜菜制糖，并不熟悉，与我们的生活相距甚远，但它有个特殊作用，很是难忘。小时候，常看见有的孩子脖后肿大，耳根部位被涂了好大一个墨汁团，说是得了"腮腺炎"，肿起部位要涂墨汁，生了这种病还须吃甜菜。

按照西医观点，流行性"腮腺炎"是儿童和青少年常见的呼吸道传染病，是由腮腺炎病毒引起的急性、全身性感染，两周多的潜伏期，发作时一侧或两侧耳下肿大发热，咀嚼困难，肿胀三到五天内到达高峰，一周后逐渐消退恢复正常，有的孩子会发烧或有并发症。如果现在的孩子感染了腮腺炎，家长的首要反应肯定是去医院，医生会使用抗病毒药物干预病程，防止并发症。可在我们小时候，孩子感染了腮腺炎，所采用的治疗方式比较奇特——家长会去找到老先生，请他拿毛笔饱满地

146

沾了墨汁，重重地在你的耳后画一个实心圆。耳根很烫，墨汁很凉，然而也并不舒服，因为墨汁很臭，黑团又大又难看，像是突然间长出的丑陋胎记，走到哪儿带到哪儿，那种感觉，不啻突然间被剃了光头，招摇过市，十分难堪。

第二步就是吃甜菜。在看过很多小伙伴被"黑化"后的一个春天，我也不幸中招，掉进了急性"腮腺炎"的坑，虽然拼命反抗，还是被家里人带去画了一个浓重漆黑的大墨团，饭桌上也添了新菜——炒甜菜。炒甜菜吃的不是血样的甜菜根，而是炒菜叶和菜秆。甜菜口感比青菜粗，有点像芥菜，倒也不难吃，但我没弄明白为什么吃甜菜能治腮腺炎，大人也说不上。很多年过去了，本地种植的甜菜越来越少，估计糖厂都不一定存在了，但这种特殊的治疗方式却一直记在脑海。

其实甜菜根也是有用食材，作为食用甜菜，它又被称为"火焰菜"，其中富含钙、铁、钾、镁等元素，叶酸含量高，能有效预防贫血，对于抗压、降压、防癌、治疗血液疾病也有很大的帮助。现代食谱中，甜菜常被拿来生吃——榨汁、沙拉、凉拌……甜菜根鲜艳浓郁的色彩源于其中所含的天然植物色素——甜菜红，这种色素可以拿来扮美，我曾将甜菜根粉调入蜂蜡，制作出纯天然口红，出来的色调偏紫，近似于李子红或者深玫瑰。

蒲　芹

　　有人是无肉不欢，有人是无鱼不欢，世上大概少有人无"芹"不欢，我是这少数人中的一个。

　　小时候过生日，父母问我想吃什么，我的回答永远只有一个——"蒲芹"，"蒲芹炒肉片"是我从不更换的餐桌心头好。与青菜、白菜不同，芹菜其实不算是种讨人喜欢的蔬菜，它的味道独特，这是由于芹菜茎秆中含有雄甾烯醇和雄甾烯酮的缘故。科学研究表明，人们因身体中所含的 OR7D4 基因类型不同，决定了是否喜欢芹菜，对于芹菜的气息，AA 型和 AG 型人群闻出来是香草味或蜂蜜清香，GG型人群闻出来近似尿骚味，果然是人以"群"分！显然，我不属于GG型人群，在我心目中，芹菜清香幽远、与众不同！

"芹"是个美好的字，有微薄但诚恳之意，比如"美芹之献"。"芹"用在名字里，多作有"才学"之意，女孩起名字，读音相同的情况下，"芹"就比"琴"字好，笔画少又有寓意，只是字形稍显单薄，小家气了点，搭配中性点的字会更妙，比如叫作"雪芹""采芹"。

家乡蒲芹是本种黄心芹菜，它不似西洋芹菜那般肥厚高壮，也不似水中芹菜那样意韵盎然，它习惯旱地生长，体型适中、茎杆碧绿、茎芯嫩黄。母亲总是去尽芹叶，只留芹秆切断炒制，常做芹菜炒肉丝、芹菜炒鸡蛋、芹菜炒茶干、芹菜炒虾仁、芹菜炒鸡丁、芹菜猪肉扁食……长大后我吃过泡芹菜、拌芹菜、芹菜炒木耳（山药）、芹菜炒腊肉、芹菜炒腰果、芹菜小炒肉、凉拌芹菜叶、粉蒸芹菜叶、烙芹叶蛋饼……发现原来芹菜不只有茎能吃，叶子也很美味，蒸食、烙饼，均有浓郁风味。

唐朝著名谏臣魏徵常向唐太宗李世民进谏，态度严肃、言辞犀利，多次让皇帝下不了台。李世民很苦恼，向侍臣讨教，"如何能使魏爱卿不板着脸说话？"侍臣告知，"听说魏徵有吃醋芹嗜好，每吃此菜就喜形于色。"太宗于是择日召魏徵共同进餐，赐醋芹三杯，魏徵高兴地饭未吃完，醋芹已经精光。唐太宗于是跟魏征开起了玩笑，"爱卿自称'无欲则刚'，我看你如此嗜吃醋芹，又该怎么解释啊？"魏徵只得赶紧谢罪，唐太宗既拿了架子，又有了面子，开心极了！"醋芹"也因此声名大噪，所谓"醋芹"，又叫"浆水菜"，为陕西关中地区做法，利用热面汤发酵焯熟的芹段，静置数天出酸味，酸中带香，开胃清爽，适宜夏天食用品尝。

芹叶可以代替香草。例如潮汕砂锅海鲜粥中，虾仔、蚝仔、花蟹等食材的最终提味，离不开最后那一小撮碧色宜人的芹（叶）末，那是砂锅粥画龙点睛的灵魂，失去就不完整。漳州鱼粥也是这样：鱼汤清淡、鱼片新鲜，长粒糯米干饭滚入汤中，几许姜丝、一把芹末，泡上油条，清鲜味美。漳州粥店对于油条的要求属于题外话，当地几乎每家粥店都明目张贴一张告示："本店油条来自＊＊＊油条店提供的健康油条，不含明矾"云云，这种敢于提供出处的餐饮作风，负责任、有担当，深得我心。据我多年观察，南方地区更偏好用芹末提鲜，以清新平衡鲜甜口感；北方及西部地区更偏好使用香菜，掣肘红油麻辣重口味——当然这只是一家之言，不当指正。

以上所说，都是个人所偏好的旱芹品种，也有很多人嗜吃水芹或西芹。水芹生于潮湿的南方，清热利水，保肺护肝，能降血脂、抗过敏，可治麻疹初期。较之旱芹，水芹口感略涩，炒制时出水较多，可配温性平和的豆制品同食，切忌过于寒凉。江苏溧阳白芹是水芹家族中的佼佼者，肥嫩脆爽，为当地名产。西芹则体型粗俵，有时候又被人称作"俵芹"，人们主要食用其植茎部分，吃前须撕去芹秆表层丝丝挂挂的粗质纤维，切小块清炒或凉拌，西芹的肉厚多汁常搭配百合的清甜微苦，成就经典的"西芹百合"。

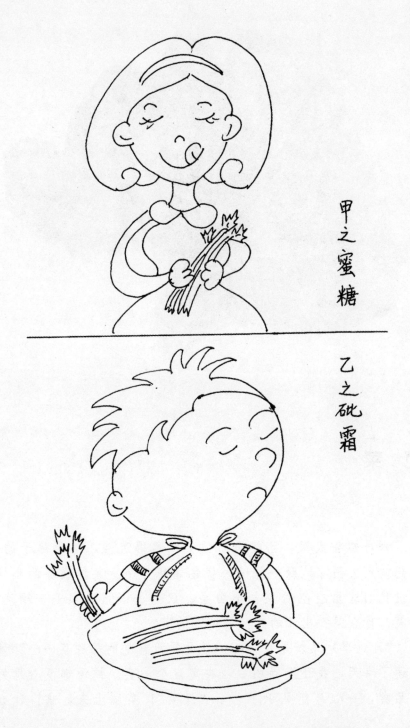

甲之蜜糖

乙之砒霜

苋 菜

　　六月初去武汉，已经骄阳似火，晒得流油，热干热干的，只想快点去阴凉地躲一躲……找餐馆想炒个蔬菜，服务的小姑娘说我们这里有空心菜、小白菜、汉菜……很奇怪——汗菜？旱菜？什么菜？出汗的菜？旱地长的菜？

　　"汗（旱）菜就是汉菜……就是夏天常吃的那种菜……"她描述了半天，我还没弄明白，决定点个尝尝。蛇汤都没心思好好品尝，一心只想见识下——"汉菜"！菜端上来，咳！什么

"汉菜"！就是"苋菜"嘛！

苋菜是南方人夏季餐桌上不可或缺的蔬菜。生长于南方的谁谁谁要是回忆起夏季吃饭，十之八九都有苋菜的影子。就连张爱玲，也要描述一下炒苋菜里染成浅红的蒜瓣，捧着的炒苋菜也会想象成一盆"常见的不知名西洋盆栽"，"朱翠离披"。而且，如果"炒苋菜没蒜，简直不值一炒"！

这个不值一炒，想来多半指视觉效果——她向来爱色彩，喜欢葱绿配桃红的参差，"因为它是较近事实的"。那么"乌油油紫红夹墨绿丝"的苋菜、被浸染得粉红肥白，显然相当符合她的个人审美——乱世诉安稳，浓艳见华丽——"炒苋菜"正是一幅生活"野兽派"。

于味道而言，苋菜不加蒜吃法也很多，也很美。清炒、凉拌、醋须、上汤、调面、入馅、蒸食、腌渍……家常菜如果吃法单一，还谈什么地位？清炒凉拌各家异曲同工，殊途同归，无须啰嗦。川地有醋熘吃法，汤汁拌饭赤红油亮，利血补钙，极讨儿童欢心。上汤即高汤，粤菜常用，加了咸蛋再加皮蛋，除了色味平衡，中和草酸恐怕也是考量之一？苋菜汁调面取其色，类同菠菜汁染翡翠面。一说无锡乡间有夏至食苋菜馄饨旧俗，吃了不发痧、不疰夏，如今已少有人提。蒸菜多为北方吃法，中餐素有"无菜不蒸"，苋菜自然也能蒸，蒜泥均沾，别有一番风味。霉（腌）苋菜梗是绍兴名"臭"，周作人有《苋菜梗》谈此乡味，苋菜梗切寸，盐腌发酵，"平民几乎家家皆制，每食必备"，其卤浸豆腐，成就绍兴另一名臭——"臭豆腐"。

苋菜是华夏古老品种，种植广泛。大致分绿苋、彩苋、红苋：绿苋最硬，彩苋次之，红苋最糯，也最漂亮。上海白米苋、广州柳叶苋、南京木耳苋为绿苋代表，难烧软糯。彩苋菜市多见，炒出来马马虎虎。老品种红苋据说西南较多，本地难得一见，走过路过可别错过。

苋菜之红属天然花青素类，红得发紫，人类以"苋菜红"命名同色化学合成色素，不加人工二字，颇具迷惑性，过量不宜。苋菜与芹菜一样，是感光蔬菜，食用不当易诱发植物日光性皮炎，爱美女士不妨晚上食用。

茄 子

我第一次练手做菜，便是用茄子。

说起来很简单，吾乡喝粥须配小菜，小菜有很多——萝卜干、雪里蕻、酱菜、炝黄瓜、扪茄儿……黄瓜、茄子都是自家菜园里现成的，现吃现摘。"扪"茄儿并非简单地腌茄子，然而也并不复杂。

比起扪茄儿做菜，其实更喜欢的是去摘茄子。夏日清晨，空气凉爽，拿起竹箩，来到菜园，院墙的阴影里，阳光还未铺射过来，茄叶上滚动着莹莹露珠，弯腰仔细寻找，选到中等大小的紫皮嫩茄。不同于菜市出售的圆茄或长茄，本种茄子有着最正宗端庄的腰子体型，颜色也是最纯正浓郁的乌紫色，表皮微微地泛着油光。摘茄子时一定要小心，这种茄子野得很，顶端的蒂把生有毛刺，越老越扎手，要是你心急慌忙抓住茄子往下扯，那你很有可能遭殃，茄蒂上的毛刺一定会戳痛你，甚至发生严重刮伤。千万别着急，你只需轻轻扶住茄子，扭着它转圈玩，一圈、两圈、三圈……要不了几个回合，茄子就会转晕脑袋，昏昏沉沉脱离它的"脐带"，顺顺当当落进你的掌心，任你摆布。

新摘下来的黛紫茄子，肉嘟嘟、沉甸甸，外皮水滑得像打过蜡！可如果打过蜡，茄子如何呼吸？明明它的每一寸肌肤、每一个毛孔，都散发出阵阵清香。将茄子放进井水中漂洗，像浸湿了深深浅浅的紫衣，与茄子浮浮沉沉撩水嬉戏，不要这么得意，马上就要吃掉你！

削去茄蒂，每个茄子对半四分，快刀切片，撒入细盐，均匀拌和。"扚"与"腌"不同，并不需要等待盐分渗透出水，"扚"之本意，"按物入水"，这里引申为"按物挤水"。直接抓起一把茄片，用力捏挤出水分，无须太干，润润地就好，一把又一把，直至把所有茄片扚挤干净，放入凉拌盆，浇麻油、香醋等拌匀，立刻就能食用。

在我看来，"扚茄儿"是一道神奇小菜，从茄子离开枝头，到洗净备菜，再到扚捏凉拌，快的话大约只需五分钟就能摆上餐桌。扚过的茄子皮紫肉青、爽口柔韧、凉意沁人，再没有比这更方便随意、赏心悦目的夏日配粥小菜啦！

吾乡还有道出名大菜——"大烧茄儿"，又叫"茄子镶肉"，一到夏天，家家户户都做。众所周知，茄子是种异常吸味、最能吸油的蔬菜，如果清汤寡水，滋味并不鲜美。烧"大烧茄儿"，先要准备绞肉若干，肥瘦比例自便，加入细盐、鸡蛋、葱搅拌上劲后备用。将本茄子去蒂，对半剖开，在背部划上平行四五刀，不到底、不切断，于夹缝处饱塞绞肉馅儿成"茄扇"，因是不完全包裹肉馅，所以不叫"酿肉"而叫"镶肉"。"茄扇"下油锅略煸，沽少量水，茄子受热后会收缩，所以尽量少翻动，以免"茄扇"散架。烧制过程中，需用勺子不停舀起汤汁，浇透肉馅使其入味，大火收汁后，一道清香、鲜嫩、美味的家常"大烧茄儿"就完成了。如果食材新鲜，清炖也很味美。夏日餐桌上，"大烧茄儿"只要一端上桌，荤汁诱人、茄味飘香，老老少少，无不交口称赞，就连那泛着油花儿的菜汤，都被孩子们当宝一样淘饭吃得喷香。

茄子还能做道快手好菜——蒸茄子。普遍做法是将茄子上锅蒸透，放凉后撕成条，放蒜泥及调料，滚热油浇入茄条，拌匀食用。经过屡次试验，我觉得有种办法更好——预先将茄子切成合适大小，撒大蒜末开水入蒸锅，八分钟即可，静置，滗去水分，再将混合好的油盐酱醋香油一次性浇透，调味食用。这样做的好处有：一、儿童不会因大蒜生辣而拒绝食用；二、茄子预先成型，缩短等待时间；三、如不滗去水分，调料被稀释，拌出来的茄子水汲汲没味道；四、用麻油代替食用油，营养摄入更健康合理……

茄子味好，营养价值也高。作为为数不多的紫色蔬菜，茄子富含生物类黄酮，能帮助降血压、疏通血管、增强毛细血管弹性，也具有强大的抗氧化功能，有助于抗衰老，但茄子性凉，脾胃虚寒人群不宜食用。抗氧化是茄子中所含"茄碱"物质在起作用，茄碱还能抑制癌细胞，但它对肠胃道刺激较强，对呼吸中枢有麻醉作用，人体摄入过高会发生中毒。又因茄碱不溶于水，焯烫、水煮都不能将之去除，破解的方法是略加点醋，能将其破坏和分解掉。秋后的老茄子，茄碱含量较高，对人体有害，就别多吃了。

番　茄

　　番茄最早生长于南美洲的秘鲁和墨西哥，是一种森林野生浆果，成熟后叶绿果红、娇艳欲滴，正因其色彩太过夺目，当地人根据野外经验，认定其有毒，称为"狼桃"，仅作观赏。

　　十六世纪时，英国俄罗达拉公爵到南美旅行，喜欢上这种观赏植物，不远万里将之携带回国，作为爱情的礼物献给情人伊丽莎白女王表达爱意，人们颂其为"爱情果"、"情人果"。番茄自此开始落地英伦及欧洲，但并非作为食物，而是作为表达爱情的珍贵礼物。

第一个吃西红柿的勇士必将永远被载入史册，一位法国画家在十七世纪完成了这项历史使命。据说，这位画家曾多次创作出美妙的番茄画作，对番茄的味道产生了极大的好奇，虽然人们都传说"狼桃"有毒不能吃，但他实在抵挡不住诱惑，想亲口一尝它的滋味。有一天，他下定了决心，带着必死的觉悟，吃了一个番茄，果子酸酸甜甜，味道真是不错。接着，他躺倒在床，等待死神驾临，一天过去了，没有任何毒发的迹象！画家这才缓过神来——原来番茄没有毒！带着无比激动的心情，他迅速与朋友们分享了这个好消息，从此一传十、十传百，"番茄无毒可以食用"迅速为人们所知，人们纷纷品尝番茄，享受这位"敢为天下先"的勇士带来的口福。

事实上，作为"哥伦布大交换"中的物种之一，番茄还经历了一条漫长而遥远的全球跋涉之路。很早，玛雅和墨西哥人就已经驯化栽培了番茄。16世纪早期，西班牙和葡萄牙商人发现西红柿卖相极好，于是将其带回西、葡本土。约16世纪中晚期，番茄作为高档观赏植物先后传播到英国及欧洲各国，欧洲"第一个吃番茄"的勇士于17世纪出现在法国，后又经过宫廷聚餐餐具中毒风波，直到18世纪中叶，番茄才彻底摆脱了"有毒"的定罪，开始用于食用栽培。番茄也在17世纪通过菲律宾，传入亚洲，约于明万历年间进入中国，成书于公元1621年的《群芳谱》对番茄进行了详细描述。因临近南洋，台湾成为中国最早开始食用番茄的地区，早在公元1738年（清乾隆二年），《台湾府制》便记载"柑仔蜜（番茄，台湾南部叫法），形似柿、细如橘，可和糖煮茶品"，后至清朝末年，番茄开始逐步为中国人的厨房所接受。20世纪初期，番茄作为一种昂贵的舶来蔬菜，只在我国大城市的郊区有所种植，后随着番茄食谱的进一步丰富扩充，番茄种植于50年代得到迅速推广，成为国内尤其是北方地区的主要果蔬。

由于番茄的成长需要充足的阳光，独特的气候要求使得地中海地区、美国加州以及我国的新疆成为了全球番茄的主要产地。地中海主产区是欧洲番茄市场的"菜园子"，美国加州主产区是北美区域番茄市场的"菜园子"，中国新疆主产区是亚洲及部分欧洲国家番茄市场的"菜园子"。这些产区围绕着优质番茄产品，发展壮大出各自独有的饮食文化系统：地中海地区的希腊、西班牙、意大利等番茄主产国将番茄与橄榄油搭配，为健康简单的地中海式饮食增添风味；美式餐饮市场巨大、包罗万象，番茄是人们日常所食蔬菜的生力军。墨西哥等地作为辣椒、番茄原产地，不仅满足于生吃番茄，他们做出辣味番茄酱搭配Taco（墨西哥玉米卷饼），成为了经典的地域饮食代表；我国新疆地区日照时间长、风土气候适宜番茄生长，番茄产品质优价廉，与新疆多民族的饮食习惯交融，催生出汤饭、拌面、揪片儿、拉条子、炒面片等西域风情美食。

今时不同往日，番茄早已深深地融入了中国地大物博的各式菜系之中，南北通吃——番茄炖牛腩、番茄酸汤鱼、茄汁豆腐、凉拌番茄、番茄炒饭……不过最熟悉最经典的还要数"番茄炒鸡蛋"，它具有强烈冲撞的颜色对比、水乳交融的口味调和、神奇百搭的包容胸怀，其操作的简便性、味道的普适性、营养的全面性几乎无懈可击，是以当之无愧成为"国民第一菜"。

秋 葵

母亲说她去邻居家借东西，走进院子，左右一看，突然倒抽一口冷气，她手指着墙根下一排叶条长长、开着黄花的植物，惊呼道："大哥！你家怎么种大麻?"那位大哥微微一笑："别怕！不是大麻！"

"不是大麻?"母亲仔细端详那些花朵，不解地问，"这花明明就是啊！""不，不是大麻！大麻我可不敢种！这个我都种了好几年了！"大哥继续卖关子。

"那这是什么?"母亲追问。

"这你就不懂了吧！"大哥抽一口烟，悠闲地说，"好多人家

161

都种了，这呀，叫'黄秋葵'！""黄秋葵？"母亲将信将疑："黄秋葵用来干吗呢？真没见过呢！"

"他们从山东带回来的种，人家那里长好多这个。黄秋葵是菜，日本人喜欢吃，山东那里长了好多黄秋葵，出口去日本呢！"大哥慢悠悠地告诉母亲。

母亲回来把这事当成笑话告诉我们。那段时间，菜市场里也开始卖秋葵这种蔬菜，我的普及渠道是菜贩子。菜市场里的娄姐是我好朋友，每次有啥新鲜蔬菜都给我留着，这次又大力向我推荐秋葵。她拿起这种尖尖长长，四棱八角、通体碧绿的蔬菜："你看，这个叫秋葵，又叫'黄秋葵'，也有地方叫'羊角豆'！"

"怎么吃呢？"这是我最关心的问题。

"切丝或者切块，凉拌或者炒着吃，炒鸡蛋、炒香干都行，还有人家拿来包饺子吃，也好吃！"娄姐是我的私人厨房专享顾问，百问百知。

我当日便挑选了一些秋葵带回去，秋葵切开后渗出浓浓的黏汁，不听话的白色小籽跑得满砧板都是，真拿这种滑头滑脑的蔬菜没办法！第一次炒秋葵并不顺利，秋葵浓稠的汁液让你根本码不准到底该不该加水？加多少水？什么程度才算熟？是要几分熟？一边炒着秋葵，一边脑中不停地冒着问号，在自我拷问中将秋葵盛出锅，等待食用的检验。不出所料，先生说太烂，女儿说太黏，根本不符合他们的口味标准，当然秋葵这种蔬菜，好像也没什么标准。家里好久不买秋葵。

后来学会了凉拌秋葵，重拾了自己对秋葵的信心。娄姐告诉我，买秋葵时，用手弯弯它的"鼻尖"，软软的才好，弯不动的那就老了、木了，不好吃啦！按照娄姐的指点，我再次精心挑选了一大把秋葵。经过仔细调研，这次我胸有成竹——洗净秋葵、盐水初泡，整根焯水直至颜色变深，激入冰水，凉透去蒂，切块凉拌——整个过程一气呵成。这次的作品被一扫而光，得到父女俩的交口称赞。看来，做事和用心做事，结果会完全两样！一次上海朋友来宁，我在餐馆点了道凉拌秋葵，这位朋友是个见多识广的吃货，带着些惊讶跟我说："在上海吃日本料理时常吃秋葵，中餐馆现在也有啦？"我说哪里哪里，我们这里现在很多！

母亲很快就忘记了"大麻"，周围很多人家也纷纷种起了秋葵。爽朗秋阳下，乡间菜园里的秋葵疯长，结出来的羊角秋葵比菜场秋葵要大要黄，籽粒也更粗壮！嫩秋葵如不及时采下，很快变老，老了的秋葵适合观赏。

常吃秋葵固然有诸多好处，比如，秋葵能够助消化、护肠胃，美白皮肤，补充钙质等，这其中很大的功效就来自秋葵所特有的黏液，黏液中富含果胶，可帮助人体排毒素、降血糖、降血脂。作为"植物伟哥"，秋葵还受到很多男性的追捧，有人干脆用来泡水喝，更有食品加工企业将秋葵开发成秋葵干，作为一种新型健康零食加以推广。

除了常规做法，秋葵还有些巧妙的食用方式。利用秋葵的横截面造型别致，可将焯熟后的秋葵整根卷进紫菜卷（鸡蛋卷），切开后秋葵会在卷心形成漂亮的星星图案，怎么看都是一道高颜值的美餐。同样的道理，将秋葵切成星星片，漂浮在蛋液里，蒸成"秋葵星星蒸蛋"，是幼儿园小朋友最爱的料理。很多人去吃天妇罗，念念不忘的就是那一道"秋葵天妇罗"——外表酥脆、内芯清爽，是休闲聊天、朋友相聚的好搭档。

芫荽

芫荽就是香菜。本土品种是黑绿长茎，细齿嫩叶，老一点了便像那自来卷的头发，曲里八绕，气味也老，余音绕梁那种。方言里就叫"芫荽"，后一个字和"尿"同音，闻起来仿佛也有骚味儿，彼时小小的我心中便有了盘算——绝对不碰。

偏偏乡席中它最普遍，冷盘里拌海蜇拌萝卜丝、热菜中红烧鱼、母鸡汤总要拉上它，仿佛是个交际广泛、亲戚众多的人，到处被请！偏偏坐我身旁的大人都喜欢给小孩夹菜，还总要将筷子掉头，以示卫生，可那筷顶明明就有霉斑，还夹来一大筷子绿漆漆、臊气味的"芫荽"，我总要忍住作呕，偷偷拨下桌面或压到碗底。

女儿如今也不吃香菜，也会从配菜中小心翼翼移走此君。每每看到女儿这样，我便开始老生常谈，讲起同一个故事——

很久以前的事了，妈妈（我）大概也八九岁模样，那时父母常有朋友聚会吃酒，小型的那种席，虽没有八大盘子八大碗，但也总是先冷盘后热炒，八仙桌子客客气气。难为人家总把我当成个大人，在父母身边占个座位，他们谈天喝酒，冷热菜肴我随意。有次身边坐了位樊姓阿姨的爸爸，我熟识那阿姨，她是个美女，也知道那是她爸爸，不熟但也算认识，自不用拘谨。

桌上有道糖醋凉拌芫荽，老樊挺关照我，一直不忘给我劝菜，尤其劝那道凉拌芫荽。

"我不吃芫荽！"我郑重申明。

"吃点吧！挺好吃的！"

"它有味儿，我不吃的，筷子也不能碰！"

"有味儿吗？我闻闻！"老樊夹起一筷头芫荽，使劲嗅了嗅，"没有啊！蛮香的啊……"

"一点都不香，臊气味儿……"我搛着别样菜，小声嘀咕。

"臊气味儿？我头一回听说啊？你肯定是弄错了，芫荽好吃哦，你没吃过吧？吃吃看，吃了再说好不好吃！"老樊一脸的不能理解。

"这么难闻，肯定不好吃！不好吃还要吃啊？"我留意着别的菜，不肯多看芫荽一眼。

"有的东西啊，闻起来不怎么样，吃倒是蛮好吃的，不吃你怎么知道好不好吃呢？"老樊有点来劲，放下酒盅跟我讲起来。

"不好闻怎么会好吃呢？"

"试试看，吃一口就知道好不好吃啦！"

"不想试！"

"试试看嘛，不好吃就吐掉！"

……

"就吃一口！"

……

"吃一口看看！"

……

"说不定就喜欢了呢？"

……

真真让人欲哭无泪，为吃一口菜被哀求到这份儿上——我把心一横，陡然生出一种壮士断腕的勇气，不就尝一下嘛，不好吃就吐掉嘛，总比一直听他啰唆强！人生中第一口芫荽就是在这种情况下被送进嘴中，我嚼嚼——"咦？不臭？"又嚼嚼——"甜的！"再嚼嚼——"酸甜酸甜的！"天哪，天底下竟有这么好吃的菜吗？我大口大口吃了起来。

老樊笑眯眯转身喝酒去了，从此这世界上多了一个爱吃芫荽的孩子。

——故事讲完了。

黑塌菜

　　黑塌菜是书面名，它是本地独有"塘儿"青菜。"塘儿"菜是青菜的一种栽种方式，经过选优、开塘、移植处理的青菜都可叫"塘儿"菜，黑塌菜便是其中优品，它梗短叶青，所以被形象地呼为"短短青"。本地方言中也有叫它"塌颗菜""趴趴菜"的，不外是因为它总是趴地、塌地而生。

　　虽是冬春作物，但黑塌菜农历九月就得下种，十月分畦，也就是移栽。移栽过程也是优选过程，选出的优质菜颗被一株株重植到早已挖好的碗口大土塘里，这菜才会像花朵般塌地散叶长开。黑塌菜好比蔬菜中的秋菊蜡梅，在萧瑟寒冷的秋冬凌霜傲雪——霜越大，菜越精神，雪越压，菜越酥甜。所以，吃黑塌菜，要等到秋末第一轮霜打后吃，更酥香甜软；或等到入冬第一场雪融后吃，更健康天然；可一直吃到春雷动、菜韭抽薹，绿梗黄花，满盘春意。

黑塌菜梗短、叶肥、颜色翠，是吾乡当之无愧的秋冬叶菜之王。它是普通人家的家常主打，三顿里总有一顿离不开它——翻炒、烧汤、腌渍，无一不欢。黑菜与豆制品搭配异常完美——烧豆腐、炒茶干、下豆腐皮汤；若想翻点花头，不妨烧芋头菜饭、包菜肉扁食、搅合算粥、下呼呼面，风味又营养；不过，冬日里最惊艳的吃法莫过于——黑菜红烧肉、黑菜腌笃鲜、黑菜烧牛肉。

农家挖来经霜的乌青菜颗，搁进浓油赤酱小火慢嘟的土猪肉——以黑菜之鲜甜消解猪肉之肥腻，以黑菜之翠碧映衬酱色之赤稠，以黑菜之清爽烘托荤食之厚味，这便是饮食的中庸之道。黑菜腌笃鲜自然是借鉴了江南做法，鲜嫩冬笋配本地名产"火腿"，加海米吊出乳白浓汤，最后下黑菜，红白绿三色辉映，鲜咸甜交错，滋味复杂。借鉴盐城名菜"青菜水牛肉"的做法，用乌青油绿的黑菜炖煮嫩红筋道的水牛肉，味道恐比当地更胜一筹。

黑菜的"尾巴"更是宜春。黑塌菜抽薹后，与香肠或咸肉同炒，菜薹有点苦又有点脆，香肠有点肥又有点甜，咸肉有点柴又有点熏，下饭或下酒，一碟饱醉人。

是金子总会发光。经过一代代农人的努力——选育良种、提纯复壮，本地黑塌菜品质愈加出色，和其他本土良种白萝卜、香堂芋、黄芽菜一起，获得国家农产品地理标志，成为吾乡一张新的名片，为外界所熟知喜爱。

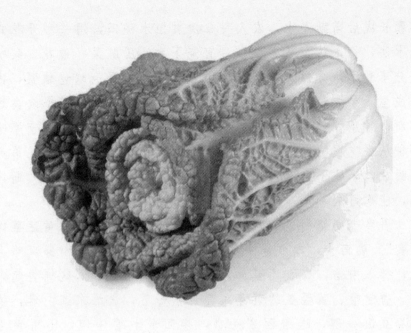

黄芽菜

　　这黄芽菜不是鲁迅笔下北京运往浙江的"胶白"，而是汪曾祺笔下外地运到高邮的名贵白菜——黄芽菜是也。虽是白菜，但本地从不称白菜，而是直呼其"黄芽菜"。

　　黄芽菜是吾乡一种有数百年种植历史的本土白菜——包心结实、菜叶嫩黄，以白蒲镇"六十日""菊花心""瓦盖头""大包头""小包头"等品种最为著名。乡间基本家家必种、户户必吃，品种间差异并不过多区分。

　　如同北方白菜一样，黄芽菜也是乡人越冬蔬菜的主要选择之一——八月下种、十月移栽，年底便能收获。黄芽菜喜水，菜颗长成后需勤浇水，农人每日清晨担水浇田，用一种开花式浇水法，将水从黄芽菜棵顶端直浇下去，压趴菜叶似花。菜叶充分享受了水分滋润，但没有被水压垮，叶反倒越包越紧，内向成型。早先种植的老品种菜棵较小，杆细叶大，现今改良过的新品种菜棵较大，杆粗叶少，你要让我选择，我还是宁愿吃那种从小吃惯的老品种。隆冬腊月，黄芽菜像其他白菜兄弟一样耐放，采收下来后，农家用麻绳倒系其根，穿挂在透气通风处，能吃好久。

吾乡老奶奶们最爱做的一件事，就是给家人包"黄芽菜肉扁食"。裹扁食，那可是件大事，擀面皮、拌兜心，黄芽菜略去水，拌入肉馅，有人还要加入馓子碎或花生碎，说这样嚼起来香。香喷喷、黄盈盈的黄芽菜扁食煮好后，送给东家一盘，换回扁豆饭一碗，送给西家一盘，换回萝卜缨一碗，不用羡慕"请回答1988"中温馨的邻里温情，吾乡这里一直这样。

家有学童，午饭准备工作紧张。主妇们搬出黄芽菜，起下几片叶子，洗净清炒，入锅即烂。或放进孩子们爱吃的茶干、面筋、油豆腐、粉丝等，黄灿灿一盘，又素又香。会吃的母亲常在春节期间给孩子忙活——炸春卷。用荠菜、韭黄作馅儿固然很香，用黄芽菜作馅儿则更鲜甜清爽，黄芽菜、瘦肉、咸肉裹成的春卷是孩子们的最爱，黄芽菜自带柔腻，油炸后崩脆喷香。

江南人家吃黄芽菜，常做黄芽菜肉丝炒年糕，爱其又糯又黏，又咸又甜，入口滑腻，滋味鲜香。这里的"甜"并不在于放糖或其他调味剂，而在于黄芽菜天生就带着丝丝甜意。

在外地买菜，冬日菜场供应的白菜基本都是北方品种，极偶尔的情况，才有摊位写出"黄芽菜"几个大字，且供应时日极短，一眨眼就下市了。碰巧得几个黄芽菜，总要当宝贝似的，盘算着怎么吃。一次用作饺子剩下的黄芽菜肉馅，捏成几个肉圆，蒸熟冷冻起来，用以制作快手午餐，可煎、可红烧、可下汤。用黄芽菜做满满一锅肉菜焖饭，开锅金黄香满堂。或者搅一锅面疙瘩汤，黄芽菜、肉丝、木耳依次下锅，混沌不失秩序，滋味不失鲜滑。总之，没吃过黄芽菜是无法领略黄芽菜美妙之处的，黄芽菜不同于一般白菜，它的汤汁浓甜金黄，若选黄芽菜做开水白菜，我认为不一定需要高汤。

白菜原本是南方蔬菜，后传至北方。古代中国，普遍食用的蔬菜叫"葵"，"七月烹葵及菽"（《诗经·豳风》），葵菜四季可种、四季可采，滋味滑腻，曾位列人们惯常食用的五菜之首。元朝时期，我国境内开始进入"小冰河期"，不仅气温下降，低温时间也延长，北方原本种植的葵菜无法适应漫长寒冷的冬季，农民们纷纷重新选种比之更耐寒的白菜。本来南方白菜就多，再加上北方白菜产量大，白菜获得压倒性优势，超过葵菜一跃成为南北方食用蔬菜首选。明代，白菜彻底取代葵菜，"古者，葵为五菜之主，今不符食之"（李时珍）。

白菜从南方引种到北方，其家族在北方迅速膨胀，也涌现出许多黄叶白菜的知名品种，如山东胶州黄芽菜、山西阳城大毛边、东北大矮黄芽菜、北京青白菜、天津青麻叶黄芽菜等。旧时天津人有小寒吃黄芽菜习俗，正月初二敬财神吃捞面，讲究全菜码，黄瓜、菠菜、豆角、豆芽、韭黄、萝卜、鸭梨、黄芽菜，统称"天津八珍"。1898 年《津门纪略》中甚至称"黄芽白菜，胜于江南冬笋者，以其百吃不厌也"，赠其雅号——"北笋"。

蔬果·瓜豆

种瓜得瓜 种豆得豆

笋 瓜

　　奶奶对她种的那些瓜瓜菜菜总是特别上心。她种笋瓜、菜瓜、西瓜、香瓜、黄瓜、番瓜……一有时间就往菜园跑，一到时间就给她的瓜秧们竖上棚架，没事总要去看看，还要用手摸摸。

　　靠着她的勤劳，我们一年四季总有瓜吃，可以从春吃到冬。一年中，最早吃到的就是"笋瓜"，其实方言中笋瓜的念法带一点点土气，发音近似"xǔn瓜"，带上这点口哨音，感觉这瓜就从挺拔修长的"竹子"下降为挽篱笆的"芦苇"，灰扑扑的，失去了洋气。

奶奶种的笋瓜，外皮微微泛着米黄，圆或者长圆形状，一般来说都体型娇小，也有些长粗了腰，笨拙得像个冬瓜。从皮到瓤，笋瓜都嫩嫩的，属于疤痕体质，一不小心掐上去的指甲印，立刻会变成深深的伤痕。这种柔嫩的瓜，令你心生怜惜，不得不小心仔细对待。

一只瓜拎回家，奶奶切下一半炒。切笋瓜她有癖好，一定要拦腰截，不吃的半只切口朝下，翻扣于案板桌面，连续几日不碰它。我屡次提出异议："你这样很不卫生，桌子又不擦，不生虫才怪！"奶奶不服气："我出生以来，笋瓜就是这样放，嫌脏你不要吃！""哼！不吃就不吃！我只吃上半个瓜！"

自然，刚切开的上半个瓜，最是新鲜，轻轻地刮去米黄外皮，瓜瓤立刻沁出汗珠般的胶体，这种汁液黏黏嗒嗒，最是狡猾，你可得小心抓牢了，稍不留意，笋瓜就会从你手中滑脱。什么叫"滑不溜手"，这就叫"滑不溜手"！接着用勺子去瓤，千万别心疼，不要留下瓜壁那层绒囊，必须刮得干净，瓜片才脆响。切好的笋瓜片像半圆形的"玉璧"，用盐给它们稍做处理，腌去些多余水气。笋瓜清炒自然很妙，如果配上几根春韭，便提升至更高境界——深绿配嫩黄、韭味衬瓜香，用"颜值"与"才华"同时展示何为舌尖上的春意！

笋瓜炒鸡蛋，又是另外一种家常。常有人将笋瓜与西葫芦混淆，把笋瓜炒蛋与西葫芦炒蛋混为一谈。辨析这二者并不难——笋瓜瓜梗圆滑，皮肉白里泛黄，圆球或圆筒状；西葫芦瓜梗带角，皮绿透着花斑，长成细腰状，总之，笋瓜姓"黄"，西葫芦姓"绿"，是完全不同的两户人家。笋瓜炒鸡蛋是同色系搭配，嫩黄加深黄，和谐是和谐，只是不免单调了些，不妨切几丝青红椒进去，画面立刻生动起来，胃口也活跃了很多。

既然你们误会了西葫芦，不如将错就错，用笋瓜改良一道西葫芦美味——西葫芦鸡蛋水饺，这种素馅水饺清新素雅，是北方餐桌上的常客。将笋瓜切粗丝，撒盐略腌，稍挤去水分；土鸡蛋摊成蛋皮，切细丝；泡发木耳切细丝。三丝合一，细盐、葱花、香油、黑胡椒若干，搅拌成馅。吾乡惯吃扁食，那就拿它来裹扁食，只是饺子皮厚，水煮适宜，扁食皮薄，汽蒸最佳。吃不完的熟扁食油煎后再尝，别有一番脆香。

　　我一点都没有忘记，常常警惕着奶奶剩下的那半个笋瓜，万一她趁我哪天不注意，裹成扁食我吃了下去，岂不是后悔也迟了？不过，奶奶总是尽量做到"公开透明"，她提前招呼我过去，掀开倒扣着的半个笋瓜让我检查。说来也怪，那瓜明明已经放了两三天，截面却只不过冒了层"汗"（胶质），有一些风干凝固的迹象，虫子是没有的，蚂蚁都没爬。奶奶薄薄削去"出汗"表层，在笋瓜看似干枯的外表下，内瓤依旧很新鲜！

　　哦，对了，如果有人问你这样一个问题："西瓜、冬（东）瓜、南瓜，为什么没有北瓜？"你不妨回答他："谁说没有北瓜？笋瓜，又称'北瓜'！"

黄 瓜

　　以前看香港的流行小说，常有写到"青瓜三文治"，这"三文治"可以理解，就是"三明治"嘛，这"青瓜"何方神圣？甜瓜？丝瓜？都不对劲啊！青瓜青瓜叫得怪神秘、怪洋气的！后来才约莫猜到，应该是指"黄瓜"。

　　粤地管青瓜叫"青瓜"，管黄瓜叫"黄瓜"："青瓜"就是我们现在菜场所卖的深绿、细长、棱刺型黄瓜，黄瓜则类似于吾乡老品种，是种浅黄、粗壮的黄瓜。说是其实上世纪70年代之前，广东也都是叫"黄瓜"，后来为什么改叫"青瓜"呢？还不都是受香港的影响！因为香港人忌讳比较多，"黄了"港人认为是做事失败的意思，不吉利不吉利！要改口，叫"青瓜"！"苦瓜"意头差，要改口，叫"凉瓜"！"丝（输）瓜"触霉头，要改口，叫"胜瓜"！照这么讲，吾乡黄瓜发起音来最霸气，叫"王瓜"！

　　家乡黄瓜留的是老种。春天种下，长出藤蔓后要给它搭架，渐渐地，翠绿的黄瓜藤越爬越高，开出朵朵娇艳黄花，微风拂过，花儿们躲在阔大的瓜叶荫凉下，愉快地起舞。又过了段时间，花朵们做了妈妈，她们用生命滋养的瓜娃娃越结越长，而她们自己却萎缩消失啦！盛夏清晨，来到黄瓜架前，瓜叶上晶莹露珠还未消退，翡翠般的藤蔓蜿蜒盘旋，青中泛黄的瓜儿们晃荡着沉甸甸的肚腩，仿佛在说："吃我！吃我！"总有几只黄瓜看着最对眼，一会儿它们就将成为盘中餐。

　　谁家没吃过凉拌黄瓜？轻轻刨去疙瘩不平的表皮，对半切开，奶奶图方便，经常不去瓤，其实很影响口感。去掉瓜瓤的黄瓜切片，只需一点点盐，很快就腌出汪汪的水，滤干净后浇上麻油，清新爽脆。姑姑喜欢烧黄瓜汤，开水滚锅后，下黄瓜片，散开蛋花，碧色瓜片在菊丝般的蛋花中载浮载沉，吃扁食时搭配一碗这样的瓜片汤，别提有多舒坦。其实这种老黄瓜，最适合的不是凉拌，而是做"黄瓜酿肉"。普通菜场黄瓜做酿肉，必须精挑细选粗壮些的，才能多塞点肉馅儿，然而这种黄瓜壁又比较薄脆，多塞点肉馅儿就会裂开，实在不是做酿肉的首选。吾乡老黄瓜，粗起来有胳膊粗，肉馅儿随便塞，煮熟后肉层超厚，吃起来汁水横流，很是过瘾！素食主义者发明了用豆腐馅儿酿黄瓜，馅儿中混入些香菇、木耳、甜玉米粒之类，蒸熟后的"豆腐酿黄瓜"也很清香，养颜养心。

　　想当年，三毛在西属撒哈拉"沙漠中的饭店"开张，用中国菜征服了荷西及一帮同事，"中国饭店"声名在外，惊动了荷西的上司。大老板有天将荷西喊过去，说公司里谁都被请到过去荷西家吃饭，就是他们夫妇不请，他等着被荷西太太请去吃中国菜呢！这位大老板见过世面，指明要吃"笋片炒冬菇"！为了荷西，即便身处炎热干燥、寸草难生的撒哈拉，三毛也必须从容应对，她胸有成竹，安慰老实的荷西："没关系，笋会长出来的。"第二天晚上，她不仅奉上爽脆可口的"笋片炒冬菇"，还精心布置了烛光餐桌，优雅美丽地款待了老板夫妇，老板夸赞这是他一生中吃得最好的一次"嫩笋片炒冬菇"，宾主尽欢！当荷西饭后问起："你哪里弄来的笋？"三毛忍不住大笑："哦，你是说小黄瓜炒冬菇？"

鉴于此先例，我先后在实践中使用黄瓜丝代替笋丝，烧鱼香肉丝、炒虾仁、炒鸡丁，均无违和之感。这种好点子，大家不妨多多发扬！

别看黄瓜清脆直爽，其实刨丝后也可以很好地化为"绕指柔"。柔嫩的黄瓜丝适用广泛——凉皮、凉面、米线、炸酱面、烤鸭卷等都离不开这一口清凉。窃以为最妙的吃法是入馅儿，与鲜虾仁裹成水饺，雪白的饺皮隐隐透出碧色，间杂着微微绯红，一口咬下去，馅儿混合了黄瓜的清甜与虾仁的鲜香，虽是简单搭配，却有最完美的口感。

大学时候，女生们为着苗条美丽，常去学校超市买来黄瓜当晚饭、做面膜，韩剧中普通人家女孩子保养面部，最常用的手段就是敷黄瓜片。黄瓜虽寻常朴实，心中却蕴藏了细腻温柔的情感。

丝 瓜

　　夏季炎热，在相熟的菜摊上看到一种青绿泛着银丝的瓜菜，盘亘旋绕，姿态诡异。虚心向摊主请教，他说："你看它像啥？"没等我答话，他自顾自说下去，"像蛇，是不是？在我们那就叫它'蛇豆'！"我拎起一根蛇豆，软绵绵、晃悠悠的样子很有些瘆人。"你也可以叫它蛇瓜，其实就是一种丝瓜而已！"摊主又对我展开科普。

　　"那怎么吃呢？"我掐掐蛇瓜，感觉外皮又老又厚，顺手摇摇，感觉内瓤空洞虚晃，如果这是丝瓜，完全不符合皮嫩肉紧的标准。

"把皮薄薄一刨，里面就和丝瓜一样炒，可香了！"我仍将信将疑，又仔细拿起来嗅嗅，有股奇怪的味道，想起家里做顿臭豆腐女儿都要将窗门洞开，嚷嚷老半天，最终还是放下了，只轻轻地嘟哝："下次吧！"

　　世界日益一体，地球是个村庄，物种交流愈加频繁，农产品也不例外，小到我们身边的菜市场隔三岔五就会冒出一些稀奇古怪的蔬菜，闻所未闻、见所未见，最初有紫薯，后来有秋葵、白茄子，现在又有南非冰草、蛇丝瓜……每每叫人眼界大开！

　　人就是矛盾复杂的动物，一方面追求新鲜感，喜欢猎奇，另一方面，又时时趋于保守，固执恋旧。很多在安全范围内的尝试，我能够接受，对超出常规的理解，我陈规墨守。就比如说这蛇丝瓜吧，长相是够呛，气味也不寻常，摇一摇、晃一晃，感觉松瓜疏瓤，丝瓜就是吃它的饱满多汁、柔嫩清香，如果不是这样，为何还要去尝？事实上，我们对于食物的依赖与习惯，往往是对自身过去的怀念与信仰——乡土对你的喂养、母亲做菜的口感、特殊机缘下的况味、与亲友共度的时光——食物和滋味参与了你的成长，你很难背叛。或者得像西红柿等舶来品种一样，形成相当丰富的菜式体系，交织融入生活的方方面面，我们才有可能一尝再尝。

　　丝瓜也是这样，吃惯了奶奶种下的丝瓜，很容易就挑出别种丝瓜的毛病。有时候，买回来的丝瓜发苦、发黑；有时候，买回来的丝瓜煮不烂；有时候，买回来的丝瓜没有丝瓜味儿；有时候，买回来的丝瓜……奶奶种的丝瓜，是我亲眼看着长大——爬藤、挂瓜，是我亲手将它揪下——刨皮、滚刀，是我香香甜甜举箸，是我呼呼啦啦喝汤……烧文蛤、烧蚬子、炒毛豆、炒鸡蛋……最喜欢吃的是丝瓜疙瘩汤。

　　弟弟两三岁时血热，夏天满头满身长痱子，母亲采用了不少偏方，其中有一方就是拿丝瓜皮捣烂，取汁水敷上。可怜我的小弟，先前是脑袋、脖子、身上扑满爽身粉，有如艺妓般像个"白球"，过几日又满头、满脸、满身涂满丝瓜汁，疙疙瘩瘩像条"苦瓜"，可被折腾得够呛！

我结婚后，每年都委托奶奶帮我办件大事——留丝瓜瓢。家有一老，如有一宝，不仅指奶奶，也指老丝瓜。进入金秋，叶子黄了，柿子红了，丝瓜老了，一根根臃肿膨胀的老丝瓜凄凉无奈地吊在枝头，别怕，你们很快就可以大显身手！奶奶将空空的老丝瓜摘下，干透的丝瓜子传出呼噜噜的声响，剥去干干脆脆的外皮，露出来焦焦皱皱的老瓜瓢，盘根错节的经络，很像奶奶的手掌。奶奶给我铰成大小均匀的几段，这些是最天然环保的"清洁球"，不伤锅不伤手，也可以利用它来清洗杯子、珐琅锅等，完全不会留下刮痕。听说过将老丝瓜瓢烧成灰可以治疗咳嗽，也听说过用老丝瓜瓢与鲫鱼、猪蹄等同烧可以通乳，功效同"通草"。

一直以来，始终认为丝瓜口味其实平淡，但一位同学传授了一道食方，却改变了我的看法。你听说过用丝瓜做饼吗？对！就是将丝瓜刨皮切丁，与葱、盐、面粉调成面糊，素油烧热下锅，煎成双面微黄。因为丝瓜特殊的组织结构，使之化身为面饼的筋骨，与面糊你中有我、我中有你地交融在一起，丝瓜特有的温柔滑腻，使面饼拥有了弹软的口感。丝瓜去油解腻，不妨敲入一只鸡蛋，这饼便拥有了全能的营养。

番 瓜

　　番瓜即南瓜，原产美洲中南部，是有九千多年种植史的古老作物，种群繁衍极其多样。哥伦布将其带回欧洲，后又被葡萄牙引种至日本、印尼、菲律宾等地，明代传入我国，栽培日盛，遍及各地。据说，最初国人误以其传自日本，呼其"倭瓜"，而和族又误以其传自中国，呼其"唐茄子"。它传自海外，多称"番瓜"，又一说"饭瓜"，擅长以菜代饭。事实上，直到清朝晚期，民间多还是呼"番瓜"、"窝瓜"等，吾乡"番瓜"叫法也算是沿用古称。

　　番瓜虽可代粮，却并非杂粮。它与黄瓜、笋瓜、冬瓜、丝瓜、苦瓜等均属葫芦科蔬菜，虽说葫芦科家族诸兄弟个个口味各佳，但论实际功用，却没有比得过番瓜的——易栽多产，花、藤、叶、皮、肉、子皆可食用，且全身兼做药用；耐存放，若深加工，可以酿酒、提糖、澄粉、做酱、制皂……经济价值不可估量。

这一切，都要归功于15世纪末到16世纪初开启大航海时代那位名叫哥伦布的人。直到1492年，与世隔绝的美洲大陆土著居民已经驯化、培养、种植出玉米、南瓜、花生、马铃薯、番茄、甘薯、辣椒等多种作物，随着哥伦布的到来，巨大而深刻的改变发生了。哥伦布足迹所至，带去了美洲大陆与其他大陆间生态、农业、文化间的转换，这被定义为"哥伦布大交换"，番瓜便是这交换齿轮上的一格。自此，番瓜与其他作物一起，飞速在欧亚大陆生根蔓延——中国南瓜、日本南瓜、印度南瓜；纺锤形、灯笼样、葫芦状；橙橘、翠绿、土黄……品种繁多，不可胜数。

吾乡处江海之滨，为冲积平原，土壤沙质，极适宜番瓜生长；乡间历来人口密集，粮食需求量大，番瓜救荒代粮作用突出。金秋时节，乡里家家户户、屋顶篱间结满个大体黄的蜜本番瓜，这些沉甸甸的家伙们覆着白霜，低调地蛰伏墙边地头，静待收获的喜悦。

我于乡间长大，对番瓜的想象，仅限于秋天故乡奶奶灶头一煮一大锅的橙黄老番瓜。奶奶的煮番瓜，也只限于自酿豆瓣酱调味，最多撒些葱花。但那一大锅灿烂金黄，是奶奶的骄傲，家人赞番瓜又面又香，她皱纹里满是得意，农人的淳朴知足，全浓缩在那一口口豆酱老番瓜。

独立生活后，才逐渐体会到通称"南瓜"的它竟如此亲善敦厚。它是主妇的厨房之友、全能的百搭之王：取其色，可驰骋南北、纵横中外——南瓜粥、南瓜饼、南瓜汤圆、南瓜馍馍、南瓜汤、南瓜派、南瓜意面、南瓜面包……取其质，清炒、红烧、蒸煮、焗烤、入馅、甜点皆百无禁忌、无所不能——小炒南瓜、干烧南瓜、南瓜蒸蛋、南瓜米饭、蛋黄焗南瓜、烤南瓜、南瓜饺、南瓜布丁……一口气报不完！总之，每逢转遍菜市无甚可买之时，我的目光最后一定会落在摊边那不起眼的老南瓜上，心里则飞快地盘算起如何用它翻出新花样……

普通人食用它，医药师发挥它，艺术家创作它。中医眼中，南瓜全身是宝：南瓜根利湿、南瓜藤和胃、南瓜花消炎、南瓜叶止创、南瓜蒂保胎、南瓜子杀虫、南瓜瓤治烫伤；更别说南瓜肉低糖低脂低热量，护眼润肤补血养胃排毒保心脏。南瓜作为秋季收获的象征，得到艺术家的宠爱：西洋人爱它——《抱着南瓜的女孩》《买南瓜的人》《秋日》；东洋人爱它——南瓜化身草间弥生的灵魂，替代她永恒；中国人也爱它——鲜亮的色泽、饱满的身姿、多籽的暗示、顽强的精神使它成为汉文化中不可多得的审美符号：既化身白石大师笔下的秋意经典，又成为入门画童练笔的常见素材；既承载玉雕大师"富贵多寿"的寓意，也寄托民间祈望丰收的世俗情怀。

西风东渐有年，如今以南瓜为经典元素的 Halloween（万圣节前夜）似乎已成为无国界节日，受到国人的热捧。强势文化中的"Trick or treat"（不给糖果就捣蛋）如此时髦有趣，还有谁会回望传统盂兰盆节（中元节）的斋孤、放河灯呢？节日此起彼伏的背后，是古老农业社会迈向现代工业化不得不付出的代价。

蚕 豆

　　走路时看到一个蚕豆壳子趴在地上，使我想起小时候做的蚕豆天牛。那时五月天吃蚕豆，大人剥着蚕豆壳，总会顺手做个蚕豆天牛，递给一旁坐在趴趴凳上的孩子玩。做了哥哥姐姐，我们也会摘下田里蚕豆，顺手做个蚕豆天牛，逗着弟弟妹妹玩。找根细竹枝，前端分撕两半，分别戳进蚕豆壳前部眼睛位置，拉出来，竹枝后端正好通过豆壳肚子，露出一段尾巴。捏住蚕豆壳，一手拉拉尾巴，蚕豆天牛就活了，触角一动一动，在你身边陪你玩。

　　蚕豆壳是天然玩具，蚕豆叶也是天然游戏。春天，到处都是绿叶紫花的蚕豆田，小伙伴们开始找一种特殊的蚕豆叶——

"酒盅"，这种叶子通常长在蚕豆植株顶端，是最嫩那片，因为嫩，所以没长开，因为没长开，所以叶边连在一片，成了一个娇滴滴的无口小斗，我们管它叫"酒盅"，酒盅只盛得下一滴露珠。"酒盅"是农村孩子的"四叶草"，找"酒盅"就是找幸运，而往往我们更幸运，"四叶草"出现的概率可比"酒盅"低，找"酒盅"，考验的是细致、灵巧和眼力。关于这种叶子，周边地区也有叫"蚕豆耳朵"，说是摘到夹进书里会背书，这显然是另一种关于幸运的迷信。

就连蚕豆，我们也常常拿它入戏。空间狭小时玩的游戏，有一种叫"炒蚕豆"。两个人面对面手拉手，左右同时摆动，口中念念有词："炒蚕豆，炒豌豆，咕噜咕噜翻跟头！"说翻就翻，两人同时翻，从拉手的胳膊肘下一钻，钻成背靠背，手仍是拉着的，然后继续拉手摆动。"炒蚕豆，炒豌豆，咕噜咕噜翻跟头"，循环往复，炒出花样，炒出难度。

炒蚕豆是游戏，更是家常零食。促狭人的手段中，有一种叫请你"吃蚕豆"——伸出空拳头乘别人不注意，对准对方下巴猛地一抬，牙齿"得"地响亮对撞，好狠的吃法！晒干的蚕豆粒合着净沙一起炒熟，又干又硬，又硬又香，嚼起来就是那样咯嘣响。我们那一代的牙齿，因蚕豆得福，少有发育不良或不齐。反观苏南，食甜贪软，同年龄所见之人，牙颏发育不良者十之五六，同吃食有很大关系。

青蚕豆入菜朴实而春日。母亲的菜单通常有咸菜炒蚕豆、蒜苗烧蚕豆。细嬢嬢未出嫁时，常做咸菜豆瓣汤或蛋花豆瓣汤，碧绿的蚕豆瓣见之忘俗，入口即酥。在一个懒洋洋、暖热微醺的中午，我只想来碗白米饭，喝口蚕豆汤。

你可知道，吾乡以南稍晚形成的那片沙洲，因生长众多蚕豆（又叫胡豆）而得名"胡豆洲"。沧海桑田，胡豆洲今与吾乡交织一片，现唤"南通"。

黄　豆

  大概五六岁光景，有一天半夜，我睡得正香，朦胧中有人推我，喊我小名。我终于被摇醒，眨巴着惺忪的眼睛，还没看清是谁，就被一把瓷勺触到了嘴皮，是母亲的声音："快喝！刚磨出的豆浆，香！"好不容易睁开眼，昏黄的灯光下，母亲满面春风，高兴地捧着一碗黄稠稠的液体，兴高采烈地舀给我喝。窗外一片寂静漆黑，这，到底这是什么情况？

  原来，父亲他们在厂里已经捣鼓了好几天机器，要增加新的业务——榨豆浆、磨豆腐。今天晚上，哦，不，应该说今天半夜，哦，不，应该说今天凌晨——总之，当外面乌漆墨黑的时候，他们终于试验成功，榨出了头一桶豆浆，母亲激动地端过来，一定要摇醒我，请我一同分享。我心有余而力不足地尝了两口，除了浓厚的口感，也没感到有多香，眼皮很快就支撑不住，倒头再次进入梦乡。

后来，父亲他们做出来的豆腐很是抢手，厂前的门市部早早就开张，一方、一方、又一方，白白胖胖的豆腐很快便卖完。我却不太喜欢里面的味道，后来知道，那是点浆的盐卤。

爷爷奶奶当时住在村庄，常有人沿路叫唤："卖豆腐喽！卖豆腐喽！"奶奶总要去搬回两方。她告诉我做豆腐的是安徽人，每天三四点就要起床，挑河里的水做豆腐，所以豆腐特别好吃。我问："那到底豆腐好吃是因为安徽人做得好？还是因为用的河水好？"奶奶愣了半晌——"大概河水好吧！做得也好！哦，对了，安徽人说我们这里的黄豆好！"奶奶好像揪住了救命稻草——"对对对！说是黄豆好！"

本地黄豆品质优良，不然白蒲茶干不会那么好吃、那么出名！当黄豆还年少时，还是青青的毛豆时，就非常好吃了。据说，本地黄豆品种非常多，有早熟小青豆，有"角角灿（饱满之意）"，有晚熟黄豆（又叫"烂"黄豆）……

早熟小青豆颗粒比正常毛豆米要小一圈，四五月就开始长豆，属于春大豆。这种青豆米非常适合炒食，因为体积小、易熟，不用长时间烹煮，既保留了毛豆的清香，又不至于烂软，炒韭菜、炒茶干、炒肉丝、烧仔鸡、烧河鱼、烧豆腐都非常美味；稍迟一点出场的就是"角角灿"，属于夏大豆，外婆最爱"沉"（埋进土中）这品种。其他品种豆角都是两颗豆米，"角角灿"不同，每一角有三颗豆米，豆粒大、产量高，要辨认它非常容易，晒干后的"角角灿"黄豆约有一半外皮泛紫，那是因为这些豆子靠近根部，最先成熟。"角角灿"唯一的缺点是植株较高，容易倒伏；晚熟黄豆，属于秋大豆，俗称"烂黄豆"，并不是指它品种不好，而是指它入锅易烂。这种黄豆最晚成熟、最迟收获，一直可以吃到深秋。以上这些黄豆都是本地经典品种，经过代代农人筛选留传，可惜如今务农的人越来越少，会育种选种留种的人更少，多数种植户仅图方便快捷，每年都直接从种子公司购买豆种，至于那些豆种的来源，如何追考？农业，从来就不是一件可以省时省力省心的事。

夏天去东北五大连池，坐车在平原上飞驰，阔朗的视野使人心情舒畅，一路掠过的片片五彩花田令人神往，远处坐落着一些古老神秘的火山，暗藏随时都可能爆发出的原始荒蛮。我却在这石龙淬火之地，于陌生景观中嗅出某种熟悉气息——那是绵延成片的黄豆地，豆角株株直立，整齐排列有如规整士兵，又像天神撒在松嫩大地上的神将，贴身护卫着这片静默之地。枯燥的地理知识一下子蹦入脑海，没错，东北平原是我国黄豆的主要产区之一，赫赫有名的东北春播大豆原来就生长在这些黑土地。五大连池水好、豆香，是个朴实的地方，豆制品香得让人一尝再尝。

在我千里之外的故乡，三伏天烈日如火，人们正用本地黄豆制作豆酱。梅雨天制成的酱曲，邂逅到长江下游最为暴烈的骄阳，无论在农户、村庄，还是在酱厂、酱园，大家顶着烈日进进出出，趴着酱缸忙忙碌碌，为酿造出一坛好酱，不辞辛苦。

秋天的油坊相当繁忙。一盘盘急速滚动的豆子，颤巍巍被推进机器，坚硬的圆盘千斤般压顶，珍贵醇香的豆油窸窸窣窣汇成溪流。黄豆为人类流干了它们的血，奉献出它们的肉，最后还留下豆饼的骨，滋养土地的肥沃。

豇 豆

上大学前的那个暑假，去南通找高中同桌玩，她带着我吃吃喝喝，好不开心！在她姐姐家，她做饭给我吃，不无得意地跟我说："给你做道好菜！"上高中学习紧张，哪有时间学做饭？她什么时候练了这一手？

只见她动作娴熟，将洗净的豇豆切切切、碎碎切，拍开一枚蒜瓣，爆锅开炒，豇豆九成熟，敲入两只鸡蛋，蛋汁迅速凝固，包裹豇豆碎，撒上葱花、细盐出锅。"哇，好香！又好看又香！"我惊叹、鼓掌，对她崇拜有加！那次，就着豇豆碎蛋，我吃了好多饭，对这道菜也记忆深刻，以至于后来自己想到要炒豇豆，就会下意识地把豇豆切得粉碎。

乡人吃豇豆，吃法自然很多，其中最经典的，要算"豇豆饭"。说起来，豇豆是农家最普通的菜蔬，饭自然也是粗茶淡饭，但豇豆饭就是有那种平凡中的不普通、普通中的不平凡。农家大锅烧豇豆饭最香：豇豆切段略炒，可添些生抽，起锅备用；淘米入锅，水略少，覆上炒好的豇豆。妇人们总是很考究，特地去割上几两肉，切成细丁焖入饭中。豇豆饭焖熟后，用大铲刀稍加翻动，出尽水汽，下层的尽量不碰，待会儿它自会形成脆脆的锅巴，那是豇豆饭的精华。老人们爱吃豇豆饭，脆脆的豇豆已经焖得烂软，肉类的油脂也渗入其中，香起来能吃一碗；孩子们爱吃豇豆饭，他们看中了饭底的锅巴，规定母亲盛饭时一定要铲到底，铲下一片大大的锅巴脆，嘎吱嘎吱嚼得油香。烧豇豆饭，最好用那种红紫老豇豆，这个"老"不是指它长得老，而是说它品种老。红紫老豇豆盘盘曲曲，俗称"盘盘豇"，豆荚较软，不像青色豇豆那样硬邦邦。吾乡还有种"饭豇豆"，不吃壳只吃米，剥出豆粒后搁进细粞粥打底，增添独特风味。

　　夏季时去东北点菜，拿着菜单左翻右翻，看来看去怎么全是豇豆？有：茄子烧豆角、豆角烧茄子、豆角炒肉片、豆角炖排骨、凉拌豆角、清炒豆角、炖豆角、酱豆角……看得人头大！不过既然全是豆角（豇豆），那就"随便"吧！上来一道"豆角炖排骨"，傻了眼，刷新了我的认知，在南方"豆角"一般就是指豇豆，比如说，你到湖北馆子里点"茄子烧豆角"，其中的豆角只能是豇豆，不会是刀豆、扁豆或者荷兰豆！可咱东北老铁这里的豆角自有其特殊，那是他们的特有品种——油豆角，吃一口这油豆角，个人对豆类的认知又再次被提升到新的高度——好吃得都快流出眼泪！这哪是硬邦邦的豆子？它肥厚柔软、豆粒糯香，仿佛一种介于刀豆跟扁豆之间的品种，壳子如刀豆般质厚，豆子如老扁豆般饱满，鲜甜清润、嚼而无渣，一盆菜里的豆角吃光，排骨都剩着！后来去吃的次数多了，想跟老板讨点折扣，老板娘坚持不让："这油豆角买来就贵，今年还在涨，要十钱儿一斤，便宜不了哈！"物以稀为贵嘛，油豆角完全值得这个价！从哈尔滨坐火车折返北京，排队的大妈拎个蛇皮袋，大声告诉人家："别的啥都不让带，每次净让我给带油豆角来着！"看来，油豆角真是东北人念念不忘的舌尖故乡。

不是人人爱吃豇豆，却有多数人爱吃"酸豇豆"。无味脆硬的豇豆经过酸渍发酵后，性情大变，变得爽脆又有个性，教你如何不爱它？中国南方不同地区有不同的酸豇豆：广西人人酷爱吃酸，南宁人说，"英雄难过美人关，美人难过酸嘢滩"，"酸嘢"就是指用酸醋腌渍入味的豆角、萝卜、木瓜、芒果等果蔬，酸豆角除了当酸嘢作零食，还是桂林米粉、柳州螺蛳粉的灵魂之光，广西人不可一日无此君；云南人也是众所周知的爱吃酸，"酸豇豆"可以说成"酸豆角"，但千万别说成"酸角"。酸角又叫罗望子，果实当作水果。云南人用酸豆角搭配一切东西——鸡蛋、肉糜、菌子、米线……

在湖南，酸豆角和榨菜、咸菜一样，是长沙粉面馆的标配，甚至可以说，粉好不好吃不重要，只要酸豆角够脆、够鲜、够辣，食客就会非常满足；湖南湖北通吃的菜肴就是酸豆角炒肉末，湖北人还要加入"苕粉"（红薯粉丝），下饭极香！贵州的酸豇豆炒肉末中加入酸萝卜丁一起焙，有一种干香；四川人善腌泡菜，豇豆是泡菜界的元老，几乎家家户户餐桌上都能见到它的身影。川地酸豇豆挟着麻辣，裹着红油，浇一勺牛肉臊子，调一碗正宗酸豇豆牛肉面，让你欲罢不能。

扁 豆

　　家乡的紫扁豆其实很美，无论是它的藤、它的花、它的豆荚，还是它的滋味。固然它的颜色是我最爱的紫，但又不仅仅如此——扁豆是种藤蔓植物，需要爬篱笆，起初它是怯生生、羞涩地攀附，柔嫩的触角试探着往上爬，附上墙边、缠上枝头，渐渐地越来越大胆，开始恣意任性、蔓延疯长。扁豆开花了，初为白色，接着泛出一种微妙的雪青，继而发红，红而发紫，一直紫到藤蔓上。豆藤结荚了，透明而青，转而变厚，更青，泛红，边缘变紫，全紫，紫到发红，透亮。

　　扁豆花根本就不是一般的农村妇女，她专事勾结、放肆向上，她步步为营、野心张扬，她不管世俗的侧目，炫出最浓烈的色彩，她的上位凭借勇敢、热情，她的出位不畏流言、中伤。紫扁豆这种纯粹的入世情怀，使我简直要佩服她，然而她也不自负，也懂得付出。等她长到豆大粒圆时，自会离开枝头，成为人们腹中餐。

紫扁豆有慧根，可以入药。首先紫扁豆藤性味甘平、性质温和，能清热解毒、镇静安神、化痰止咳，一直是治疗风痰迷窍、癫狂乱语等症的良药，据说紫扁豆藤还是治疗霍乱的偏方。紫扁豆中有一种蛋白质类物质，可增加脱氧核糖核酸和核糖核酸的合成，抑制白细胞与淋巴细胞的移动，也就是说，常食紫扁豆能促进肿瘤的消退，同时，紫扁豆中的植物血细胞凝集素可促进淋巴细胞的转化，共同起到防癌抗癌的作用。紫扁豆维生素和微量元素含量高，尤其富含维生素 B 族和锌，再加上吾乡水土富硒，因此它是当之无愧的长寿保健蔬豆。

扁豆烧菜饭是秋季最好的食补，通常大家还要放进香堂芋籽儿，切进小肉丁，经大灶焖成扁豆芋籽儿菜饭。扁豆饭出锅为焦褐色，扁豆荚已经完全褪尽紫色的花青素，变得透明而柔软，白灰色的豆粒尽数出壳，掺和在芋头籽儿后面，做了它们的小跟班。吃扁豆饭最大的满足就是同时将扁豆壳、扁豆粒、芋籽儿和饭米粒同时送入嘴中大嚼，那种"一览众山小"的质感，十分过瘾。

家中结的扁豆多得吃不掉时，奶奶就将它们摘下，晒在秋阳里慢慢褪去水分，变成棕褐色的扁豆干。起先，我很看不上这种东西，认为像枯草。有一天，奶奶烧红烧肉，放进了她当宝贝似的扁豆干，还没到晚饭时分，厨房里传出的香味已经将我俘获，我迅速冲进厨房，从刚烧好的锅里打捞出一碗扁豆干烧肉，吃了起来！没想到扁豆干这种东西，皱巴巴不起眼，烧在肉里却很香，一口又一口，吃完一碗后，我又盛了一碗，扁豆干多，肉少！奶奶担心地看着我："不要吃伤了！"

我果然吃伤了，接下去连着三天，人都没有食欲，什么也吃不下，差点就发起烧来，这更加深了我对扁豆干美味的感性认知。但是，自那以后，家中煮了扁豆干，我再也提不起胃口尝。

扁豆家族中还有另一位重要成员——白扁豆，又称峨眉豆、茶豆等，我们这里称"洋扁豆"。白扁豆的长相可跟紫扁豆完全两样——紫扁豆粒是"圆滚"身材，腆着肚腩；白扁豆粒是"扁平"身材，毫无曲线。总之，一位是中年油腻男，一位是干硬老古板。白扁豆入药，价值丝毫不亚于紫扁豆，主治"脾胃虚弱，反胃冷吐，久泻不止，食积痞块，小儿疳疾"（《滇南本草》），撇开别的不谈，合着我吃紫扁豆干欠下的"债"，竟要靠吃白扁豆来"还"？

白扁豆烧肉、烧汤都很好吃。煮熟后的白扁豆又面又沙，不出意外地比肉香。岭南地区湿气重，广东人所食的老火靓汤很重要的一个主题就是——"祛湿"，白扁豆"健脾化湿"的特性与之无比投契，常常被选中煲汤，白扁豆排骨（瘦肉）汤、五指毛桃扁豆祛湿汤、茯苓扁豆陈皮汤……多多益善。

赤　豆

　　八九岁时，有一次来了几位姐姐跟我一起玩，我很兴奋，午饭吃赤豆饭，为了表现自己，竟然连扒了三大碗。

　　那是人生中第一次发现赤豆的美味，从此对赤豆抱有不一样的好感。要说赤豆有什么特别，其实也没什么特别——颜色并不鲜艳，香气并不突出，像个性情沉稳的正房，贤良淑德、温存内藏。豆沙色不也正是口红中最端庄大气的颜色吗？

　　吃着赤豆饭、豆沙馒头长大，天经地义地以为赤豆就该如此沙、粉、细、滑，熨帖我们的胃。离乡后，自己煮过赤豆沙、赤豆粥，甜品店里品过红豆汤、红豆冰，百年老店中尝过八宝饭、豆沙包，滋味都令我诧异：这是豆沙吗？赤豆如此味道吗？

中国饮食有粗放的一面，日常食用中，赤豆与红豆往往并不多加区分，正如香芹跟药芹，气味口感虽有差异，但通行吃法大体类似。不比西人的奶酪、葡萄酒，有各类细致区分，还遵循什么红白肉适配原则。

我以为严格区分赤豆跟红豆，便能还原记忆中的赤豆味道。于是特别上网甄选了农家赤豆，兴致勃勃地开始煮赤豆饭。结果，水干了，饭熟了，豆子，还生着，煮不熟！这，这，这，到底是怎么回事？我百思不得其解，几次三番重头来过，先是改进了方法，把赤豆泡上一夜，第二天再煮，这回豆是熟了，但完全不香！这，这，这，又是怎么回事？我贼心不死，试验到第三回，那种记忆中的沙、软、烂、香的赤豆饭，都完全没有出现。像告别了一场无望的暗恋，我彻底死心了！

有一次坐地铁，无意中注意到车厢内的广告，是某家知名食品宣传他们的月饼，文案吸引了我的注意——四色月饼礼盒……精心选用南通大红袍赤豆制作豆沙……

咦，这个概念我是头一回知道，从没听说过南通赤豆有名头，还美其名曰"大红袍"！我一下豁然开朗，明白了为什么做不出记忆中的赤豆饭了——赤豆没选对！所谓网购的农家赤豆，品种跟我自小所吃的赤豆品种完全不同，即便它来自优美山区，即便它来自肥沃黑土，即便它来自有机种植，即便它来自泉水灌溉，但基本的品种类型决定了口味口感，这是一种固执的基因遗传，记录在DNA密码里，失之毫厘，谬以千里。很多东西，不是花钱就一定能得到你想要的。

"大红袍"赤豆激发了我的求知欲，原来这的确是种名不见经传的良种赤小豆——"色泽艳丽、红里泛紫、皮薄肉厚、粉质细腻、容易起沙"——描述完全符合记忆中的赤豆饭、赤豆沙，过去家中老人也确实习惯将"赤豆"称作"小豆"。"大红袍"主要分布在南通地区及上海崇明一带，虽说吾乡不是主要产区，但毫无疑问，品种是一样的。可是，提到"大红袍"，恐怕世人更多会联想起茶叶，而不是"赤豆"吧？

所幸，海门将这种赤豆申报了"农产品地理标志"，获得了政策支持和保护。我还顺便了解了下海门宣传的"四色宝豆"——海门大红袍赤豆、海门关青豆、海门大白皮蚕豆、海门白扁豆，看着介绍，不禁莞尔，其实又哪止海门有这些呢？我们从小吃这些优质的农产品长大，哪一种不是我们惯常熟悉的风味呢？可惜，嘴都吃刁了，却无从了解它们的出色与优秀！都说"酒香不怕巷子深"，但如果不经过现代品牌营销的定位、包装以及宣传，恐怕连自家巷子的人都闻不到"酒气"哦！

为了印证我的思路，我托母亲找来些老品种赤豆，还从网上购到海门大红袍赤豆，分别煮熟，加以比较，事实证明了我的猜想，这两者确定同宗。

这样想来，我小时候吃的赤豆棒冰、赤豆粽子、赤豆馒头，竟也是大名鼎鼎的"大红袍"赤豆所制哦，童年的点心这么高大上，心里无端就快乐满足起来！

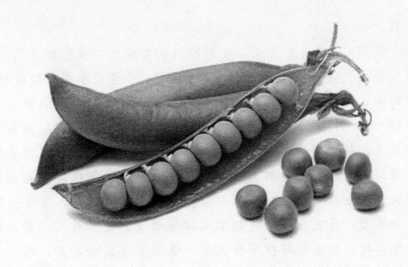

豌 豆

　　当初读安徒生，觉得最不可思议的就是《豌豆公主》，隔着二十床床垫、二十床鸭绒被仍能为公主所感知的豌豆，按道理是不存在的。多年后给女儿读安徒生，读到这个故事，仍然觉得不可思议，甚至言之凿凿——"比公主更柔嫩的是豌豆，比豌豆更柔嫩的是公主脆弱的心灵！"言罢，把书一丢，与女儿一同放声大笑！或者不如说，人类的过度讲究与无用矫情才是世界上最脆弱的！

　　继续说豌豆。以前看舒婷写八十年代参加四川《星星诗刊》诗歌节诗人聚会，和北方来的顾城一起拼命抢吃豌豆尖，舒婷是厦门人，也稀罕豌豆尖。豌豆尖是川人最爱，每一个四川人都对豌豆尖爱得深沉，舒婷和顾城到了四川，大约是受到了川人的感染，入乡随俗，也变为豌豆尖的狂热分子，屡屡为"爱"

痴狂。

在四川，"豌豆尖儿"被川腔川调地喊作"豌豆颠儿"，四川人将豌豆尖看作无数食物的灵魂伴侣——素椒杂酱、酸辣粉、羊肉汤、粑豌豆、鸡汤、酥肉……绝大多数其他地区的群众熟知豌豆尖儿，大多是通过川式火锅，最后下进去的那一把翠色豌豆尖，将火锅盛宴推向高潮，同时也吹响了筵席即将结束的号角！年轻一代发明的网红料理中，有一道就是将豌豆尖氽进泡面，加上溏心蛋、火腿肠，有荤有素、色味俱全，妥妥一顿豪华大餐，是完全属于你的私人深夜食堂。跟多数人一样，外出吃饭时，我也很鄙视那种上来一盘豌豆尖或金花菜，木木柴柴，梗都舍不得多摘的馆子——这种地方图多赚点"梗钱"，其他菜式能考究到怎样？

吾乡豌豆尖多为素炒，或作八大盘子、八大碗的配菜——斩肉圆子、红烧大肠、跑油肉等，有时也吃家常火锅，最后烫上雪白豆腐，挑进碧绿豌豆尖，一下荡涤所有油腻，就爱那份素雅清新。比起豌豆尖，我们更爱吃豌豆饭。豌豆饭跟豇豆饭、扁豆饭一样是菜饭，做法并不复杂，将豌豆角略炒后倒进米饭同焖，最好能放些肉丁或荤油，香喷喷出锅，孩子们超级喜欢。

很多菜谱中，将豌豆与青豆混淆，其实按照解释，豌豆为豌豆嫩果，青豆为大豆嫩果——就是我们俗称的"毛豆"！毛豆是椭圆颗粒，剥下来外面有一层薄薄白衣，口感略清苦；豌豆圆溜溜，从豌豆荚中滑滑滚出，没有薄衣，口感清甜。此外，无论是豌豆还是毛豆，初始都是青色，晒干后转为黄色，所以毛豆就是黄豆，豌豆就是黄豌豆，不存在什么"豌豆分两种，一种为黄，一种为青"的说法，众多青豌豆荚中，偶有一个黄荚，那是变老或变异，跟品种没关系。扬州炒饭中用的豆是豌豆，青豆罐头中的豆也是豌豆，"盐酥青豆"里的豆还是豌豆！有次在酸菜鱼店吃到一碟饭前零嘴，起先以为是炒黄豆，越嚼越甜,仔细一看,圆滚滚的,原来是炒豌豆。事实上,如果你看到的黄豆正好圆溜溜,你反倒要小心了,那很有可能是转基因大豆。

豌豆不是非得吃青,放干了以后变黄,一样能做出美味。重庆知名小面,其中有种"豌杂面",用的就是干黄老豌豆。老豌豆事先要浸泡,慢慢炖煮,直到豌豆"又耙又软"、绵绵出沙,再和油辣杂酱一起盖浇至小面,滋味十分地道。

宫廷名吃"豌豆黄"用的是一种颜色较浅的豌豆制作,因其颜色黄白,被称为"白豌豆"。"豌豆黄"原是北京春夏季一种民间应时小吃,工艺较粗糙,称"粗豌豆黄儿",后传入宫廷,经过御膳房改进,选料优良、制作精细,洗净、磨碎、去皮、捣烂、糖炒、凝块、成型,成为慈禧太后最爱吃的宫廷御点之一。如今的"豌豆黄"色泽娇嫩、质地纯净、入口丝滑、香甜细腻,已成为八方客到北京必尝的著名点心。

豌豆的质地,仿佛是专为那种果冻啫喱状食品而生。炎热夏季,凉粉专治各种没胃口。去买凉粉,摊主会特地问:"你是要豌豆凉粉还是绿豆凉粉?"除了绿豆,大米、红薯等自然也可以做成凉粉,但最好吃的还是要数豌豆凉粉。豌豆凉粉莹亮Q弹,滑成丝后清凉冰爽,传统吃法是咸口凉拌,也可以用它制作甜品,添加烧仙草风味的花生碎、葡萄干、花豆、蜜枣、粉圆等,浇入蜜糖汁,帮助孩子们摆脱冰激凌的魔咒。

蔬果・根茎

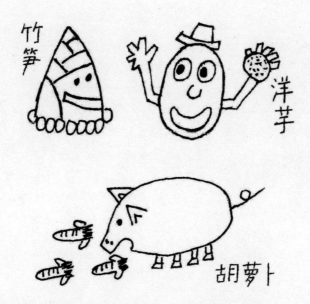

竹笋

洋芋

胡萝卜

竹·笋

　　有时候，我怀念童年的故园，故园最美的，是一片片碧绿清凉的竹园，阵风吹过，竹叶沙沙作响。

　　尚称不上竹海，却是孩子们的海洋。几乎家家户户、门前屋后都有竹子，大小方圆倚势成林。走进竹园，修长挺拔的竹姑娘，伸出友好的纤纤翠指，和你握手，与你击掌。竹园是孩子们的迷宫，在竹与竹之间中行进，辨不清方向。仰头，向天，不及手臂粗的竹们，都成了望天树，竹叶遮天如麻，透不进阳光。低头，探地，浅褐色的落叶遮盖泥土，抬脚窸窸窣窣，落脚松软沙弹。无论何时，走进竹园，如同走进一个梦境，跌跌撞撞地奔跑，左避右闪捉迷藏，对着细碎摇晃的光斑呼喊，深邃的竹园报之以悠远的回响。

屋后竹园间空地常有先人的坟茔，一个、两个、三个……圆锥形坟顶倒扣着上大下小的土"帽"，严肃的水泥墓碑刻有长长名讳，黑色字迹像睁着的眼睛。不小心经过时，谁都会放轻脚步溜过去，生怕惊醒沉睡的他们，怕他们跑出来呵斥我们。每当这个时候，竹子就是我们最好的掩护，一棵、两棵、三棵，我们从这棵弹到那棵，用《卧虎藏龙》中竹林打斗的"轻功"，转眼间，人影就消失在竹林深处了。

郑板桥说，"宁可食无肉，不可居无竹"，绝对是很有道理的——无肉令人瘦，无竹令人更瘦。竹园对于乡人来说，是春天的菜园。每当春雨过后，竹园中油润的翠叶滋滋生长，尖尖的竹芯泛着嫩黄。惊蛰后，春雷响，听，竹园每晚索索作响，不用怕，那不是蛇，也并非爬虫，那是被惊扰美梦的竹笋，按照春天的指令，争先恐后，奋力成长。这个季节，白天走进竹园，一定要小心，深一脚、浅一脚，不知哪脚就会踩到刚刚拔节的笋苗。别心焦，慢慢仔细挑，不要太嫩，不要太老，要拔那探出头来两三寸的才刚好，轻轻抹去笋底潮潮的湿土，放进孃孃的竹篮，交给奶奶去烹调。不用放什么作料，几根韭菜苗，盐一勺，鲜笋的滋味清新又美好。

我们小孩子，"食无肉"和"居无竹"都不行，我们既要吃肉，也要吃笋。春笋烧肉，饭桌上几乎没有谁能抗拒，李渔有著名理论"以之（竹笋）伴荤，则牛羊鸡鸭皆非所宜，独宜于豕（猪），又独宜于肥。肥非欲其腻也，肉之肥者能甘，甘味入笋，则不见其甘，但觉其鲜之至也"。笋是嫩竹，木质纤维居多，并不起鲜，起到特殊作用的是笋内所含的游离氨基酸——

谷氨酸、天冬氨酸等，这些是自然中呈现鲜味的主要物质，当猪肉脂肪在高温下溶解了笋中涩涩的草酸，谷氨酸、天冬氨酸等天然鲜味剂便自然凸显。肉质的肥腻与竹笋的瘦甘，一张一弛、一扬一抑，中和平衡，这正是中华饮食的阴阳智慧。

几场春雨一过，春笋很快便老了，老笋很快长成新竹。新竹青了，夏天到了，夏天的竹，奉献出更多清凉。一支、两支、三支……烈日当头，孩子们闯进凉风习习的竹园，比着劲儿抽取嫩如柔荑的竹芯，长的、短的、细的……不一会儿，每个人都攫了整整一把，那是我们的飞矛、吸管、笛哨……玩剩下的竹芯，带回家交给母亲，她们将竹芯泡入茶水，倒进细白瓷壶，一旺碧意赶走暑意。竹芯茶是村户人家的清雅。

傍晚，啃过玉米棒，喝过竹芯茶，拿把大蒲扇，出去乘凉散步。小心！千万别进竹林，是真的有蛇，所言不假！好几次，月光下走夜路，路过竹园，索！有什么东西忽的一下，从草边经过，响声消失在竹林深处。可别天真，以为是獾子或刺猬！这么轻巧灵活，一定是蛇在游动！

九十岁的老爷爷，专门有把竹刀，窄条形状，刀背厚，刀刃薄。秋天他砍来竹子，劈成篾子，留待使用。村中有竹匠，会织篾席、打淘箩、编篮子，手艺精巧……而我的老爷爷，主要只做一样——"兔灯"。他先用木条钉好十字底座，前后两根横轴，选出弹力好的篾子，火上弯烘定型，扎出兔子的头、耳朵、身体、肚子、尾巴等轮廓，糊上白棉纸，贴上红眼睛，最后往横轴上固定四个木轮，兔灯完成。

待到来年元宵节，乡俗要"舞 sào 火"、拉兔灯。我们拉着老爷爷亲手扎的木轮兔灯，呼啦啦跑过竹园，园中风摆竹叶，唰啦啦！唰啦啦！不知是老祖宗的叮嘱，还是竹子们的欢呼？

洋 芋

　　光"洋芋"这个说法，就有很多东西可考。这是什么呢？这是马铃薯，据说因酷似马铃铛而得名，此名最早见于康熙年间的《松溪县志食货》。

　　马铃薯的名字，迷之繁多。意大利叫"地豆"，法国叫"地苹果"，德国叫"地梨"，美国叫"爱尔兰豆薯"。在我国，东北、河北一带称"土豆"，山东鲁南叫"地蛋"，山西叫"山药蛋"，广东称"薯仔"，粤东一带称"荷兰薯"，闽东地区称"番仔薯"，陕西和两湖地区称"洋芋"，云贵、江浙一带称"洋山芋"，也有叫"洋蕃芋"的。吾乡人们惯喊其"洋芋头"，或简称"洋芋"，但也不一定，比如我外婆，就从不说"洋芋"，而是叫"马铃薯"。

这又是一个来自南美的物种。洋芋原产南美洲安第斯山区，最早种植的是秘鲁的印第安人。同样是通过航海的水手，1536年它被引种到欧洲，很长时间内，它仅作为奇花异草供人们观赏，法国王后甚至将其花朵作为装饰，以示时髦。后来，像西红柿等其他南美作物一样，人们发现它不仅无毒，还有丰富的营养，好种又好长，可以对抗饥荒，于是开始普遍食用。

马铃薯传入中国时间并无定论，但1628年徐光启所写的《农政全书》中，已有对"土豆"的详细记载和介绍。起初，马铃薯稀少而珍贵，唯有达官显贵才能享用。到明清之际，随着马铃薯种植技术和产量的提高，它开始突破贵族食物的藩篱，频频出现在百姓餐桌。清建立后，随着明朝皇室特殊待遇的瓦解，马铃薯的种子和种植技术进一步走出皇城，向四方扩散。清中叶以后，由于社会稳定、经济繁荣，中国人口迅速增长，对粮食的需求也与日俱增，人们迫切需要找到水稻、小麦等传统作物的替代品，这样的背景下，马铃薯的种植春天到来了，此后马铃薯成为中国人膳食的重要组成部分至今。2015年，我国启动了马铃薯主粮化战略，推动将马铃薯加工成馒头、面条、米粉等，预计到2020年，50％以上的马铃薯将作为主粮消费，届时马铃薯会成为国人除稻米、小麦、玉米外的又一口粮。

有人列出"土豆很难成为主粮""土豆难吃"等不可行理由，我倒挺乐观。如果你看韩剧，很容易就会发现韩国人常吃方便面（拉面），拉面是他们当之无愧的"国民美食"。事实上，韩国人传统上以大米为主粮，上世纪60年代，韩国国内"饥荒"——大米不够吃，政府从日本引进方便面，并通过创新食谱鼓励国民食用方便面，才有了如今全民爱吃拉面的习惯。如果有意识地进行鼓励和推广，谁说马铃薯不能像方便面那样获得前所未有的发展？说马铃薯"难吃"的人，是你没有真正体会过它的香。曾在云南金沙江峡谷间穿行，得到几个沾着盐巴的高原土豆，质朴的香气胜过一切美味佳肴。体验食物的香与美，需要时间、机缘以及恰当的相遇，如此方能擦出火花。

马铃薯的种植，其实非常有趣。无论何时，无论何地，你只要拥有一块马铃薯根茎，甚至不一定完整，将之埋入土中，勤浇水，很快就会抽出嫩芽，继续勤浇水，小苗很快就会长大。在我家楼下一楼有个租户，父母务工赚钱，小孩上着小学，大概是老师要求每人种一棵植物，细心观察植物生长。父母顺手塞给孩子半块土豆，种在门口花坛下，很快出土发芽，孩子每日详细观察，记录犄角旮旯里土豆拥有的春天。

如今菜市所售土豆均号称"黄心土豆"，壮壮大大，一只可以炒一盘。我记得小时候吾乡洋芋不是这品种，而是秀秀圆圆，四月里开花，五六月便能挖出的"乒乓"小球，雪白粉嫩。小姑将之切片下汤，略加煮烫，加细菜（鸡毛菜），清香扑鼻。童年染上急性肝炎期间，头昏脑涨、四肢乏力、食欲全无，母亲不忍心，问有何东西想尝，哼了半天之后回答："红烧洋芋头！"时值春季，洋芋都已发芽，母亲无奈，找来些发芽程度轻的，一只只挖去芽头、削去青皮，红烧了给我吃。说也奇怪，有想吃的东西就是不一样，我的精神明显好了很多，顿顿都要吃红烧洋芋头，几乎吃光了家里的库存。

1958年，汪曾祺先生被下放到张家口沙岭子农业科学研究所劳动，接受所里任务画一套马铃薯图谱。他于是去了沽源马铃薯研究站，这才发现，原来马铃薯开花竟有这么多种——白的、紫的、偏红的、偏蓝的、黄心的……他细细地画，还发现了一种"麻土豆"的花竟是香的（马铃薯花无香）！他得意地告诉了工作人员，大家都很惊奇："是吗？——真的！我们搞了那么多年马铃薯，还没有发现。"

香堂芋

　　香堂芋是本地独有多籽芋品种。剥着吃时，大家都直接说："这香堂芋真香！"而不是说："这芋头真香！"大概因为开锅满堂生香，所以得名"香堂芋"罢？

　　不同于又大又面的荔浦芋头，香堂芋块头要小很多，母芋相当于成人拳头大小，叫"脑头"，呆头笨脑；籽芋只得婴儿拳头大小，叫"籽儿"，椭圆尖嘴长腰，精秀细巧。也不同于他乡香芋品种，比如浙江白梗芋也是有名香芋品种，与香堂芋外形似孪生，但质地大不同——香堂芋质地更致密、口感更糯实。

　　香堂芋全身是宝，它是农家的粮食、蔬菜、饲料。芋头这种植物本身带"毒"，不生虫害，叶子喂猪要煮熟，收芋头、刮芋头也一定要当心，叶子和芋皮的粘汁会引起过敏，总之，是"芋"九分毒。女儿有次误采海芋花，手上黏到海芋汁，惹出好多红疙瘩，极痒。这也许是芋类强盛的生命力所在，它们要自我保护，不想被打扰。

香堂芋的普通吃法就是连皮蒸煮。番芋、芋籽混杂一大锅，浅水没过，大锅焐熟，烧点"番芋茶"，可作前来商定亲事客人们的下午茶。土菜店常将其与南瓜、薯类、花生等五颜六色蒸一大盘，名曰"大丰收"。带皮熟芋隔夜也没关系，剥皮切片用油一爆，洒上香蒜叶，翻身便是道好菜！

香堂芋去皮，芋汁令人手痒，聪明主妇们有懒办法——把籽芋扎进蛇皮袋，隔着袋子用脚在地上搓，过会儿打开来，芋皮已经蹭干净。只有老奶奶们还兢兢业业地捡来破瓷片或架镰刀，一只只芋籽刮得白净。现今市场所售无皮籽芋，多为机器滚皮，芋身嵌有砂砾，很难除尽，去皮虽为小事，却万不可图省事。

香堂芋可炒、可焖、可炸、可下汤，乡人咸吃较多，甜吃大概只做"拔丝芋头"。香堂芋为红烧肉灵魂伴侣：肉烧五成，芋籽儿下锅，久焖不烂，酱汁尽染，红酥油亮，比肉更香。香堂芋刨丝炸丸子，更是吾乡逢年过节必备，饥寒年代讲究切进肥肉丁以增荤感，温饱日子里素丸子更受欢迎，其实大可两者兼顾，馒头丁、面包丁都可以掺进去充"假"肥肉，美味又健康。小姑未嫁时常做午饭，她不爱青菜汤、番茄汤，独爱将马铃薯、香堂芋切片下汤，搁几根细青菜，撒葱末、榨菜末，翠白相当，喝起来岂止鲜爽？

说到最后，怎能忘记扁豆芋籽饭？油亮乌紫的本扁豆和雪白香堂芋籽儿用酱汁煸炒，一同下锅焖饭，出锅时翻一下，将扁豆、芋籽儿和饭粒混均匀，一碗饭——扁豆糯、芋籽粉、锅巴脆、饭粒香，有人还要拌点猪油，油光晶亮，世界尽在你碗中。

萝 卜

"萝卜青菜保平安"，吾乡萝卜不仅保平安，还饱口福。

水土是决定萝卜好吃的关键。吾乡靠江近海，经冲击而成平原，土质肥沃多沙，适宜萝卜生长。本地萝卜种植史可上溯千年，据说唐代定慧寺僧侣们就曾种"莱菔"（萝卜）为供品，馈赠施主。数百年来，农人精心选育栽培，加上水土适宜，本地萝卜品种愈发出色，"萝卜赛雪梨"绝非吹嘘，"鸭蛋头""百日子""捏颈儿"哪一个不是汁多肉嫩、脆甜无渣？况且雪梨有核，萝卜无核哦！

小时候上学，吃罢午饭走路绕到好同学家，一起去门前屋后菜园转转，拔起各自看中的萝卜，吊一桶清凉井水，洗几个雪白粉嫩的圆萝卜啃啃。有时候手滑，掉在井台上"噗"地一包水，猫儿闻到了，"喵"一声哧溜过来舔。有时也拔长白萝卜，手臂粗手臂长，两人根本吃不完，拿小刀一人截一段圆饼饼，用指甲轻轻挑起萝卜皮，一撕剥一圈，比用刀削皮爽快麻利。也有萝卜不好剥，那么这只一定"麻"——涩嘴，我们会主动放弃，另寻一只。奇怪的是，虽然自家也长萝卜，但自家萝卜就是不如同学家萝卜大，也始终不如跟同学一起拔一起吃的萝卜甜。

"捏颈儿"萝卜奶奶留着腌。萝卜不去皮，圆圆一只雪白萝卜切掉头尾，对半片成六到八开，晾去水气，一层萝卜一层盐地码进坛子，亦可加放五香粉，半月后开坛食用。腌萝卜干、炒花生米是男人们中意的下酒良伴，腌萝卜干、玉米糁儿粥是女人们舒心的粗茶淡饭。也听说过"甜条"为吾乡美食，但那是机械化商品，名气虽大却不具备手工之用心，更没有家的味道。

萝卜刨丝拧干后是很好的兜心（馅儿），萝卜丝芝麻烧饼，萝卜丝老酵馒头都离不开这又甜又美的萝卜。萝卜入药也是高手，清热化痰、消积顺气，屡建奇功。每每咳嗽感冒，母亲们忙蒸冰糖萝卜汁催孩子快喝，或是谁贪吃积食，啃些生萝卜也立竿见效。小时候看过上年纪的人贴两块指甲大萝卜皮在太阳穴，像京剧丑角额边的狗皮膏，不知哪门子偏方！

离家有年，从没觉得异地哄抬的"洋花""心里美"萝卜有甚特别，论甜、论脆、论水，无一比得上家乡品种。曾以特产"嘎嘣脆"萝卜皮馈赠外地友人，对方念念不忘，屡次委托求购，赞不绝口。如今，吾乡萝卜更加洋气，不仅被制成各类精美佐餐食品，还获得了地理标志证明商标，以其独有的农产品身份漂洋过海去看你。

菊　芋

　　秋天的时候，我注意到隔壁姨奶奶挖来一堆黑乎乎带着泥巴的块粒，等干透后磕掉泥土，仔仔细细在井台边淘洗，接着出现了一堆疙疙瘩瘩的"姜"，然后，然后就不知道拿去派什么用场……

　　奶奶也和姨奶奶一样，经常捣鼓这种黑乎乎不明所以的东西。她将干净"姜"块铺在筛子里吹干，直到表皮发皱，又搬来干净土坛子，凉透一盆五香八角水，"姜"用老豆酱拌了，一并倒进坛中，最后倒些爷爷的高粱白酒，调匀封坛！

　　奶奶叫它"毛芋头"，腌制后的毛芋头依旧黑乎乎，切成小块端上桌，喝粥时最受欢迎。毛芋头脆脆的，有点甜、有点咸，嚼完后有种刷完牙的涩感。我自己发明了一种吃法，将毛芋头片铺在熟馒头片上，再盖上一块馒头片，夹起来一起咬，其实就是一种土法三明治，但真的很好吃，放学了作为点心超级棒！有时给一起来做作业的同学也夹上两块，大家都很喜欢。

后来离家很多年都没再吃过"毛芋头"，有时候会怅怅地想起这种不起眼的东西，想念它留在唇齿间的那股清香。一次逛大卖场，在卖场角落的调料酱菜堆中，无意间发现一样东西，是塑料袋包装的酱菜，不是萝卜头，也不是榨菜，而是似曾相识的"姜"块，没有奶奶腌得那么黑，是黄黄的，包装袋上赫然写着——"菊芋"。如获至宝地买回来一尝，的确就是"毛芋头"，脆脆的口感依旧，带着涩涩的清香。

"毛芋头"是方言称呼，准确说应该叫它"菊芋"或"洋姜"。从外形或称呼上看，我感觉它跟泰式冬阴功汤中所放的高良姜极其类似，但事实上洋姜（菊芋）是桔梗目、菊科、向日葵属，而高良姜是姜目、姜科、山姜属，又或者说洋姜更从"菊"，而高良姜更从"姜"，一个是贾宝玉，一个是甄宝玉，只是长得像而已。人们因菊芋开花似菊，块根如姜似芋，取名"菊芋"。

食用菊芋，并不拘泥于腌制。可以拿它代替嫩姜丝，与肉丝同炒，别有风味；也有人喜欢凉拌菊芋，切丝后拿油盐拌匀食用；还有泡成泡菜的，也能保留其鲜嫩脆爽的口感；拿菊芋煮粥、做汤、榨汁，取其食疗功效。

菊芋全身是宝。菊芋的叶中可以提取抗感冒药的重要原料——叶绿素；菊芋的块茎可以食用，还可以通过深加工制成淀粉酒精、保健品等；菊芋中含有物质可以制成果糖，不用通过胰岛素就能分解，对于治疗糖尿病很有效果。

种植菊芋更有特殊的环保意义，它不仅可以当作提取生物柴油或汽油的原料，还能在贫瘠的荒漠上顽强求生——菊芋播种一次即可永久生存，每年以20倍的速度增长，节节扩张领土，是荒漠化治理的良选。

番 芋

　　番芋就是红薯，方言中红薯称番芋。番芋是吾乡地位仅次于麦子、稻米、玉米的农作物。乡人一天要喝两顿粥，早晚扬玉米糁儿粥，搁番芋同煮。

　　本乡番芋可细分为"黄大头"和"白大头"。"黄大头"颜色橙黄、水分充足、甜脆无渣，是我们的放学水果，填饥又解渴。煮进玉米糁儿粥的"黄大头"，蜜糯甜软，人人都爱。"白大头"比起"黄大头"，"白大头"人气要差很多。它去皮后薯体发白，粉质多，筋也多，不甜也不脆，扎实噎人，特别难啃，削完后还有浆渗出来，黑黑的黏在手上，极难洗净。我自小就有疑问，无论从哪方面讲，"黄大头"都已是优品，为何还要种"白大头"？

有次饭桌上我不要吃"白大头"，奶奶将我碗中"白大头"搛了过去，香甜地吃了起来。我很不解："你不嫌筋多吗？你不觉得噎人吗？""结实点吃得饱，我们以前干活儿，有块白大头，就很开心了！可惜——"奶奶叹口气，"现在都用来喂猪了……"奶奶继续无比爱惜地吃她的"白大头"。看来，"白大头"虽不讨巧，却在农人心中有特殊地位，是他们难以割舍的患难情结。

虽说出生在农村，但我们这一代已经不下田劳作，去学校读书就是尽好本分，但农田依旧是我们的神秘乐园。深秋，番芋丰收，收获过的番芋地宽厚地袒露出褐色怀抱，余晖夕照，宁静而温柔。放学后，和小伙伴沿长长的田埂疯跑，找来田间散落的番芋藤，左折却不掰断，连着茎梗皮往下撕，右折重复，再左折……循环往复，最终做出串串美丽的紫藤项链，缠绕在脖子和手间，然后站上深秋的田野，对着华丽晚霞，吸一口轻霜微露，唱一出只有自己才懂的独角戏。

番芋收获后入窖。各家都有窖坑，掘地数尺，连用多年，窖口隆起加盖，冬季用来存放番芋、芋头、洋芋种种。晚饭前，小姑拎着篮子来到地窖，用带铁叉的长杆探进去，将番芋准准地戳上来，我总会在旁啰唆，"戳黄大头，不要白的""大点的，不要戳小的"，诸如此类，小姑总是边笑边答应。存入地窖的番芋吃上几个月也还是新鲜。

不入地窖的番芋，奶奶将它们洗净去皮，切片晒干——有人家直接晒，有人家焯过水后再晒，前者干硬后者松软，但前者不招虫子，后者尤招虫蝇。要说原因，可能是前一种切片后表层凝了包浆，周身干硬，甜味被覆盖；后一种焯水后番芋浆被溶解，保持了柔软，甜味被激发。焯水后的番芋片，乖乖躺在芦竹帘上晒太阳，随手拿片来嚼，甘韧甜美。

胡萝卜

吾乡萝卜品种出色，胡萝卜也很好，鲜香异常。

冬夜里一家人围坐桌边吃夜饭，煮到黏稠的新玉米糁儿粥，粥里可以搁好多东西——"饭豇豆"、番芋干、胡萝卜……本地胡萝卜个头娇小，颜色多样，长度不过巴掌，橙黄、橘红、赤紫，顶头的缨穗儿翠绿细嫩，秀美极了。

这样的胡萝卜脆生生，洗净便能吃，煮进粥里会糯一点，但鲜味儿仍在。说实话，寒冬的夜晚，看到自家饭桌上一碗热腾腾、黄澄澄的玉米粯子粥，汪着橙色、黄色胡萝卜段，便觉非常暖人，然而并不饱人——越吃肚里越寡！

为什么会越吃越寡？据营养学说法：胡萝卜的最佳食用方

式是与油脂同食，这样才能帮助脂溶性物质胡萝卜素的析出，从而转化成为人体易缺的维生素 A，维护夜视能力以及正常的人体免疫功能。但这油脂未必就意味着油炸、油煎、油炒，只要在人体的小肠部分存在着脂肪，就能将胡萝卜素溶解吸收。换句话而言，充分利用胡萝卜素的这一特性，将胡萝卜与优质脂肪食物（奶制品、坚果、巧克力）配合食用，无须高温、无须油炸、无须煎炒，人体也能深度吸收维生素 A。这样来看，胡萝卜可是一等一的减肥恩物呢！

有人讨厌生胡萝卜的洇洇水气味儿，发明出风干胡萝卜的吃法——贪吃的孩子，干脆将成捆的胡萝卜抛挂枝头，巧妙利用寒冬烈风之力，为自己制出绵甜糯软的风香胡萝卜——贪吃中自有野趣。老奶奶们可没这么浪漫，直接拿胡萝卜切晒成干，要么蒸，要么煮，满口袋的胡萝卜条象征她们守护家庭的责任感。

胡萝卜缨是种特殊的存在，早前农家多用来喂猪，偶尔想起来，也作为蔬菜食用。老人家们喜欢蒸来吃：摘取嫩缨，沥干水分，拌上干面粉、花生碎、咸（鲜）肉丁、油盐适量，入冷水蒸锅，上汽后再蒸 5—6 分钟，即刻揭盖装盆，冷热食皆可。蒸食蔬菜据说北方较常见——蒸芹菜叶儿、蒸榆树叶儿、蒸洋槐花——区别在于有的加入适量玉米面（淀粉），以防菜叶粘连，有的原味蒸熟后蘸取醋蒜汁食用，不一而足。也耳闻有地区将其做成饼馅儿或饺子馅儿。说到底，这是种穷人吃食，匮乏导致精打细算、珍惜食物。不过，于眼下物质无忧的时代，胡萝卜缨却反倒散发出质朴的光彩，吸引人们去探究它、食用它。

慈 姑

　　我成家后，自己开伙，有一种蔬菜，从来不买，先生也从不说要吃，我们默认该蔬菜不存在很久。又过了若干年，我们的孩子都已经十岁，为了做饭我经常绞尽脑汁，时不时仍很茫然，常不清楚该买什么，该换点什么新花样？终于在那年冬天的菜市场，我对着摊头的慈姑犹豫再三，一咬牙决定买下！

　　为何做这个选择如此艰难？慈姑难道不是稀疏寻常？慈姑确为童年常吃蔬菜，尤其在过年期间——慈姑烧肉、煨慈姑，出去吃席——慈姑炒肉片、炖慈姑……先生是昆山人，自小也常吃慈姑，烧煮方式类似。

　　"慈姑就是一种难吃的芋头！"我曾跟先生说。"对，对，苦兮兮的，我才不要吃，但我妈还老喜欢烧！"我俩婚后在慈姑问题上达成高度一致，获得了谁都不会去买、谁都不想去碰的完美和谐。

现在，我买回了慈姑，至少提前跟他打声招呼——"我想换换口味了！实在没什么别的菜好买！""好啊，那就尝尝。"人家倒也爽快。

家常炒慈姑，一定离不开大蒜叶和胡萝卜，蒜叶切段，胡萝卜切丝，慈姑切片，红白绿，取名"匈牙利"（国旗颜色）！久不吃慈姑，入口竟觉又酥又面，那一缕微苦也化成清甜，先生亦有同感。可是女儿不要吃："这种东西真难吃，又苦又噎！"她作呕吐状。

我和先生互相看看，突然弄懂了一个事实——慈姑不讨小孩子喜欢！想当初，我们也都这样认为，拼命逃离有慈姑的家乡，人到中年，再去品味，竟会认同、肯定慈姑，人生陷入一种循环。

慈姑，真的可以代表家乡。它是中国土长，《本草纲目》记载"慈姑，一根岁生十二子，如慈姑之乳诸子，故以名之。"这个起名可以说非常佛性了，总让人不自觉地联想起"尼姑"！慈姑适宜水中生长，扎根长江以南水乡，江浙一带为主产区，品种有"苏州黄""宝应紫圆"等，珠江流域、云南等地也产慈姑，品种与吾乡有异。长在水塘中的慈姑，亭亭玉立，其叶酷似被剪开的缩小芋头叶，我于是一直将它理解成水中芋头，兼供观赏。

慈姑最经典的烧法，莫过于慈姑烧肉。烧肉的慈姑，有讲究，越小越好，越小越入味儿。如今的菜场，早已实现了蔬菜细分——刮好的慈姑，大小各自成堆。买那种比拇指头略大的，待红烧肉炖软后，下锅焖煮，最好能浸透卤汁，成品颜色才完美。慈姑生于水中，长于腊冬，有种水仙气质，孤僻清寒，与油水大的食物能够取得平衡。吾乡慈姑烧肉一定选带皮五花肉，不会专挑细小慈姑，而是将大慈姑滚刀切块，炖出一碗大开大阃、油汪肥颤的乡土红烧肉，才配得上腊月送灶或烧经祭祖。

所以，汪曾祺先生痛恨咸菜慈姑汤是有道理的，本身咸菜就寡油，颜色也暗淡，加上慈姑苦涩，简直没有惹吃的理由！咸菜慈姑汤要好吃，必须放入豆腐，虽说不是荤菜，但本身就是寒素搭配，嫩豆腐能提亮菜色，蛋白质能平衡营养，柔腻的口感也解救了咸菜慈姑的艰涩混沌，汤也变得爽口。

慈姑的佛性，还体现在它有药用。中医认为，慈姑性甘味平、主解百毒，能生津润肺、补中益气、败火消肿，可治疗痨伤咳喘、痈疮肿毒、毒虫螫伤等症。说是将慈姑切碎，加上适量冰糖和豆油煎煮，临睡前服用可治肺结核引起的咳血。有偏方将慈姑捣烂与生姜汁调匀，涂敷于皮肤肿痛处，可消炎、退肿、止痛。据说章太炎晚年居沪期间，某日手指忽红肿，捣慈姑泥敷患处，翌日即愈，堪称神奇（《致李根源书》）。

吃慈姑，并非多多益善。慈姑所含脂肪少，有的人会出现干呕、皮肤干燥等状况。另外，慈姑富含钙、磷、镁等矿物质，与红霉素等药物相克，不宜同时食用。还有最关键一点，农家吃慈姑，一般只浅刮表皮，并不去蒂，说是这样不太安全——慈姑属水生蔬菜，会吸附、积累铅等重金属，其中尤以表皮和蒂把为甚。谨慎起见，吃慈姑尽量去皮去蒂后食用。

蔬果·花叶果

桃子　　　　　草莓　　　　　柿子

桑葚

　　吾乡四季分明、气候温润，然而所产水果并不多样，顶多是各家菜园种些枇杷、柿子之类。量产的是萝卜、黄瓜、番芋类作物，既可为蔬，又可为果。不过桑葚（桑果、桑枣）倒挺多，不知可算水果？

　　上世纪 80 年代，农家时兴养蚕副业，常见田野里大片大片绿油油桑田，那是蚕儿们的食粮。桑田里桑葚要多少有多少，没人家特地采回去吃，那是野孩子们的果粮。

　　采桑田的桑树普遍不高，只比常人略出头。因植距较宽敞，桑树开枝散叶姿态放松，长到一定高度后会被嫁接，乡人习惯喊之"胡桑"，区别于房前屋后的本种桑树，大约类同"洋钉"

"洋油""洋伞"的叫法，估摸着与嫁接有关。

田里的胡桑辛勤劳苦，终日长枝茂叶，农家便能天天采下成筐翠嫩桑叶喂蚕。院子外的本桑则自由奔放，想长多高长多高，年年噌噌往上窜，枝叶更为精干瘦长。"桑"和"梓"一起，自古代言"故土""家园"。

春末，桑叶油翠欲滴，桑树初初挂果，桑葚硬而青涩。天气渐渐燠热起来，桑葚也转红继而乃至紫黑，一日日深沉熟堕，嚼起来甘甜烂软。孩子们终日在田野游荡，渴了饿了便会转进胡桑田，找熟透的桑果边摘边吃，染一嘴一手的紫红桑汁，混一脸一身的灰土脏汗，泥猴儿一样回家讨大人嫌。

本桑太高，树上的桑果孩子们够不着，偶尔来个胆大的，偷偷拖来家里的"步步高"（梯子），用力架上去，抖抖活活爬上大枝干，抓过旁枝用力摇，熟透的桑果啪啪掉落如雨，下过果雨的地面如同犯罪现场——"血"汁横流。本桑果比胡桑果瘦而更甜，地上的完好果子很快被孩子们用盆子捡走，留下的烂果不一会儿就招来嗡嗡作响的红头苍蝇，没头没脑乱飞乱撞，贪婪肮脏讨人嫌。

有位叫"梅"的初中女同学，脸庞圆圆，眼睛细细，爱笑但视力不好，据说她很小眼里就长了一层"云"，从此模模糊糊看大不见，不知是没有治疗还是没法治疗，我们认识她时她就那样——看人要凑到脸上。她是我们上学的车队队友：我们每天回家吃午饭，饭后挨家挨户喊上一群人一起上学，出发早的人沿途经过各家，纠集一队人马浩浩汤汤骑自行车奔赴学堂。上学经过的路旁是大片胡桑田，如果时间还早，我们必定停车暂借"果"，钻进碧油油胡桑丛，扯一些熟透果子甜甜嘴巴——发紫的才算好，发红的都不要。梅眼神不好，大家轮流拉着她，提醒脚下坑洼，各人采下果子塞给她、优待她。

吾乡如今少有人养蚕，大片胡桑田已成旧景。或许又是物以稀为贵罢？桑果也像鲁迅笔下运往浙江的北京白菜，被请进水果店，尊为佳果"桑葚"！每次看到水果"桑葚"，于我却算一种"曾经沧海"，从未生出过购买欲望，只是会想起当年无忧无虑放肆摘食的胡桑田，想起脸儿圆圆眼睛细细的梅，不知友情的桑葚可曾给她带去过光亮？不知如今的她是否还爱笑依然？

草 莓

　　"风儿轻轻吹，彩蝶翩翩飞，有位小姑娘，上山摘草莓，一串串哟红草莓，好像那个玛瑙坠……"熟悉的旋律，是我记忆犹新的歌曲。四年级时，初出茅庐的十九岁班主任在班上挑选了八位小姑娘，为我们精心编排了群舞，每逢有机会演出，我们这个节目都会露面，后来渐渐成为学校经典的保留节目，一直排演至小学毕业。

　　时光如梭，从初初跳起这支"摘草莓"舞蹈开始，转眼已过去将近三十年。最近，六年级二班的小学同学聚会，大家提出，最好当年的拍档们能再跳这支舞，回到旧日时光。于是我们重新聚首在早过不惑的老师面前，音乐声起，昨日重现，仍是那些翩翩起舞的白衣女孩儿，神气活泼地上山摘草莓。自己的心中也不免激荡起小小浪花——时光荏苒，感谢有你，亲爱的老师！付出了心血，帮我们用特殊而美好的方式定格了童年！

除了在舞蹈中摘草莓，现实生活中，也有美好难忘的摘草莓。有个好朋友，当年我俩一起说相声，啊不，一起"背"相声，总之，我俩是另一对好搭档。她家住得离学校很近，我家住得离学校很远，下午两节课后的大课间，她常带我回她家"喝水"。其实哪止喝水那么简单？我们吃各种东西——她强烈向我推荐过"旺鸡蛋"，剥开蛋壳说很好吃，推荐再三，我看了又看，还是拒绝了！场地上晒了花生，我们就剥才晒了两个太阳的花生，甜津津真好吃！番芋、萝卜、玉米棒……一切可以拿来吃的东西，都逃不过我俩的"魔掌"！最开心的要数吃草莓！

朋友的母亲勤劳，在院里种了几行草莓，当草莓开始挂果，还碧绿碧绿的时候，我们就天天进田巡场，盼着草莓快快长熟！终于，天热起来了，草莓越来越红，越来越香，如不赶紧将它们摘下，就会被蚂蚁和虫子抢到我们前头！那个时候，地上还会长出一种野草莓，比花生米略大，红艳欲滴，危险地诱惑你。大人说那种野草莓有毒，是蛇莓，千万不要发傻摘来吃！不过好像有同学偷着吃过，没有死。

我们在地里细细寻找，找到完全熟透的红草莓，小心地掐下来，放进碗中。偶尔见到有又大又红的熟果，已被虫子啃出一个大洞，也会疑心是否被蛇咬过，绝对不敢吃，也绝对不敢摘，可心里会惋惜老半天，遗憾没能赶在蛇虫之前摘下它！吃掉它！

摘了满满一大碗，去井里吊上半桶水，鲜红的莓果在清澈的甘泉中荡漾，充满着夏日未至前的清凉。那时完全没有红玉草莓、奶油草莓、牛奶草莓这些新式品种，都是本种小草莓，酸甜酸甜，不经久泡，久泡必烂。

朋友打开碗橱，吃力地抱出一个玻璃罐，告诉我："桂花糖!"自家腌渍的一层又一层的桂花红糖，开罐就闻见甜香……我们迅速地挖出桂花糖，搅拌进草莓，这时我的口水恨不得流满一地——快点开吃吧!

桂花糖很好地中和了小草莓的酸，虽说草莓上沾了点桂花碎，但真的好甜好香，两个人好满足地吃光一碗，赶紧再吊点井水洗干净脸，一路小跑溜去学校，差点就要错过铃声，不然还得在全班面前喊声"报告"。

一个草莓季，我断断续续跟她回家，能吃上好几次，现在想起来，都是非常满足的幸福时光。我从未考虑过吃了要还，她也一样，友情的分享单纯无价，折换成物质你要怎么还?

多年后，我们各自有了孩子，她依然快乐地约我去摘草莓。如今她母亲已经年老，我们开车去草莓园，孩子们欢天喜地入园采摘，我们不再是当年贪吃的小女孩，只小心翼翼地跟在孩子后面，协助他们。时代进步真快，当日我们拍下好多照片，留待日后回味。虽说当年没能留下哪怕一张我俩摘草莓的图像，但所有的情景都深深镌刻在心，比照片还清晰，成为永远甜蜜的回忆。

栀子花

南方六月，盛夏将至，梅雨不远。栀子花事姗姗，叶碧朵青，皎白清凉，绽放奇香。这花姿态冷淡，而气息凶猛，似有野心不甘平庸之人，清醒地发挥天赋往极致去。栀子花语来自西方，说代表"永恒的爱与约定"，却觉得这种原产本国的香花，花语不妨本土化——"一万年太久，只争朝夕"。

女作家们爱用它形容少女，因其叶翠洁，清新纯美；又有流行曲用它形容初恋，似其任性甜蜜，永恒短暂；还有影片用它寓意青春，取其恣意放肆，单纯简单。

名气来自误解。一种叫"吲哚"的物质，出手不凡，一举将所有花香划为两大类——普通花香和白花香。是否含吲哚是区分两种花香的主要标准，属于白花香的并不都是白色花，白色花不一定都散发白花香——热带常见的鸡蛋花有黄、粉、红多色，气息含吲哚，归于白花香；原种铃兰开串串白花，香型却不属白花香类。吲哚并不神秘，人体尿液、汗液中都有其存在，纯净吲哚俗称"大粪素"，低浓度时散发淡淡花香，浓到纯时却是恶腐熏臭。这就是很多人会在传统白花香中晕头转向的真相——栀子、茉莉、百合、玉兰……对白花香过敏的人也不在少数。

人们喜欢赋予栀子花为代表的白花香以少女感，现代制香业萃取吲哚入香，调制出栀子、茉莉、橙花、忍冬、晚香玉等各类白花香调，传达纯净质感。以中性清新闻名的 CK 香水，有种据称史上吲哚含量最高的"eternity"，被毒舌评论家夸张为散发"尸臭"！无独有偶，电影《香水》中天才调香师格雷诺耶靠嗅觉存活于世，发现少女身上独一无二体香，为获取人间至美诱香，疯狂杀害数十名少女提留气息，制成爱欲之水，无人能抵抗。是否可以隐晦地理解为——那种神秘气息里，留存少女芬芳贞洁的，正是这"尸臭"般传奇的吲哚之"香"？

一说白花往往异香，只因其"色"不扬，进化出强烈气息助阵，以获眼神不济的蜂蝶青睐，得到授粉繁衍机会。看来花也跟人一样，优势不总是来自天赋，更有可能源于先天缺失与环境使然。

自小只知栀子花甜，好惹虫，种植不易，花期也短，只合清供，却不知栀子花还是一种特殊食材。栀子花药食同源，江西、湖南、浙江、云南等地都有食用传统——热炒、凉拌、煮粥、氽汤、油炸、制饯、泡茶……传统做法是将栀子花去蕊飞水，与韭菜末同炒，不添香辛，免遮其味。栀子花食家们会趁花期将其晒干或冷冻保存，常年饱享口福。

五六月间，藏身于南方山谷里的栀子花基地，漫山遍野的洁白相守，凝绽成二十天的浓香海洋，观赏、采摘、徜徉、品尝……有福的人们，又何须远行赏樱？

凤仙花

凤仙花是烂漫姊妹花，手挽手儿鲜艳迎立墙角篱边，红白粉紫，时而使些小性子，制造点微型爆炸事件，弄出动静，自娱自乐，一扫门前冷清，可爱至极。

春种夏华，天气热起来，凤仙花如同爱美的青春少女，也一天天花枝招展起来。凤仙花审美异常花哨：绿叶纷披作篷，裙衫务求鲜艳，姹紫嫣红、染黄洒金，抑或同株数色，色彩缤纷，喧嚣热闹。淡紫色凤仙花很像蚕豆花，而形状又似蝴蝶兰，总爱成群结队、振翅欲飞，不肯安于现状的样子。

凤仙花深谙娱乐精神。她们朵不灿烂、香不媚人，却爱摆出一副"金凤"神气，像那见识不广的小女儿家，拿捏风情，恃宠而骄，容易被惹急，一碰就倔，小桃果手卷一抓，粉拳含嗔爆裂，射出粒粒"暗器"飞向"仇家"，上演一出迷你轻喜剧。她们自娱也娱人，最爱为女孩子扮美出谋划策，最杰出贡献是可为蔻丹：选深红或紫色花瓣，捣酱加盐或明矾。小姐妹们互相帮忙，睡前糊满十指甲面，零布或树叶覆扎妥当，一觉醒来，拆除装备，指尖呈现浅淡橘红。

纸上谈兵容易，实际操作却诸多不易。比方说，到底该添多少明矾？不当则色深难看；糊指甲也要仔细小心，尽量只盖甲面，甲周染色虽可洗去，终归要不雅数日；包扎也需用心；睡觉不可妄动……用凤仙花染指甲要学那初入贾府的林妹妹——时时留意、处处小心！况且，凤仙花染出的色彩也不总那么好看，染得淡，双手变成黄熏熏的老烟枪，洗不掉真愁人！唯一的补救办法是再染、复染，直至浓淡合度、深浅相宜。问我怎么知道？当然是自己染过、失败过、重来过。

凤仙花染指甲颇具古风古意，吴地有旧俗，七夕捣取凤仙花汁，染红女子无名指，全国各地皆有类似于此的专门"染指"日，所赋予的含义大同小异，无非寄望"浪漫""灵巧""避邪"等。不过，这是有科学依据的民间智慧，凤仙花确实是一种有自保能力的植物：首先，凤仙花汁有抗过敏、抑菌作用，含有抑制皮癣菌、金黄色葡萄球菌的有效成分，用它染指甲的同时，还能治疗灰指甲、甲沟炎；其次，凤仙花的根、茎、叶、花都含有"硫"的成分，是十分有力的"生化武器"，能让蛇虫退避三舍，所以，在我国南方一些蝮蛇产地，自古就有在房前屋后种植凤仙花的习俗，凤仙花所植之地蛇虫远惧。

印度独特繁复的人体彩绘艺术"曼海蒂"，绘制原料萃取自一种名叫"海娜"（散沫花）的花叶嫩芽，是种天然安全的暂时性文身，有庆典意义。散沫花与凤仙花虽都含色素，然二者科属迥异，不可混谈，凤仙花色效及安全性皆不如前者，有人以凤仙花充散沫花制染发剂出售，并不道德，慎购！散沫花以印度热带出品质量最佳，但我国两广闽浙一带亦有生长，李时珍《本草纲目》早有记载："指甲花有黄白二色，夏月开，香似木樨，可染指甲，过于凤仙花"，这里的"指甲花"是散沫花而非凤仙花。人们仅仅因为凤仙花也可以染指甲，就认定它是指甲花，是种懒惰的谬误。

凤仙花的药用价值固不必多说，外敷可治足癣、甲癣，内服可活血化瘀、通经透骨等。除了入药，凤仙花茎干也是一种独到的美味。宁波当地宁海人家腌制凤仙花茎干食用的习俗已有千年，当地人称"花果柱"，此菜清鲜透骨、香气扑鼻，是当地摆酒设宴的必备之菜，胜于一切荤腥海鲜，用于最后压轴开胃。腌凤仙花茎干的食用保质期可达两至三年，无须冷藏，蝇虫不闻、不叮、不生，完全具备凤仙花驱邪避秽的一切特性。

藿香 · 薄荷 · 佩兰

    吾乡常见香草大抵是这三种：藿香、薄荷、佩兰。春夏时分，它们自会从各家墙头屋后萌出，绿意蓬蓬，无须招呼。自然，它们都可入药，各显神通：藿香化湿解暑，薄荷清凉去火，佩兰避秽健脾，泡茶、制酒、缝香囊、做药枕，百般可用。

    家常拿它们泡水喝——藿香茶、薄荷茶、佩兰茶。我小学时，农村小学还有"忙假"一说，就是农忙时放一个礼拜假，鼓励孩子们农忙时为家分担。忙假里，我的主要任务是翻出碗橱角落里祖传的描花瓷壶，拎来井水冲去陈灰，擦洗得干干净净、亮亮晶晶，揪一把藿香、薄荷或者佩兰叶子，塞进壶里冲进开水，到午时拎起茶壶，跟着小姑去田里送饭。家中男人们在田头歇脚，给他们斟上已闷成淡褐色的温凉茶汤，看他们擦把汗，喝一口，眯一下，烈日当头，却沁凉心脾，于是负责泡茶这件事的我，分外觉得功德圆满。

上学也是这样。那时夏天并没有可乐雪碧芬达，同学们找来玻璃瓶，摘几片藿香、薄荷或佩兰叶，浸入温水碧意盈盈，点醒整个初夏课堂。香草茶望翠而止渴，清香彻入肺腑——藿香馥郁，透着苍老通达后的温暖；薄荷明媚，夹带少年清新甜美般的甘凉；佩兰高远，恍恍惚惚宛在水中央。伴随我们成长的，除了书香，还有草香。

我们也拿来吃，藿香最为家常。藿香花生饼：藿香与花生剁碎，面糊拖饼，入锅煎香。奶奶常做。藿香摊饼：碎藿香代替葱花撒满摊饼，面饼香气昂扬。藿香饺：整片藿香叶卷豆沙馅儿，挂糊油锅炸脆，呈玲珑饺状。另有美名"藿香芙蓉饺"，或可叫它乡土"天妇罗"？藿香文蛤饼：藿香草鲜、文蛤海鲜，辅以肉碎、荸荠碎，和面成饼，令"天下第一鲜"鲜上加鲜，不妨将之看作本土"蚵仔煎"。

薄荷入肴亦可，但宜君不宜臣，因其味道独特、气息清爽，作辅恐反客为主，抢了风头、薄了主味。薄荷的甜沁还是与糕点、甜品更为相配，薄荷糕、薄荷糖在吾乡群众基础广泛。云南等地视薄荷为蔬菜，爆炒、入汤、搭配牛肉食用，但品种似与吾乡不同，叶片较为肥冽，口感更为辛辣，与吾乡薄荷柔和甜美情致迥异。吾乡地区产薄荷早有历史，南通薄荷厂作为世界最大规模天然薄荷产品基地，生产的"白猫"牌薄荷脑、薄荷油、清凉油、风油精早就行销海外，得"亚洲之香"美誉。

佩兰又名江苏罗勒，与中原荆芥、南方九层塔等同属庞大的罗勒家族。此三者皆为中国本土最出众的罗勒品种，相似之中略有区分：荆芥叶大而圆些，九层塔叶尖有锯齿，佩兰叶形居中。荆芥在河南、安徽、湖北、陕西、云南等地均有食用，河南人尤其爱吃，夏季将它凉拌、拌面、蒸蛋、做饼……河南人用"吃过大盘荆芥"形容人见过大世面，用"不吃荆芥尽荆芥"形容事情办得不顺利，相当有意思。九层塔在粤闽一带主要用作香草调味，也可炒蛋、烧肉、做汤。吾乡佩兰不作蔬菜食用，仅作香草泡饮。

奇怪的是，在家乡蓬勃活泼、四处丛生的藿香薄荷佩兰们，异地栽培却颇有不易。在宁栽种多次，虫害频繁，无一成活。特买来号称无菌的森林腐殖土，直接植入香草幼株，先头几日还好，待到枝叶开始繁茂，虫害又来侵袭，嫩芽两日即光，试过浇辣椒水、烟丝水、大蒜水，凡此种种，收效甚微，屡战屡败后发现，唯有日日徒手捉虫，才能勉强保其存活。旧友为种植高手，居沪多年，遭遇竟也与我相似。此事明明关乎水土，无关风月，可笑我们竟为留那脉家乡寻常草香，日日与虫蝇争春，妄图挽住光阴，执念也！

桃　子

　　放暑假了，烈日炎炎的下午，午睡的凉席尽管已被冰凉的井水擦过，但还是空空荡荡，不见孩子们的身影。

　　其实我们的路线很好破译，每天都大致一样——午饭饭碗放下前，互相打好眼色，随后便脚底抹油，一个接一个溜走，最后都消失不见了！碰头还在老地方，池塘边、桃树旁！接着，我们头戴桃枝编成的"花环"，手握竹竿，开始了午后的探秘旅行。

　　第一站，自然是树林。暴烈的伏日阳光，经过小树林绿叶的过滤，只余忽明忽暗的光斑。在树林里漫长的跋涉其实没有目标，只是视察所经之处有没有知了的壳褪，或巡检枝头有没有危险的"毛辣子"（一种有毒的艳丽毛毛虫），有时拿树枝挑起地上的腐叶，看能不能打草惊起一条蛇……

蛇几乎没有碰到过，知了壳拣到过不少，偶尔不幸地被"毛辣子"毛到，皮肤迅速被毒到红肿……完成了树林游荡后，重新回到桃树下集合，开始下一项艰巨的任务——打毛桃！个子高的扛来长长竹竿，几个人合力竖起，将竿子指向目标——树上泛红的毛桃，费力地敲下几个，拣起来一瞧，最熟的已被鸟儿啄去大半，剩下的都懒得挑，继续敲，继续敲……

很小时候我们就被告知："千万不要去偷人家桃树上的桃子，尤其是桃园里的毛桃！"为什么？因为几乎每年都会听说有人偷吃毛桃被农药毒死，即便侥幸未死，也会被抬到医院用肥皂水灌洗，让人难熬得想死。

所以这打落下来的毛桃，我们也未必就吃。其实家家院子里都有几株本种桃树，不嫁接只结些细毛桃，嫁接后结些稍大毛桃，一样又硬又涩，都不好吃。

有次我跟外婆回家，她取下梁上吊着的竹篮，掏出几个黄油蜡皮的桃子给我。我之前从未见过这种桃，外婆管叫它"油桃"，说好吃，催我快吃！我看着那桃子像极塑料，感觉不太妙，谁知嘴巴一咬，汁水就冒了出来，又甜又香，好吃极了！那是我第一次吃油桃，后来再见到油桃，虽然它还是一副油皮蜡孔、毫无生气的样子，但我亲历过它的风味，不会错过。

高中时候，同班好友来自长青沙小岛，她数次跟我"吹嘘"长青沙的西瓜、长青沙的黄桃。除了毛桃，我只赏味过油桃，又冒出来一个黄桃，我自然很想见识一下。有一次，大概是下了晚自修，她掏出一个东西，往我手里一塞："喏，你要的大黄桃！"捧着这来之不易的长青沙大黄桃，我小心翼翼、如获至宝。好像是舒婷在散文里写过，小时候她母亲爱用盐水涮一盆水灵灵的大黄桃，我便也如法炮制，洗一洗，盐水泡一泡，大口咬一咬，咦？好像也没有那么神秘，不就是桃子嘛！

关于吃桃子这件事，也是有"脆桃派"和"软桃派"之分的。其实我是喜欢吃脆的那一群。有次在北京探访同学，他们是苏南人，爱吃水蜜桃，同学招呼我，递给我一只蜜甜蜜甜的大水蜜桃，我虽很满足地将蜜桃吮完，却大大咧咧地表示："其实我爱吃脆桃！"事后想来，十分不妥。

吾乡开始流行一种紫皮油桃，皮紫肉红味道好。前一年估计上市还少，偶尔见到几个，最便宜也要卖十四五块一斤，隔年大量上市，已降到6—8块一斤。据说这富硒紫桃是本地新近主推品种，树苗基础较好，又进行了品种改良，抗药性和生长性都极佳，避免了过量喷药，加上本地土壤富硒，所以结出的果是绿色生态无污染产品，营养价值也高。我专心选挑那种明显还残留着桃胶的紫桃，哪怕个头小，但感觉上更纯粹自然。这种桃子，倒是软趴趴的好，随手一掰，肉就离核，甜不过分，香气萦绕。

看到那桃核，想起我小时候有过好几个桃雕，印象最深的，是一只小桃船，两头弯弯，只得指尖大小。我喜欢给它穿上红线，挂着作饰品，可是因为它太细小，后来不见了，遍寻不着。那之后但凡我吃到容易脱核的桃，都会把核洗干净，排成队晒藏好，幻想着有一天能有双巧手细雕，雕出我心爱的小木桃。

葡　萄

　　母亲年轻时有门手艺——修钟表！她有小门面，专事修钟表，有乡人仰慕，特地托人将孩子送来学艺，于是母亲收了一个徒弟——长杉哥。长杉哥当年好像不过十七八岁吧？白净持重，笑起来很文雅的样子。长杉哥拜师行了很重的礼，接着就每天来跟母亲学习，师徒各坐一张修理桌，上面摆满工具，在母亲的指点下，一点一点琢磨那些精微的机械。

　　那时我正上着幼儿园，跟着录音机学会唱《小草》，每天回来对着大树根唱一唱："没有花香，没有树高，我是一棵无人知道的小草……"地上的小草点点头，我便很得意！后来又被母亲带去看《唐伯虎点秋香》，学会几句"叫一声二奶奶，听我表一表，我本是江南才子唐伯虎……"回来又对着大树唱起来，被路过的长杉哥听到，说："犯调（走调）了！真难听！"我朝他做做鬼脸。再后来幼儿园开放日，老师教孩子们剪纸贴小汽车，我做的汽车歪歪扭扭，拿回家被长杉哥瞥到："真难看！"我开始有些生他的气！

夏天很快到了，长杉哥家里来人邀请我们，我这才知道，他家有个大大的葡萄园，葡萄熟了得尽快采收，特地邀请师傅前去品尝当年新果，一同庆祝丰收，我也在邀请之列。虽说有些生长杉哥的气，但我怎么能跟葡萄生气呢？没几日，母亲将我穿戴整齐，随她去探访长杉哥家的葡萄园。母亲的自行车最后拐进一条南北笔直的路，道路两侧栽有高大整齐的水杉树，看着水杉齐刷刷往后掠去的影子，我心里想，难怪他叫"长杉"！

长杉哥家就在路尽头的一旁，青砖黑瓦，人很多。长杉哥父亲迎接出来，跟长杉哥的白净不同，他父亲脸色黝黑，母亲让我喊大大（dà，方言中称呼年长伯父辈），这位大大身材高大，眼眸漆黑有神，热情地尊母亲为"先生"。长杉哥的母亲温和朴素，长杉哥跟在后面腼腆地笑，招呼我喝水，我有些原谅他了。他家治了一桌丰盛饭菜，我沾了母亲的光，坐了上首，还不停地有人给我布菜，我早已把生气忘到九霄云外去啦！

激动人心的时刻终于来临，吃完饭，大人们挎起篮子、拿好剪刀、戴上草帽，去屋后的葡萄园里采摘葡萄……在童年的我看来一望无际的葡萄田啊……我简直走进了葡萄的海洋，高高的葡萄架披挂下大串小串，尽管烈日炎炎，藤架下却风凉又舒爽，我奔跑、雀跃，舒服得想躺一躺，可是人们让我尽情地吃，葡萄园中全是同样的品种——青葡萄，很快我便倒了牙！

回屋休息的间隙，人们将采收的葡萄分筐装好，又用脸盆端来很多零碎葡萄，请母亲和我品尝，我捂着酸酸的腮帮，很不情愿地看着母亲吃。下午，我一直在葡萄园玩到太阳西斜，吃过丰盛的晚茶，才坐着母亲的自行车回家。

长大后看电影《云中漫步》，片中呈现的葡萄园的美丽风景、葡萄园家族的浓烈人情……都让我不由自主地回到童年，想起去葡萄园的情景。长杉哥大概学了一两年就出师了，此后我再也没有去过葡萄园。

再后来，倒是暑假经常和表姐、表弟相聚，我们去街上买来葡萄当作零食。那时有一种叫作"乒乓"葡萄的，也是青青的，颗粒很大，不算太甜，但肉质厚实，籽粒细小，吃起来比较过瘾。我们会透过窗户往外面的小花坛里甩籽，比谁甩得远，隔段时间还要去看看，看到底有没有小籽发芽，看到底能不能长出葡萄苗来！

去吐鲁番时，领略了火焰山威力，然后走进葡萄沟，顿时遍体生凉。谷中处处可见遮天蔽日的葡萄架，架上藤叶丛中垂下红绿黄紫，随手就能摘来一串，用山泉水冲了，盘腿坐上维族露天床炕，大吃大嚼起来，不过，可别忘记付费！葡萄沟中还散布着阴干葡萄的土房，点缀着星星点点的墙孔，那是葡萄干的花房。是的，葡萄沟中也出售红绿黄紫各色葡萄干——甜、很甜、非常甜、非常非常甜——使人垂涎再三。

宁夏贺兰山麓经纬度位于世界葡萄种植的"黄金地带"，西有天然屏障贺兰山抵御寒流，东有黄河环绕形成独特气候，土壤质地也非常适宜葡萄生长，风土条件堪比法国波尔多，是能够酿出高端葡萄酒的绝佳产区。当地现有大大小小葡萄酒酒庄八十多家，已建立起详细权威的酒庄分级制度，试图引领国产葡萄酒行业向规范化发展。去银川时特地拜访过张裕摩塞尔十五世酒庄，庄园欧式而古典，展示区分布合理，地下酒窖也很有趣。从长长的葡萄藤廊下经过时，偷偷揪下葡萄尝一尝，很不好吃，酿造葡萄酒的葡萄大多这样，不具备鲜食葡萄的甜美，也没有悦人的口感，却会在深刻的酝酿与等待后，散发出更持久的浓香。比起品尝葡萄酒的芬芳，我更青睐阅读酿造葡萄名字时的快感——赤霞珠、霞多丽、品丽珠、长相思、赛美蓉、美乐、佳美、弥生、丹魄、白羽……单是读读它们，已被迷倒八分。

癞宝桃

　　幼年曾在医院对面住过，常看到有父母抱着小孩来看急症，看完病后，父母总会买点什么慰劳孩子，于是医院大门外就聚集了几个水果摊，卖香瓜、西瓜、苹果、梨子什么的。夏季时，常有老妇头上搭块汗毛巾，挎上竹篮，晃在医院门口凑热闹，篮子里黄灿灿一片，煞是惹眼！

　　从医院回转出来的孩子，虽还被父母抱在怀中，但精神似乎就好起来了——父母舍得掏钱买吃的！只见他们眼神灵活，左挑挑、右选选，目光往往最终落到那篮黄灿灿上，挺直了脊背，小手一指够过去——就要这个！

本来蹲着的老妇，看到孩子指明要自家货物，笑容舒心地弥散开来，带着打败隔壁水果摊的扬眉吐气，大方地将篮子敞开，任由孩子自己挑选。孩子拿到了心仪的金黄宝贝，左看看、右瞧瞧，激动得小腿一蹬一蹬，病也像去了大半……

这"黄灿灿"到底是什么？这个，还真有点难以描述——它约莫拳头大小，周身疙瘩、色泽金黄，划开它的"腹腔"，肚囊内伸出一条条摄人心魄的艳红小舌信，既丑陋又夺目，既粗鄙又绚烂，简直是魔鬼与天使、蛇蝎与艳女交织的美杜莎，看一眼都恨不得被它石化。事实上，虽也没这么可怕，但它真有一个过耳难忘的名字——"癞宝桃"。乡人称"癞蛤蟆"为"癞宝"，一只长得像癞蛤蟆的金黄桃，想想吧！

那些拿到癞宝桃的孩子，父母帮他们剥开外壳，教他们用小手拈起内里的红色小瓤，送进嘴中，我明明看到孩子们的表情都亮了，于是每每好奇，那到底是一种什么滋味？

但母亲从不给我买癞宝桃，她甚至搬了整筐的苹果回家，也从不问我一句想不想吃癞宝桃，她自动忽略了这种水果，更加增添了癞宝桃在我心中的神秘，她不知道我心里其实已经好奇得要死，非常非常想找机会一尝究竟。

终于有一次，大概是个熟识的姨妈，带了孩子来家里玩，人家比较年长，做主买了癞宝桃，给自家孩子和我一人一个，母亲倒也没有阻拦。我怀着无比激动的心情，掰开了癞宝桃，那些鲜艳的红瓤近在眼前，自己却忽然害怕起来，仿佛看到血虫在蠕动，我被这样的想法吓住了，一动也不敢动，默立沉吟着……

我这定住的功夫，别人家孩子已经一口气吃了好多，吃一个瓤吐一口籽，不一会儿，四周地上便满是一摊一摊的红水，使我愈发张不开口。

"咦，你怎么不吃？"一直和母亲聊天的姨妈突然问我，我不知该怎么答。"甜的！好吃的！"姨妈家孩子口衔红瓤，飞快凑近耳边告诉我，我把脸移开一点，犹豫着……好在她们很快转身继续闲聊，不再理我。

也不知过了多久，心情平复下来，我理智地觉得还是应该放下心结，勇敢地尝一尝！低头看看癞宝桃里那些红瓤瓤，这时仿佛也收敛起触角，不再是湿湿的蠕虫，并不会动。我吸口气，也学那些孩子，用手拈起一颗红瓤，仰头放入嘴中，吸一吸，吮一吮，"咦——像糖精，不好吃！"

对癞宝桃的迷之好奇终于被公正无偏的现实破解，我拿着癞宝桃，假装边走边吃，越走越远，经过小树丛，片刻回到家，擦擦手，不经意地告诉她们："吃完了！"

现住南京时，常经过珠江路地铁站，近年地铁口有人担了担子，满满一篮都是黄灿灿的旧相识——癞宝桃，也常有去儿童医院的孩子经不住诱惑，缠着父母买上几个。偶尔路过瞥见癞宝桃那满身的疙瘩，联想起旁边乞讨的多瘤汉，顿时头皮发麻、遍体生凉，禁不住打一个冷颤。

实际上，癞宝桃是苦瓜属的一种，苦瓜吃皮，癞宝桃吃瓤。比较多用的叫法是"癞葡萄"——也还比较客观形象——葡萄串般的癞子——反正表皮癞凹不平就对了！苦瓜没有那么强烈颜色冲撞，总体来说还比较容易接受，偶尔去菜场换换口味，拿根苦瓜向菜农讨教吃法，人家哂笑："我们农村人不吃苦瓜！"

"是吗？"我也一笑，嘟囔一句，"我也农村人，我不吃癞宝桃！"

玉 米

　　夏季的食物丰富多样——龙虾、田鸡、江糟、大麦粥⋯⋯
其中有一样，是我们几乎从一放暑假就开始惦记的——玉米棒，
俗称"棒头"。吾乡农家几乎早晚两顿都喝玉米细糁粥，玉米在
我们这个地区也算主粮之一，黄玉米在农民心目中的地位不啻
稻米、小麦。除了黄玉米，还有一种黏玉米，有白色的，也有
紫色的，产量没有黄玉米大，主要用于鲜食。

　　盼星星，盼月亮，盼了半个暑假，终于有一天，奶奶说玉
米可以吃了，今天来"窝"（长时间焐煮）玉米棒。她从田里掰

来许多新玉米，撕掉青青的玉米包叶，扯掉密密的玉米胡须。奶奶很有点舍不得，煮一锅玉米，倒有三分之二都是黄玉米，剩下三分之一才是白玉米或紫玉米，黄玉米的口感，远不如后两种玉米。玉米下锅前，奶奶用菜刀细斩玉米表面，据说能使其好煮易熟，这时玉米表层就会迸出乳白色浓浆，散发出浓浓玉米香。

玉米入锅，放水没过其上，柴火缓慢释温……我们焦急地等待着，感觉已经过去数个小时……等啊，等啊，隔一会儿就冲进灶房张望，除了锅膛内噼噼啪啪的柴火声，就是铁锅里咕噜咕噜的冒泡声……渐渐地，熟玉米特有的麦香开始悄悄弥漫、流淌……又过了好久，灶膛里的柴火渐渐平息，锅内玉米的香气由浓转淡……别担心！那些鲜嫩清香，都内敛进了煮熟的玉米棒，留待你去品尝。

刚出锅的玉米棒，烫得怕人！我们于是变成抓耳挠腮的猴子，匆匆拿起来，啃一口，"啪"地丢下，再匆匆拿起来，啃一口，再"啪"地丢下，唯有如此，才能止住腹中馋虫，不辜负漫长的等待。虽说最佩服那些能够不动声色、克制忍耐，等玉米棒稍凉后再一口口细心品尝的人，但那毕竟不是年少该有的模样，棒头冷却如同美人老去，错过了华年的盛放。

黄玉米棒耐嚼，白玉米棒黏缠，啃完后满手米粒，舔舔也香。啃棒头啃到腹中饱胀，心中又生一念想，觉得锅中的玉米汤，一定又甜又香。果然如我所料，喝一碗金黄的玉米茶，腹中不适顿如云消。这是我独家发明的消食方法，不知有没有其他人效仿。

有人说，"窝"玉米太不稀奇，他平生只吃一种玉米——烧玉米。男生们喜欢这么干——玩耍时路过玉米田，信手掰下几个看得上的，回家剥了皮、撸了须，往"火叉"尖上一戳，伸进母亲烧得正旺的锅膛，左转右转，劈啪作响，或埋进有余温的火灰，慢慢焐香……烧好的玉米，就是一副焦头烂额的模样——烫？肯定烫！从这只手扔向那只手，两手扔、满嘴吹，扔扔吹吹盼它早点凉！黑？当然黑！埋头只顾啃玉米，满手灰，一嘴黑，哪里还谈什么形象？香？确实香！所以值得你瞅准时机、挖空心思，忍不住一尝再尝。

玉米很快就老了，全部被掰回家，每日搬进搬出，晒干才好屯粮。我们的"交易"（任务）又来了——剥玉米！晒干的玉米被堆进一个大圆匾，交给你一把尖尖的玉米钎（剥玉米棒的辅助工具，丁字形，钎头尖，钎身扁），用它把玉米棒钎出豁行，再顺势扳下整排玉米粒。有人会借力，拿一根玉米梗卡进玉米行槽之间，轻巧一拧，推挤出整排玉米，灵活省力。

我们常常把作业桌搬到圆匾旁，做会儿作业，剥一点玉米，学习工作两不误啊！

芦 穄

炎夏酷暑，白日里跟着伙伴四处疯跑，蚊烟阵里早早吃过夜饭，无事可干。小姑会说："晚上跟我去瓜棚里睡吧？扳甜秆儿给你吃？""好！"我自然是一百个好！

瓜棚就在田埂旁，是一张有草屋顶的凉床，后面一整片瓜地都属我们家，晚上睡瓜棚是为防止有贼来偷。大多数时候是爷爷去看瓜地、睡瓜棚，偶尔轮到小姑去，她会哄我一起，大约是给她壮胆。

小姑打着手电筒，我俩晃到田埂旁。小姑拿起凉棚里的蒲扇，帮我赶好蚊子、放下蚊帐，说："你等等，我去帮你扳甜秆儿！"我于是静静躺进蚊帐，听棚前水渠里的蛙声，听周围瓜田里的虫鸣……过一会儿，小姑掀开帐子，塞给我两根凉凉的棒子："喏，甜秆儿！"然而我并不吃，只是抱着甜秆儿，慢慢睡去……其实跟着小姑来睡瓜棚，并非嘴馋，只是贪图这漫长夏夜的漫天星光，以及露宿田间的刺激清凉……

"甜秆儿"又叫"芦稷"，是种糖高粱，也有写作"芦穄""芦黍"或"芦粟"的，它就长成高粱那样，种在瓜田或玉米地边上。有时母亲们哄孩子，也将玉米秆儿掰下来充作甜秆儿。

因为气候原因，我们这里热天不够长，甘蔗没长熟已遭秋霜。不过不要紧，我们这里有芦稷，等天热起来，早早下种的芦稷穗头变红，这糖高粱便成熟了，孩子们会时不时跑进田里，扳（砍）下芦稷秆子，甘蔗似的截成几段，几个人分分，欢快地嚼起芦稷去……

与甘蔗的紫红不同，芦稷多为青色，节疤也较甘蔗细而长。会吃的人就懂，"甘蔗老根甜，芦稷到梢甜"，挑甘蔗要挑根部，水多汁甜，挑芦稷则是梢头最甜美，靠近根部的芦稷秆儿，木渣渣的，毫无嚼头！甘蔗的甜，是红糖，比较浓郁；芦稷的甜，是白糖，比较清爽。

掰芦稷、砍芦稷、吃芦稷，一定要小心，它的外皮消薄而锋利，有时难免割破手和嘴皮，为之付出"甜蜜的代价"。有资料称芦稷长出红心便成为了"糖心芦稷"，会变得更好吃。这简直是异想天开！记得我们从小就被告诫："红的部分不能吃！"和甘蔗一样，芦稷中间长成红色的部分可能感染了串珠镰刀霉菌或节菱孢霉菌，吃了有可能会导致中毒，怎么可能成为"糖心芦稷"呢？

最晚收的芦稷，可以晚到寒露前后，成熟的芦稷如不及时采收，很快会收缩变硬，而收割的熟芦稷最多只能存放三四天。

在种植芦穄较多的启海、崇明一带，沙地人想出好办法——"填芦穄"：将来不及吃的芦穄整棵拔起，选无虫害、无霉变的交错放进齐膝高的地坑，留足空气流通空间，外层用泥土封闭或河泥隔绝，类似于吾乡存番芋的番芋塘。冬日里，各家相继开启芦穄塘，深埋其中的芦穄因水分蒸发而愈加甘美，为漫长冬季带去久违的甜蜜。

乡人惯用一种笤帚，扎笤帚的原料叫"苗子"，这"苗子"便是芦穄穗子。芦穄穗子可以扎成相当牢固耐用的"苗子"笤帚，现代装修中顽固残留的砂石砖砾，非"苗子"笤帚不能清扫。以前主妇们洗锅刷碗时，爱用"苗子"扎的锅把儿（锅刷），软硬适中，非常实用。"苗子"还有一种名不见经传的用途——"辟邪压惊"：人们将苗子扎的迷你笤帚，挂于孩子童车或床头，抱孩子走夜路时也裹在斗篷下，作辟邪驱恶之用。

芦穄的穗实部分不是不能吃，只是采收太麻烦。有人专喜欢吃芦穄磨成的高粱粉，认为比较黏糯细腻，比糯米圆子口感更好，颜色也美，粉粉的。据说早前宁波冬至旧俗必以芦穄粉搓圆子，叫"芦穄汤果"，后来才逐渐改为糯米粉圆子，加番薯粒、年糕片，叫"番薯年糕汤果"。

多余收获的芦穄，可用于制酒，将芦穄（糖高粱）、高粱等按一定比例酿制，能出绵甜柔和、回味悠长的高粱美酒。民间故事中，西施的外公就酿得一手上好"芦穄烧"。至今，杭州、义乌、诸暨一带还保留着农家自酿"芦穄烧"习俗，有的农家自酿"芦穄烧"甚至名号为"小茅台"。

蘘荷

　　直到女儿五六岁自己看动画片，我才开始正式了解它——

　　"樱桃小丸子"有一集放到小丸子吃茗荷忘事，女儿问我："茗荷是什么？"我盯着屏幕上那个尖尖嘴的植物根茎，沉吟："虽然我知道它是什么，但我不知道它叫什么，你外公最喜欢吃它，但也有人很讨厌它，老家方言里喊它 ráng he。"我虽然说了半天，但又像什么也没说出来，如同说了一则谜面，而自己最后又揭示不了谜底……

百度了好多超链接，才算理出点眉目。没错儿，其实它的学名就叫"蘘荷"（ráng he），吾乡发音再正宗没有。它有很多别名：阳荷、元蕚、山姜、野姜、观音花，古称"嘉草"，原产我国南方，川黔闽湘多有栽培，江苏大概只有南通境内地区有，许是因为这一块自古为流人移民之地，长途迁徙带来的罢？

小丸子里"吃茗荷忘事"的说法来源之一：释迦弟子周利磐特善忘事，最后连自己的名字也忘了，于是找释迦求自己的姓名牌，但竟然连这件事也忘了，最后到死也没有想起来自己叫什么。周利磐特死后，墓边生出一种草。人们因"他负荷着自己名姓的痛苦"，取"名""荷"二字命名这种草，说此草能忘事。我们的佛经里，也有周利磐特善忘事的故事，但那是因为他有真智慧，最终了悟佛法，圆寂后墓前生草，食之可忘记忧愁、烦恼、贪欲。看来，比起诗经中能"忘忧"的萱草，蘘荷的忘记更有禅意和佛性。

作植物考：蘘荷是姜目姜科姜属，跟我们常见的生姜算近亲，但生姜花开顶端，蘘荷花生地表。我们食用的部分，就是蘘荷长出地面的花蕾。蘘荷有姜的脾性，喜阴凉，爱挑屋后墙角处生长，蘘荷也随了姜的风格，气味冲冽，爱者如蜜糖，恶者如砒霜。

蘘荷比姜美：姜是块茎，蘘荷是花蕾。蘘荷的叶子像竹，平和舒展，见之忘俗。初秋蘘荷打蕾，花苞如竹笋般破土钻出，尖头青紫身，嘴将张未张，内敛又张扬。

日本人既喜欢芥末，那喜欢蘘荷也就不稀奇。在日本，蘘荷作为典型的秋季元素，被广泛运用于汤、小菜、寿司、天妇罗、荞麦面等各式料理中。蘘荷和芥末一样，都有种呛口、强烈、辣气冲到鼻后跟的怪腔；也有点像芫荽，自带荤腥臊，却又比芫荽清冽凛然，更具草木气。除了东亚，南洋料理中切丝拌叻沙的姜花，我疑心也是蘘荷。在吾乡，蘘荷是种一期一会的蔬菜，只在秋季短短可寻，他时他日他地都无此滋味，且吃且珍惜。

父亲属于爱蘘荷的那一群。夏末蘘荷出土，晨光中他便去门前屋后摸上几个青紫蘘荷，流水冲洗，顺丝剖开，白心绛丝嫩红片，加盐略炝，浇一勺檐前自酿老豆酱，淋麻油拌匀，霞光里喝粞子粥的筷头菜便诞生了。午饭在家喝酒的话，他也爱挖来蘘荷，磕去湿泥，切丝与翠绿毛豆同炒，素鲜下酒，偶有香菇、肉丝、榨菜烩入，色味绝美。我便是被这种清鲜所吸引，最终从深恶蘘荷那群投诚到享受蘘荷那群里的一个。关于蘘荷，祖母辈的人，更是有种老式吃法——腌蘘荷酱：将蘘荷丝渍入豆酱，蘘荷气息渗入酱香，以之烹煮肉类，增添奇芳异香。

日前，有位爱下厨的老同学，专门就蘘荷该横切还是竖切展开过讨论，结论是竖切形状更美，横切滋味更妙，至于怎么个妙法，我至今不知，也许该亲自动手，仔细体会后才能悟得其中三昧。

菱 角

费牙的果蔬，甘蔗只能排第二，第一非菱角莫属。

幼年秋凉，亲戚朋友来访总会捎来菱角。有两种：一种青菱，长一对"羊角"，面青青，煮熟发褐，小只嫩一些，捏捏较软；另一种红菱，"羊角"能到两对，一正一副，面赤赤，煮后暗红，一副怒发冲冠铜豌豆相，端的不好惹！

说实话，菱角一股水潭气青涩味，且铠甲护身神色凛然，剥开来也白渣渣木肤肤，噎人的狠，惹吃吗？不惹吃！同为水生蔬果，荸荠则讨喜得多，高贵的紫、洁净的白、松脆的嫩、甘沁的甜，可蒸可煮、可炸可炒，男女老少，无不爱它；莲藕亦讨巧得多，出淤泥而不染，濯清涟而不"涩"，中通外直，香远益清，菜中君子，宜乎众矣！

乳牙未落时吃菱角，妈妈帮我用牙咬开，剥出来放小碗，我却总像吞白煮蛋黄，干干噎噎；换牙后，妈妈换成用菜刀砧板剁开菱角，每次手起刀落"端"地一声，叫我心惊肉跳，对半劈开的菱角切口平滑，却总被吮咬啃吐得疙疙瘩瘩，愈发不爱。

上学后，偶尔也在乡间做席时碰到，菱角滑炒肉片或藕，嫩涩涩的，依旧一股水涯气，姑且能吃罢了。读高中，外婆有时会来学校看我，捎来菱角，也只是大概咬咬，有一搭没一搭，无所谓好，无所谓不好，如同那段形同费掷的时光，不通世情，不晓春秋。

按部就班的人生终会走向而立，有次去到洪泽湖边吃船菜，彼时我仍为猛将，十几道菜，鱼肥虾鲜，船宴过半，旁人早已饱足落筷，纷纷坐看我继续吃将，吃到末了，起腻难免。有砂锅上桌，甫一揭盖，哗！粥色似藕，菱角隐现，寡稠得宜，暗香合度，众目睽睽下，连喝三碗，通体舒泰。这才醒悟——菱角从来不算惊艳的主角，却是熨妥的归宿，误解了它的苦噎滋味儿，只因从未温柔地遇见对待。

流月无声，每每天凉秋好、蟹壮桂香之时，不再让它溜出眼帘，能兴致盎然剪开外皮，剔出果肉，滑入一锅温软稠密的白粥，些许红糖，算作胭脂，氤氲出岁月绵长的温暖，替换掉菱老粥黄。

有时觉得，也许所有横冲直撞的爱情，终会归服最后一碗用时光熬成的菱角粥，软糯温香，举案齐眉，气顺意平。

花　生

　　吾乡老爷们喝酒前，事先要吩咐老太们剥好一捧花生，冷油下锅炸过，拌盐端上桌过酒，边吃还边捡起一粒，笑眯眯地告诉小孙子："这是长生果儿，吃了长寿，好杲杲（东西），个懂?"

　　花生处处有，吾乡小花生却别具风味。早先我也不懂，离乡生活后，买来的花生无论炒或煮，始终不对味儿，为此我曾将干货店的花生都试过，每次换一种，粉的、赤红的、乌黑的……都吃过，都不是乡味，这才明白原来花生与花生也有诸多不同。1932年的《中国实业志·江苏省》中载：如皋小花生颇具盛名，即莲子花生，植株直立，俗称"拔生"，种皮紫红色，喜庆节日常用。另有"小麻荚"花生，荚细长，粒多而小，煮制咸花生味最美。

初秋花生新收，时鲜得很。洗去外壳的泥，麻壳里躺着两个白胖子，水气未脱，表皮饱鼓，生吃兼具荸荠津甜与豆类涩香，比水果有营养，比干货润肺肠。有人说花生生吃须晒两个太阳才将将好，少了则土腥发苦，多了则老硬不甜，硬是将生花生也吃出熟火候。鲜花生通常煮来吃，捂一锅水汲汲的嫩花生，添些结实糯面的香堂芋，端一盆酱香老番瓜，红白橙黄，好一顿富饶喜气的农家大丰收！吃不掉的盐水花生，风晒后耐存放，当零食抓来吃，咸香咸香。

浓缩的都是精华，吾乡花生精华全在"瘪子"。剥干花生，乡人习惯按大小分拣。奶奶说："一角花生剥开来，有参（大）有瘪（小）。'参'的一堆，拿去炒，不焦，'瘪'的一堆，单独放，骗好吃宝儿。"瘪子花生皱得发紫，瘦干瘦干，好比苹果中的"婆婆脸"，入口却是甜香。我便是乡谚"烧饼吃屑子，花生吃瘪子"中的好吃宝儿，爱吃瘪子，生吃最妙！最爱捂好几粒瘪子同时入口，使劲嚼，嚼嚼又甜，嚼嚼又香，油润得刚好，营养得刚好，没有坏脂肪。

除夕前，家家户户都炒花生。农家大铁锅里放粗沙烧热，花生连壳下锅翻炒，香味一飘、壳子一黄马上起锅，过筛放凉入坛，吃到正月里。不知为何，炒花生、炒焦屑这种事，炒时总比吃时香，香在锅里时馋虫最旺，等炒好了，反倒想不起去吃了。吃炒花生，母亲从来不准我们学人家碾掉外皮，她念念叨叨"花生衣是药，谁谁谁血小板低下，医生就叫专吃花生衣才好……"反正我更爱吃生花生，生花生衣碾不掉。

炒花生干燥焦香，天生带种强制热情，春节去拜年，主人家总要抓把花生，非塞进人家手里才甘心。奶奶的老姐妹们来串门，看她们亲亲热热地同坐长凳，剥把炒花生，丝丝微妙情

266

谊暖漾我心。小时候，电影院门口的杂货店也卖炒花生，用玻璃罐子密得严严实实，吃多少称多少，拿废纸糊的袋子装给你，来看电影的情侣们总喜欢买一点，亲亲热热分来吃，恋情同炒花生一样香。

最近某镇有户人家，发明了一种加工方法，拿花生先煮再烤，出来的花生衣薄似纸、松脆咸香，十块一斤，也可自己带花生去，一块半加工一斤，广受欢迎。这种本土产品，没有品牌、只有招牌，无添加、绿色营养，真希望越来越多、越做越好，便是吾乡花生有福、乡邻有福。

桂　花

　　童年有位好友，皮肤洁白、歌喉清脆。有段时间常觉得她很好闻，她偷偷告诉我，她在枕头下压了一瓶小小香水，桂花味儿的，每天涂一点。童年另一位好友，头发乌黑、眼睛圆圆，活像个洋娃娃。她家离学校很近，下午两节课后常带我去她家喝水，草莓成熟时，她摘下院子里的草莓，洗净后捧来糖罐，挖出几大勺洒上，颇有些得意地跟我讲，"自家酿的桂花糖！"桂花的气息，真像少年时的友谊，馥郁温暖、幽远绵长……

　　几乎没有人不喜欢桂花。它是很中国的植物，树形美、名富贵、花质朴、香悠远。同时也应该是食用范围最广泛的花卉——桂花酒、桂花糖、桂花茶、桂花羹、桂花糕……桂花入馔，淡雅清新，馨香悠长。

　　桂花酒。每个中国人，最早认识的桂花树，大概都是那棵遥远月球上的桂花树影。小时候，暑天日长，傍晚，外婆催我们早早吃过夜饭，支起竹匾，用井水仔细擦得清凉，将洗过澡的一群"猴子"赶上去，乘风凉。等她收拾停当，夜幕已临，我们肩并肩安静躺在凉匾上，望着灿烂的银河和皎洁的月光，说是月亮上有个人，叫吴刚，受天帝惩罚，弯腰砍一棵桂花树，砍完就长，永远也砍不断。如果你一直盯着月上桂影，思考那种循环往复的哲学，很快就会昏昏欲睡。如果你流连银河，追寻牛郎和织女的足迹，便始终专注警醒，丝毫不会有睡意。都说吴刚捧出了桂花酒，我却始终惦着氤氲桂花香的酒酿，那是我们孩子都能喝的桂花酒，久饮不醉啊！话说吴刚与桂树的交情，一直为国人所惦记使用，在因桂花得名的桂都"桂林"，迄今还有"吴刚牌"桂花酒生产出售，据说，常熟虞山下的王四桂花酒也不错，是很有特色的地方佳酿。

糖桂花。习惯总叫作"糖桂花"而不是"桂花糖"，我想这里"糖"是名词作动词用，即"用糖腌渍的桂花"，"糖桂花"侧重援引桂花香而"桂花糖"则侧重食用糖。吾乡桂花以金桂、丹桂、四季桂等品种较为常见，一般来说，金桂的香气较馥郁，渍糖最香，丹桂橘红，渍糖艳美，腌渍中，白糖、红糖、冰糖、蜂蜜、麦芽糖都有人使用。收集桂花亦有乐趣，搬长竹竿敲打桂花枝，落花纷飞如雨，千万别用手去"掐"或"撸"，莽撞又匪气，敲落的桂花，多少还能得些"人闲桂花落"的优雅。洗净的桂花要焯水，去掉些涩气，然后就可以一层桂花一层糖地交替压实，静静等待封存沉淀后的甜蜜。

桂花茶。桂花入茶饮，有药用，李时珍在《本草纲目》中赞桂花，能"治百病，养精神，和颜色，为诸药先聘通使，久服轻身不老，面生光华，媚好如童子"，所以桂花是实实在在的养身之花、美容之花。桂花与茶的窨制，拓展了茶的风味，延伸了桂的清雅，桂花烘青、桂花乌龙、桂花红茶都拥有怡人的香气，悠远质佳。桂花饮中最出名一道是"桂花酸梅汤"，正宗酸梅汤一定是拿乌梅、山楂、甘草、冰糖熬制而成，再加桂花提香，生津消暑、解腻开胃，效果最好就数它。

桂花羹。大学时，有位同窗美人爱去"芳婆糕团"吃"桂花糖芋苗"，初听其名，不免好奇，"芋苗"究竟是个啥？其实吧，这只是对芋头籽儿的"亲昵"称呼——还未长成大芋头的小"芋籽儿"，不是芋头的"苗"，又是什么呢？金陵著名小吃中，"桂花糖芋苗"、"桂花蜜汁藕""桂花夹心小元宵"等随处可见"桂花"倩影，"桂花糖芋苗"就是一碗桂花芋籽儿藕粉羹，色泽清雅，质地酽稠，尽得金陵美人之气韵。

桂花糕。各地桂花糕有不同版本，基础原料大同小异，不外乎粉、糖、花。"粉"，有可能是糯米粉、籼米粉、马蹄粉等，"糖"有可能是白糖、红糖、冰糖等，"花"自然就是桂花。有次腊月，去买年糕，店家强烈推荐桂花手工年糕，说："南通的桂花年糕最好，晓得吧？"

总之，桂花像位贤惠的女子。

柿 子

　　吾乡原产水果不多，柿子是这不多水果之一。父辈及以上那代人提及喜欢吃的水果，很多回答都是：柿子。

　　柿子树如同乡间庭院最普及的桃子树，作为果树的存在，默默点缀乡土的单调与平凡。总是从青青的挂果开始，乡间少年们就开启了焦急的等待，直到秋高气爽，柿叶开始转燥，柿子才渐渐有了理想中的模样——玲珑饱满。可还是青涩，性急的少年盼着早日将之摘下，埋进粮堆，要不了几日，柿果自会转红，便可大快朵颐。

　　老奶奶们则盼望另一种美味，隆冬来临，春节将至，采买年货时如能买上一包柿饼，该多么令人欢喜！柿饼的甜、香、糯、软，均为别的年货所比不上，缺了牙的老太太，磨磨唧唧，吃两口软柿饼，这年才算甜美。

原产中国的柿子，天生具有乡土情怀，从不挑剔山川、丘陵，从不要求肥料、气温，粗粗率率地成活、长大，红红火火地变熟、摘果。柿子最早产于在我国长江流域及以南地区，后来，柿子遍植北方各地，也被北方居民视为佳果，发明出除鲜柿子、柿饼以外其他有趣的吃法。小时候，看秦文君小说里提到"冻柿子"——东北人家，冬日将柿子丢到室外，随它去冻，想吃时提前拿回屋，丢进凉水中"缓"，直到结出一层厚厚的冰壳，磕破那冰壳，就能体验到"冻柿子"的绵甜鲜软。早先，由于食物匮乏，加上没有水果保鲜技术和运输贮藏条件，利用气候优势形成的冻柿子（冻梨），几乎是东北普通人家冬天能吃到的唯一水果。以后有机会冬季去东北，千万得尝尝这种美味！需要勘误的是，北方尤其是东北，惯常将"西红柿"简称为"柿子"，所以"柿子炒鸡蛋"一定不要认为是"柿子"炒鸡蛋，其实是"西红柿"炒鸡蛋。

以中国之大、培育品种之多（约 300 多种），柿子家族成员可以说是非常丰富了。按口味分，可分为甜柿、涩柿（完全涩柿、不完全涩柿）等；按色泽分，可分为红柿、黄柿、青柿、朱柿、白柿、乌柿等；从果型上分，有圆柿、长柿、方柿、葫芦柿、牛心柿等。特别著名的品种有：河南渑池牛心柿、河北（山东）莲花（镜面）柿、河南（陕西）鸡心黄柿、河南（陕西）尖柿、浙江杭州方柿，此六者，被誉为中国六大名柿。此外，大别山罗田甜柿、陕西临潼火晶柿，陕西华县陆柿，陕西郴州尖顶柿，山东青岛金瓶柿，山东益都大萼子柿等均为名种良柿，皮薄、汁多、肉细、味甜，深受人们喜爱。

很多人不喜欢吃柿子，却独爱吃柿饼，说是柿饼绵软津甜，食用是种享受。有一种柿饼，形状特别，不像吾乡柿饼圆圆扁扁，而是大尖枣型，这种柿饼是由新鲜尖柿子吊着晾晒风干而成，自然成型，形态饱满。陕西富平"吊柿饼"便是其中优秀代表，富平吊柿饼遵循古法工艺，精选上等色泽、体格均匀的尖底柿子，先后历经采摘、折挂钩、削皮、架挂、捏心、下架、出水、合饼、潮霜等12道加工工序，纯天然悬挂风干，自然晾晒出霜，制成后的柿饼润泽红亮、醇厚甘香，最令人叫绝的是掰开后其内瓤晶莹流淌，这种天然"溏心"，所谓的熔岩蛋糕，哪里比得上？

陕西还有一种特殊的"柿饼"——"黄桂柿饼"。这其实是种面饼，选柔软的临潼火晶柿子，剥皮搅碎，与面粉和成黄澄澄的柿子面，加上豆沙、桂花糖等配料，做成小饼，油煎而成，类似于"南瓜饼"。国外料理中柿子面包、柿子蛋糕也屡见不鲜。

其实，日本、韩国国民也都很喜欢柿子。在日本，柿子的深加工产品很多：不仅制成食品，如风味柿果糕点、腌渍果品、保健饮品、柿子宴席等；还制成日用品、美容护肤品等，比如柿涩面膜、洗面香皂等；其中柿饼更是代表了长寿与好运，作为新年期间必不可少的传统元素，用来装饰年糕。柿子是韩国物美价廉的农产品，这个民族喜好红彤彤的柿饼，春节期间会互赠柿饼礼盒作为年货。韩国有一种传统饮料——"水正果"，以生姜、桂皮、柿饼、松仁、蜂蜜等为原料烧煮成茶，宴席中用来款待不饮酒的客人，逢年过节也有全家饮用的传统。韩国主妇还将柿饼包裹核桃或栗蓉制成美味的"柿子卷"，沾柿饼汁食用。

谈柿子，我不得不提起一种宝石——南红玛瑙。它是玛瑙的一个种类，古称"赤玉""琼玉"，质地细腻油润，为中国独有品种，如今已与和田玉、翡翠形成三足鼎立之势。南红历史上产于云南，以保山地区矿产为佳，后作为深海红珊瑚的替代品走上藏区装饰品舞台，清乾隆年间，随着保山矿料的枯竭，南红开采逐渐绝迹。前些年，市面上重新热门起来的南红玛瑙，主要产自四川省凉山洲美姑县发现的新玛瑙矿，为区别于已绝种的老南红，称为"新南红"，但在一些老玩家手里，也还是有真正老南红流转的。老南红玛瑙中有种浓郁美丽的"柿子红"，其色如柿、其质如胶，温润自然，以"柿子红"指代尤其传神。要识别真正的老南红，只要对照着成熟柿子的胶质感去辨认，至少能拿捏准六成！

　　据称，柿子有七德："一寿，二多阴，三无鸟窠，四无虫蛀，五霜叶窠（可?）玩，六嘉实可啖，七落叶肥大可临书。"品质如此高雅的柿子，以其吉祥喜庆的颜色和丰厚圆硕的造型，具备了寓意深远的文化性。书画家喜欢以之入画，火红的柿子在国画中代表了红红火火、一片丹心等美意。"柿"又谐音"事""世"，古人便将种种喜庆内涵融入其中——"柿柿（事事）如意""好柿（事）成双"等，齐白石就很爱画柿子，还总爱题上"世世平安"一类的吉祥字句，并自喻"柿园先生"。玉雕等工艺品中也常以"柿子"元素，传达平安美好的祈愿。

橘　子

　　在外婆家院子里，可以看见墙内有两棵树，一株是橘树，还有一株也是橘树。

　　橘树是我跟表姐的好朋友。清晨，我们在橘树下洗脸、刷牙，白天，我们在橘树下拔草、捉迷藏，晚上我们在橘树下吃晚饭、乘凉……橘树听过我们所有的傻笑、痴话、癫狂……有时做了错事，外婆追着我们跑，我们绕着橘树跑了一圈又一圈，看外婆追不上我们，笑得直不起腰……

　　奇怪的是，这棵橘树就是不结果！我们日盼望、夜盼望，想要在它身上找到个把小橘子——没有！就是没有！光开花，不结果！我和表姐想来想去，觉得莫不是刷牙洗脸水倒太多，土壤不肥啦？还是我们拖来拽去太多，把树给扯坏啦？从此以后，从橘树那里走，我们就会小心翼翼，生怕粗手粗脚碰坏它们，刷牙也躲得远远……

有一年，那橘树突然白花盛开，倒是结出不少橘子——碧绿的小橘球，一场暴雨过后，被打落不少，硕果仅存的那些，终于长大成"橘"，一日日膨胀，但始终青绿，丝毫没有发黄迹象——直至离开枝头。

"橘生淮南则为橘，橘生淮北则为枳"，我们这个江北地区，离淮北又不远，橘树结不出大果子也很正常，即便偶尔结出大橘子也不太好吃，皮粗泛绿，和水果摊上卖的橙黄橘子口感相差甚远！

小学时候有个好朋友，吃完饭会一起去上学。大概是四五年级，我俩都学会了骑自行车，中午空无一人的街道就成为我们最好的练车道。我俩的赛程也很固定——我先骑车抵达她家，一起啃块番芋或麻萝卜，然后出门一起骑到大道上，停在路途中点的水果摊，每人花五毛钱买一个大橘子带上，继续骑上自行车花样表演——什么脱手骑车、双人骑车、"猫儿洞"（钻三角杠）等。我俩每每进行比试，除了比赛自行车绝技，还要比比谁的橘子更大、更甜、更香！长大后，每当剥开橘皮闻到桔香，我便会想起那些无人看顾的午后，我们自由自在地骑行、无忧无虑地成长。

幼年时，人们物质普遍不丰裕，无论是橘子的叶，还是橘子的皮，都是有用的对象。天热以后，外婆常揪下几片绿色橘叶，泡上一茶缸水，放凉后给我们解渴。人们将吃橘子剥下的皮，仔细收集好，摊到窗台晾干，喝茶时爱惜地取来一块，泡成清香的橘皮水，说治喉咙疼。

小孩子都喜欢吃橘子，吃不到橘子时，会分外怀念这种甜甜的水果。记得有天从学校回家，不是橘子季却突然很想吃橘子，就跟母亲碎碎念："想吃橘子啊！想吃橘子啊！"那天不知是我有心灵感应还是怎的，母亲还真有办法给我变出橘子来！她叫我躲到门外，捂起眼睛不许看，等她说"好了"才可以进门。我一开始当然遵守，但听到屋内窸窸窣窣声音时，忍不住好奇心，猛地跳进屋里看。母亲一时来不及隐藏，手里的东西曝光了——她拿着一袋橘色的什么东西，正往杯子里倒！我抓住她的手："这是什么？"母亲笑而不语，我嗅嗅杯子里的橘色粉末，咦，一股橘子味儿！"到底是什么？"我好奇极了，急切地想知道答案。

"这个啊，叫橘子粉！"母亲不急不慢地解释，"用水泡一泡，就能泡出橘子水来啦！爸爸出差刚带回来的——"原来她有这么个神秘武器，难怪爽快地答应我根本毫无道理的请求！我甜甜地喝上橘子汁，真高兴以后随时都能尝到橘子味啰！

在橘子粉出现之前，还有过几种橘子味道的存在。那时有一种叫作"橘子原液"的东西，像盐水瓶一样的玻璃罐，装着满满橙色液体，稠稠散发橘子香，母亲从来都是兑水给我喝，导致甜味儿很淡，我总会抓住机会直接灌，然后含在嘴里一点一点往下咽，这才有点橘子甜好不好？那时有人探望生病的大人，会带来金贵的水果罐头——糖水橘子（梨子、苹果），那种水果罐头铁盖很难开，要用启罐刀敲上好久。长辈们会分些糖水橘子给我们，可惜罐头橘瓣往往酸苦，难吃极了！橘子汽水偶尔可以喝到，全是糖精味道。世上最香甜的果汁，永远是记忆中的"橘子原液"。

菊　花

　　小学时，常在中午路过一位同学家，在她家磨磨蹭蹭好久，才一同奔赴学校。她家不过是几间瓦屋、竹篱笆，却在门前种了各色菊花，有细密如豆的小野菊，有泛着青绿的杭白菊，有大朵明艳的蟹爪菊……微风拂过，吹来阵阵药香，醒人耳目。我们采下饱满的白菊泡水喝，舒爽又清凉，有时我们也采菊编织，做成小戒指或花环，互相带着玩。

　　梅兰竹菊，花中四君子，菊，花之隐逸者也，用以寄托名士傲骨。"采菊东篱下，悠然见南山"的境界，我们也懂，这全拜同学家那一丛丛菊花所赐，眼见着天气渐寒、秋霜渐染，菊花们仍傲然挺立，妆点秋日田园。

菊与螃蟹，原本就是同季。普通人赏菊，自然不及《红楼梦》中那帮姑娘风雅——"咏菊""问菊""菊梦""簪菊"……但品蟹却能做到"酒未敌腥还用菊"——在现代的筵席上，吃蟹的同时，也会随之上来一盆漂着菊瓣的花水，供客人们吃完后洗手祛腥。

作为我国传统本土名花，菊花除作园林观赏以外，最重要的用途就是药用和茶用。药用菊花主要产地在浙江、安徽、河南等地，菊农每年9—11月分批采收盛开花朵，阴干、焙干或晒干使用，著名的药用菊有"亳菊""滁菊""贡菊""杭菊""怀菊"等。中医认为，菊性寒，得天地之清气，历经寒暑，有清热、解毒、明目、祛风、平肝等功效，药用菊按颜色主要分为黄白二种，其中黄菊花多用于散风清热，白菊花多用于养肝明目，所以在种植"杭菊"最广泛的桐乡地区，黄菊惯作药用，白菊惯作茶饮。杭白菊中未开放的花蕾采收后叫做"胎菊"，色泽金黄、味道纯正、寒凉去火，而比胎菊更小些、完全没有开放的菊花花蕾加工后称为"菊米"，菊米只有绿豆大，去火降脂效果却最为出色。

菊花泡茶，据说始于唐朝，至于明清，更是作为清凉茶饮用。与茉莉花茶、桂花茶不一样，菊花入茶，并不窨制，而是直接与茶叶搭配冲泡。菊花泡龙井，称为"菊井"，菊花泡普洱，称为"菊普"，菊花、桂圆、葡萄干、枣子、荔枝干、冰糖等搭配云南春尖茶冲泡，就是西北人惯饮的"三炮台"（指茶盖碗由茶盖、茶碗、茶托三部分组成），这种茶甜蜜甘香，是著名的地方特产。在闷热潮湿的两广地区，街头常见凉茶铺，其中一味热门凉茶，就是取白菊、桑叶、夏枯草等为原料煎制的夏桑菊茶，这道凉茶药食同源、芳香甘美，为秋冬防肺燥、春夏祛暑湿所必备。

相识的老中医一直跟我谆谆教诲，要去可靠的药房和医院抓药，哪怕只是菊花这样普通药（食）材，也须经过严格甄选，毕竟市面上入口的东西，不合格的太多了。菊花作为人们日常最多使用的花草，最大的安全问题就是"硫黄熏蒸"，"硫黄熏蒸"是历史上曾用来给花草脱水的传统工艺，硫黄熏蒸后的花草不仅会损失成分，还有二氧化硫残存，长期饮用危害健康，会导致黏膜细胞变异，对人体的呼吸道黏膜、消化道黏膜、肝肾功能造成损伤。因此，从2005年起《中华药典》就不再允许使用硫黄熏蒸法。目前市面上菊花产品良莠不一，有的厂家为了卖相好看，仍偷偷使用硫黄熏蒸制花，如果你泡到味道发酸的菊花，请一定要小心！

据说慈禧太后有个保养秘诀，每到秋菊怒放之时，总命人采摘大朵菊花、野菊花，曝晒后制成"菊花枕"，置头下就寝。这一方法古已有之，南宋陆游便有"收菊做枕"的习惯，分别有"余年二十时，尚作菊枕诗"（《剑甫诗稿》），"采得菊花做枕囊，曲屏深幌闷幽香"（《偶复采菊缝枕囊凄然有感》），"头风便菊枕，足痹倚藜床"（《老态》）等诗句流传。菊花入枕能充分发挥它清热疏风、益肝明目的功效，难怪西太后青春不老。

枸 杞

　　童年在田野上游荡，天地给予孩童无限快乐和灵感。

　　春天是采摘的季节，杨柳、槐花、蒲公英……夏天是捕捉的季节，知了、萤火虫、纺织娘……秋天是手作的季节，白果哨、蕃芋藤（链）、枸杞珠（链）……

　　对，枸杞珠链！在我们小时候，枸杞可不是用来吃的，而是用来玩的！每当度过一个漫长的暑假，秋季学期重新开启，带着满怀的不情愿和一点点对老师同学的惦想，背上书包回归课堂。可是如此秋高气爽，不去乡野游荡，总会心头痒痒，于是利用上学放学路上，和伙伴们去田边地头，走一走，逛一逛。

　　风吹稻谷香，秋风送舒爽。黄色海洋中有星星点点的红，诱惑着我们去探访。走近了看，枸杞灌木柔软，枝条随风摆荡，未落的绿叶晒得有些枯卷，枝头悬挂着串串红色玛瑙珠，灿烂地、愉快地、明媚地、耀眼地，招引我们去靠近、去触摸、去采摘、去赏玩。

很少见到枝头留有青涩的枸杞子，枸杞姐妹们总是心有默契，仿佛一夜间，她们会集体披上红衣。如果你仔细看，枸杞的红其实很多样：年纪略小的枸杞尚未熟透，泛着橘色的黄；风华正茂的枸杞红得正艳，带着饱满的肉感；熟而欲堕的枸杞红得似血，霸道得强悍。

我们一路走，一路采摘每一株枸杞枝上最饱满最美艳的果实，宝贝似的捧在手心。有时经过坟头，恰巧那里有枸杞果明艳动人，也要壮起胆子，跑去揪下几粒，然后头也不回，一溜烟逃走。大伙儿把收集到的枸杞子聚在一起，有人甄选成色，有人区分大小，有人带来针线，有人负责穿牢……很快，大小不一、色泽深浅的枸杞珠链便穿好，大家笑着、闹着、举着，互相欣赏，然而并不带上。你一定很好奇，想问为什么？因为枸杞易破，皮肤、衣服沾上色素极难清洗，所以我们很早就懂得——制作枸杞珠链的快乐在于过程，而非为了最终佩戴——何苦讨来母亲不必要的责骂？

说起来难为情，穿枸杞珠链的时候，也曾对这种红果的滋味心生向往，感觉至少会带着草莓的甜，偷偷尝一尝，啊，那种青草般的涩味，着实打破虚妄的想象。错位的感觉，像极一场少年的爱情，发于幻想，止于浅尝，何其短暂！多年后喝到西北特色饮品沙棘汁，观其色泽，脑中突然冒出曾经偷吃过的涩牙枸杞，直觉告诉我，这是一种跟枸杞很类似的植物，想象中枸杞滋味的真实匹配对象，应当就是沙棘果！突然间有所感悟：成熟的爱情是没有早一步，没有晚一步，刚巧赶上了，原来你在这里；是蓦然回首，那人真的就在灯火阑珊处。

我们那时候，真的没人吃枸杞，本地也没有煮甜汤放枸杞的风气。长大后去西北，看到满大街特产枸杞卖到风生水起，心中不免哑然失笑。当然，作为一种传统保健品，枸杞子当之无愧，晒干后的枸杞子，能补亏明目、滋补养颜，宜泡、宜炒、宜羹、宜酿，食用方法多样，被誉为"国民补品"也不算夸张。随着时代的发展，枸杞的食用价值、食用方式也渐为人们所认可、熟知：爷爷们的保温杯里，总会泡上几粒枸杞，奶奶们的靓汤也离不开枸杞，女人们的银耳羹，男人们的养生茶，都有枸杞……

　　人们也在不断认同野生菜蔬的食用价值，枸杞头、蒲公英、菊花脑……都被看作以食养生的良药。大家纷纷有了春天挖野的热情，去田间地头，找寻野生野长的枸杞，掐下翠绿的嫩头，洗洗焯焯，油盐炒炒，或者凉拌、煎鸡蛋，阖家品尝，交口称赞！

白　果

白果就是银杏，俗称白果。

白果树在吾乡太普遍，家家户户门前屋后都有种植。它是古老树种，雌雄同体，几亿年前便存在于地球，只在华夏大地繁衍至今，树形修长，姿态优美。

银杏是奇特树种：有的银杏，早已深埋土中，变成化石，封存一切记忆时光；有的银杏，经过沧海桑田，熬过血雨战火，存延千年生命，依旧风姿卓然；有的银杏，生殖繁衍消失存在，祖祖辈辈子子孙孙，为人类遮阴挡雨荫蔽后世。

吾乡乃长寿乡，人、树皆如此，长寿树便是这银杏白果树。我小学校园往西一百米，一户人家有颗白果，粗到好几个同学合抱才够，总也有几百年了。但人们说这颗还不算粗，九华赵园小学那颗白果才算粗，五六个大人合抱勉强才够，操场下都是根，种下时间为一千三百年前的唐朝开元盛世，彼时沙洲未出，通城未筑，江岸近在咫尺。还有更早更粗一颗，在撇经，再早两百年，合抱的话至少再多两人。千年古白果树足有数十棵，零星分布于吾乡各处，城里乡下，与它们的子子孙孙一起，守护这片古邑。

白果二三十年才结果，所以又叫"公孙树"——"公种而孙得食"之意。这样想来，入秋后所吃的新鲜白果，皆来自祖辈荫蔽，所以子孙们吃得格外心安——孩子们从小就吃白果，咳嗽了吃白果，过年了吃白果，烧肉里放白果，煨汤里放白果，烤白果、红烧白果、清煮白果……种种吃法。

吃白果要付出劳动。树上落下的果实，有股熏人恶臭，还得放到水里沤，那气味更令人掩鼻，直到果皮果肉沤烂，露出白白坚硬果核，这才算一半功夫。吹干果核，敲去硬壳，剥出嫩仁，撕去薄衣，才算可以入锅。如恶其腐臭气息，不耐其繁复过程，这滋阴补肺的白果仁，就到不了口，这算不算白果树和祖先对子孙们的历练和考验呢？见过外乡人讲究，说要去掉白果芯，认为有小毒，吾乡从不如此，整白果仁我们从小吃到大，健康活泼。

上世纪八九十年代，白果和白果叶都可以卖钱，有专人收去卖给医院或药厂制药用，同学中也有人捡拾白果或叶子筹学费，很有志气。现在的白果和树叶都是自生自灭，无人问津，大概是利微的缘故，已无人从事收白果行业，转卖白果树去也说不定。

曾有头脑灵活之人，借着范蠡过车马湖、范湖州的典故，想要开发"范公酒"等银杏系列深加工产品，因资金、规模等原因，未获成功。吾乡并不乏文化典故、自然资源，只要加以合理利用，必能延续白果精神，造福子孙、荫蔽后人。

腊　梅

　　小时候，听信了不知哪里来的传言，说收集蜡梅上的雪，装进罐子埋起来，第二年夏天拿出来可以治疗冻疮。虽然我没有冻疮，但遇上那年冬天大雪，我还是兴致勃勃地围着蜡梅树，上上下下、前前后后、左左右右扫了个遍，好不容易才抠满整整一瓶雪，又用塑料袋里三层外三层裹好，木乃伊似的埋进树下的深坑里，最后做好记号，生怕来年不识。我这收集，自然不能同妙玉在"香雪海"蟠香寺收的、藏了五年的蜡梅雪水同日而语，人家那是洁尘脱俗，我这……

　　第二年夏天，我如约把那瓶子挖了出来，倒是没有漏，雪化成水只剩下一半，咣当咣当，打开来一尝，略带点咸。让我仔细想一想，我到底送去给谁治冻疮？

　　这种话，我长大后，当然晓得是谣传，可大家为什么都这么推崇蜡梅上的雪，想来不会没有缘由！较为现代而复杂的说法是：雪大多由水汽直接凝结而成，在剧烈冷凝的过程中，很少混入其他气体，雪水不仅结构紧密，表面张力大，还与生物细胞液非常接近，易被吸收。同时，雪水中含有的重水比例，比普通水少四分之一，这重水有氧原子和氢的同位素氘组成，是一种对生命活动有强烈抑制性的致命水——说到底，是雪水有用，跟蜡梅没啥关系，可是腊梅储雪，姿态风雅，人们迷，所以信呢！

蜡梅花入药，其花蕾能解暑生津、开胃散瘀，清热止咳，是缓解咽喉炎的良药。有人将蜡梅花与苦瓜、玫瑰花、金银花、桂花搭配泡水，加砂糖或蜂蜜去苦，制成解暑降压的凉茶。殊不知蜡梅树枝、茎干以及果子里均含有毒的夹竹桃苷，蜡梅花虽无毒，但性质大寒，医家并不建议过量饮用。

像蜡梅这样有性格的花，不争自傲，时而暗香款款，让人着迷，使人难忘！蜡梅不是只能清供，其香亦可入馔，自有功效与风味。有种蜡梅粥，七八朵蜡梅，只取花瓣，白米粥煮熟后撒入，加冰糖调味食用。蜡梅粥疏肝理气、健脾开胃、醒脑明目，依我看，林妹妹喝妙玉那陈年而金贵的蜡梅雪水，还不如喝这蜡梅粥来得对症养生。

据说蜡梅吃起来的滋味有点像泡椒，它与豆腐、鸡肉、鱼肉、牛肉、鸽肉皆可搭配。不妨在某个大雪纷飞的冬日，插几枝孤峭幽香的蜡梅，烧一锅热气腾腾的鸡汤，备齐豆腐、鱼、牛等各式涮片，斟上"绿蚁新焙酒"，围坐"红泥小火炉"，欣赏那"梅须逊雪三分白"，细嗅那"雪却输梅一段香"，兴之所至，摘蜡梅花蕾若干，浸入汤锅，满溢清香，既饱了眼福，又饱了口福。

茶食

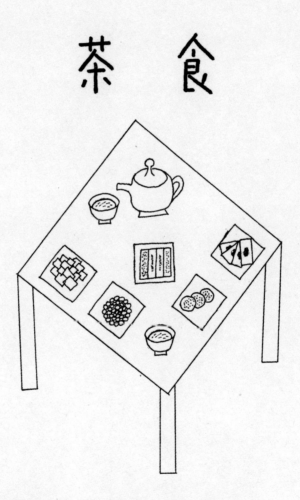

嵌桃麻糕

　　嵌桃麻糕是吾乡周边较为高档的茶食，包装也较为精美，一条一条红色硬纸壳子，很像高档香烟。乡人习惯直接说"麻糕"，省去"嵌桃"二字。嵌桃麻糕有两种，白芝麻做的是白色麻糕，黑芝麻做的是黑色麻糕。

　　麻糕不是麻饼，虽然都有个"麻"字，前者的"麻"是芝麻粉，后者的"麻"是芝麻粒。麻糕也不是云片糕，虽然都有个"糕"字，前者是酥香松脆的烘糯米粉糕，后者是甜香绵软的蒸糯米粉糕。

　　吾乡所在的南通地区是较早有现代规划的城，城里的麻糕是较早从这里走向全国的茶点，清代麻糕便已作为"官礼茶点"闻名四方了。有资料显示鲁迅先生品完友人相赠的麻糕后，很是欣赏，托人继续回购品尝。虽说泰州、扬州等地也产麻糕，但提起嵌桃麻糕，人们首先想起、首选购买的一定是南通麻糕，就如同提起牛皮糖，人们也只认扬州产的一样。麻糕和脆饼可并为吾乡地区茶点"双璧"，功夫独步武林，口感极富特色。

麻糕的独特香味来自其原料和工艺。麻糕原料采用芝麻粉、炒糯米粉、白糖、核桃仁等：芝麻是香物，磨成粉后香气全出。糯米粉炒熟后蓬松干酥，先炖后烤使湿气全出，干透混匀的粉加上油香宜人的核桃仁，压制成条，一条半斤，横切五十片，酥香松脆，吃取方便。

麻糕的营养也好，芝麻和核桃都是健脑佳品，滋润发肤。制成糕后，干吃爽口，营养好吸收，孩子们喜欢，泡水吃香甜扑鼻，不费牙口，老人们也喜欢，实在为不可多得的老少咸宜佳点。

麻糕既是茶食，最佳搭档便是饮茶。乡人闲坐，一盘嵌桃麻糕，一盆瓜子，泡壶龙井或碧螺春，足可待客。比起董糖，麻糕甜度适中，口感松脆；比起脆饼，麻糕小巧玲珑，麻香诱人；比起曲奇，麻糕热量更低，营养健康；比起蛋糕，麻糕油脂量少，配茶极妙。

离乡甚久，日渐思念故乡各种饮食，麻糕便是其中一样。我记得去外婆家时，午饭未妥，肚中已饿，外婆会拆盒麻糕给我吃，看我麻粉屑屑掉一地，吃干了，吃噎了，慈爱地叫我喝口茶，不要急，慢慢吃！我哪是急着吃？我只是想快些填饱肚子，继续出去玩而已！

桃 酥

桃酥口感像东方曲奇，酥松甜香，外形像中式玛格丽特饼干，表面覆盖着漂亮裂纹，颜色金黄。

桃酥是老年人的最爱，因为口感松，嚼得动，还香甜，尤其讨人喜欢。所以去看望老人，送包桃酥总不会错。家中老爷爷还在世时，九十多岁，牙已全掉光，不爱戴假牙，能吃的东西没几样，桃酥便是这不多几样中的一样，姑奶奶们来看望他，都会带桃酥，桃酥是他的私房零食。

说起来，桃酥高油高脂，并不是老年人的健康食品，但我印象中吾乡老人并不忌嘴，大概平常都是粗茶淡饭，蔬食也绿

293

色健康，而甜食全要靠买，难得吃到，酥香好吃，谁要去计较营养？

几乎全国各地都有桃酥卖，但并非各地桃酥都做得好吃。有的太甜，有的太咸，有的发僵，有的泛碱味儿。吾乡桃酥水准比较均衡，各家发挥也不失常，保持了较高的水准，为点心房常规茶点之一，深受乡人喜欢。以前，人们会去家附近的小型加工作坊购买桃酥，那里的师傅们只用油、面粉、糖、芝麻，就能烘出香气扑鼻的桃酥粿子，后来茶食不时兴了，小作坊也退出了历史舞台，渐渐趋于消亡。如今这个时代，桃酥大多被面包、蛋糕、饼干所取代，只有一些老字号企业还坚持着生产。

吾乡习惯早晚吃稀，喝糁儿粥，大家会配些干点同吃，有人喜欢烧饼，有人喜欢老酵馒头，有人喜欢脆饼，有人喜欢馓子，有人喜欢甜茶食，比如桃酥等。没牙的老爷爷总是很爱惜地抿一口桃酥，在嘴里磨一磨，喝口糁儿粥，很满足的样子。想来掉光牙齿的他，对于滋味的渴望应比牙口正常的人更为热切，对于食物的体会也比自己年富力强时更为深刻，他细细品味着的，大概除了桃酥，还有生命的甜吧？

有人爱吃烧饼屑屑，有人爱吃桃酥屑屑，两者都是油酥屑屑。桃酥整块嚼时，因为松脆，不免吞下过快，难免尝不清滋味，碎成屑屑就不一样，需要仔仔细细舔吃，人会不自觉放松味蕾，更能品其真味。桃酥屑屑不会太油，也不会太腻，用勺子喂给小儿吃特别香，有的母亲会碾碎半个桃酥，喂给孩子当点心吃，算是一种特别辅食。

时下市面所售桃酥，大多都加入了泡打粉，吃起来发出沙沙之声，虽增进了口感，然而并不健康。在强调无添加的时代，桃酥产品也该与时俱进，不断提升工艺，出新陈旧包装，求得营养健康、口味口感以及视觉效果的平衡，维持既有市场。

云片糕

云片糕是吾乡传统茶食之一，糯米制品，长方成糕，绵柔甜软，多片如云，所以得名"云片糕"。

乡谚会拿云片糕来开涮："糁儿粥泡云片糕——你薄我消"。糁儿粥自然是清汤寡水，薄得照人，"消"也是薄，二者半斤八两！云片糕虽切成片片薄页，但底端仍然相连，使其定型不散，一段段掰下来吃时，很像"长牌"（吾乡特色纸牌）大小的掌上书。也有很多人说它像步步登高的梯子，取其吉意，结婚、生子、上梁、谢师，都用到它，寄望福似云来、步步高升。

最常见的云片糕是桂花云片糕。将湿糯米炒熟碾粉，窨水

（吸水）两次，与湿白糖、素油、桂花等相拌润匀，压胚切条，炖蒸定型，出格复蒸，隔天切片包装，22厘米一条，一条140片，外裹粉红粗纸，乡土气息浓郁。云片糕还有芝麻味儿的，也有加芯的，通常加红绿丝芯，如同白纸画上花红柳绿，热闹喜人。

云片糕新鲜时还绵绵软软，韧性很好，揪一片放到嘴里嚼，甜津津，柔腻腻。放学后肚子饿了，母亲常顺手掰给一段云片糕，嘱我洗干净手，当点心填饱肚子。有时掰成几段，与小伙伴们一起分享，当然自己拿最大的那段，大家一起吃，味道更加好。云片糕放的时间一长，口感就打了折扣，变得僵硬，不再好吃。渐渐我们大了，更爱吃松脆酥香的嵌桃麻糕了。

云片糕变硬老人家不怕，他们拿云片糕当宝，因为他们有特殊法宝——泡来吃！我那没牙的老爷爷，就常从床头柜子里摸出点云片糕，放进蓝边子碗里，加点开水，泡软泡烂后，呾摸着瘪瘪的嘴巴，满足地享受。泡云片糕还有一个用途，同样是满足没牙人的需要——喂娃娃！以前农家没有牛奶也没有奶糕，听说过有奶水不足的人家，将云片糕泡了，搅成糊糊，给婴儿当辅食。有位老朋友，包里经常放段云片糕，我很奇怪——为什么？她也很奇怪——"喜欢吃呀！"我说只有老年人和小孩子才爱吃，她说自己每隔一段时间就会想吃，情不自禁地买来尝尝。后来我猜想，她母亲说她小时候是人工喂养，大概是奶糕吃多了，养成的习惯，爱上了吃这种糯糯软软。

最出名的云片糕，出在吾乡以北一个县城——阜宁。阜宁大糕因夹馅形似玉带，乾隆曾赐名"玉带糕"，民间管不了那一套，直接喊作"大糕"。大糕做工更细致，工艺更讲究，但也不耐久放，久放也会干噎僵硬。阜宁大糕为江苏地区久负盛名的特产，地方品牌很多，工艺水平较强，近年来与时俱进，在传统基础上拓展新口味，生产出便携易带的小包装，受到年轻一代的喜欢，赢得了市场。

在国际化浪潮的今日，传统茶点虽然受到冲击，但更是一种挑战。茶食背后的文化传承是其优势所在，稍加改进，施以创新，走过去，便会发现新天地。

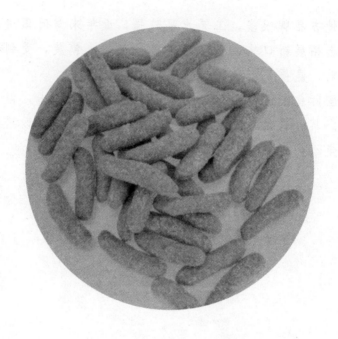

糖粿儿

　　"糖粿儿"是本地儿话音了的称呼，其实就是"糖粿"，北方叫"江米条"，更多地方叫它"京果"，吾乡老年人则直接用"粿子"称呼它们。"粿子"是吾乡对较小茶食的统称，麻饼是粿子，麻糕是粿子，寸金糖是粿子，但脆饼一般就不称粿子，仿佛粿子只指那些娇小的茶食，超过了一定尺寸，就不配称"粿子"了。

　　小时候，"糖粿儿"有两种：一种红色，叫"红糖粿儿"，跟带壳花生差不多大小，表面凝固着深红或浅红糖浆，很硬很考验牙口；另一种是白色，叫"白糖粿儿"，个头只有红糖粿的一半乃至更小，腰身也细，颜色米白，表面敷着白糖粉，有的里面混杂着红绿丝，颜色喜人。

离我们不远的平潮，出产著名的"红糖京枣"，也就是红糖粿儿。据说它工艺挺复杂，要选用上等糯米，经过制胚、油煎、提糖、去杂、上糖等十二道工序，才能达到色、香、酥等传统标准。与西方烤制点心不同，东方茶食点心多用油炸达到酥脆效果，吾乡糖粿儿便是其中之一。

糖粿儿这种粿子，热天很少看到，多到年节时分，走亲访友、探望长辈，带去几包茶食，里面一定有糖粿儿。不知为什么，红糖粿更流行，以我小孩子的口味看，红糖粿是真的不如白糖粿好吃。首先，红糖粿很粗笨大只，吃起来只能半颗半颗地咬，一嘴包不下整颗，白糖粿则小巧得多，细细一粒拈起入口，很是方便。其次红糖粿很僵硬，硬起来简直跟炒蚕豆差不多，白糖粿则酥松易嚼，轻松得多。三是红糖粿过于甜腻，白糖粿则甜度适中。综上比较，白糖粿完胜红糖粿，但为什么人们就是喜欢买红糖粿去送礼，真是想不通！因为颜色喜庆？还是价格便宜？事实上，除去颜色外形，此二者价格差不多！

记得有次过年，有人带的年礼中有包白糖粿，这白糖粿与众不同，色调呈微黄，大小如嫩蚕，间杂红绿丝，油酥酥、脆崩崩，又好吃来又好看，我一次便消灭了半包。后来再也没吃过这么好吃的白糖粿了。

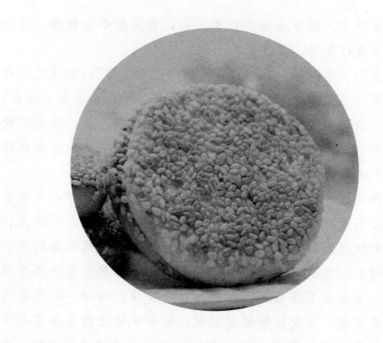

麻　饼

　　麻饼也是吾乡常见茶食，和云片糕、红糖粿、寸金糖、桃酥、脆饼、董糖、麻糕、浇切等一起，组成了吾乡茶食糕饼团，深得乡人喜欢。

　　麻饼黄灿灿，铜钱大小，实心略厚，双面芝麻，口感酥松。吾乡麻饼并不像苏式麻饼，没有包枣泥、豆沙、松子等甜馅儿，只是油、面的具体结合，颇有分量，食之易饱。无馅麻饼主要靠外层表面的白芝麻提香，总体来说，并不重油，也不过甜，滋味比较清淡，口感比较适中。

　　麻饼和红糖粿一样，装在印有红色龙凤的包装袋里，一包一包，整整齐齐，为年节时分走亲访友最常携带的访礼之一——祝寿、红白喜事，主人家会备上麻饼；准女婿走访丈母娘家，也总要带上麻饼等，讨岳家老人开心；笃信神佛的善男信女在香火不断的案头上，常年供着麻饼等馃子；农人们早起，忙得顾不上吃饭，带几块麻饼垫垫饥，总可以对付一阵子；村邻们摸长牌时，主人家弄几块麻饼、抓一碟瓜子放旁边，大家吃吃聊聊，十分开心；孩子们放学后肚子饿，自己从碗橱里找出麻饼，吃几块就有劲儿出去跑了。

说来说去，麻饼实在是种没什么个性的茶食，没有桃酥酥，没有脆饼脆，没有糖粿甜，没有麻糕香，不咸不甜不酥不脆，看似可有可无，却又低调发光。它具有一种朴实无华、兢兢业业的勤恳气质，好比《西游记》中的沙和尚，忠心耿耿，从不偷懒，善于补台，长于救场。看来没有个性也是一种个性——也是有人特别喜欢吃麻饼的。

隔江相对的苏州麻饼很有名。苏州麻饼比之吾乡麻饼，较薄较大，外形更似我们当地较小的芝麻烧饼。苏州人擅精工细作，赋麻饼以甜以馅，精选黑枣配赤豆、松子、猪油、桂花等，熬制沙甜细面的松仁枣泥豆沙馅儿，外裹精粉面团，上嵌白色芝麻，均匀烘烤后，形如满月、色泽金黄、甜而不腻、酥松麻香。苏州做麻饼出色的茶食店有好几家，其中相城湘城老大房、吴中木渎乾生元等为个中翘楚，论口感老大房较酥软，乾生元较脆硬，但人的口味各异，"萝卜青菜，各取所爱"。

据说川渝等地有著名椒盐麻饼，皮薄味咸，甜中带麻，别有风味。

馓 子

馓子好多地方都有，吃过著名的淮安茶馓，吃过西宁的回族馓子，吃过新疆的维吾尔族馓子，各有风味。吾乡油馓，是小时候习惯的味道，百吃不厌。

馓子不是复杂食品，说到底，不过是种古老而细窄的油炸面食，按照如今的健康理论，馓子高油高脂高热量，煎炸产生反式脂肪酸，为追求口感可能添加明矾等，以上种种都能毫不犹豫地将之归为垃圾食品，为何它还受人欢迎呢？

我小的时候，馓子比脆饼金贵，是孩子饭后最钟爱的零食，是产妇补养必备的精点，是老人最乐意收到的访礼，也是招待亲友很有面子的茶点。要是放学回到家，手伸进粮柜里摸两根馓子出来嚼嚼，小伙伴看到是要眼馋的，分几根给他们，个个高兴。亲戚中有生了孩子的，去送月子礼，必买上几页馓子，头尾压纸，细麻绳十字结扎好，拎去探望。看望年长之人，送馓子也很合适，馓子泡水后烂软易吸收，又不考验老人牙口。亲戚走动总要留吃晚茶，番芋茶配油馓子，或红糖茶馓子，油油甜甜表达主人诚意与热情。那是历史上油、糖、面稀缺的年代，集合了这些元素的馓子，怎么可能不广受欢迎！

村头就有户炸馓子人家，有时我会跟母亲去买馓子，馓子师傅带长袖套长围裙立于灶头，灶旁满满几大盆浸透油的盘面胚，问明需要多少，师傅手缠洁白细韧的几道，一拉、一弹、一扭，往滚油锅里一走，油面瞬间就膨胀，几尺长的竹筷子翻啊翻，表层炸出气泡泡，馓子立刻就离锅。明明看面胚在锅里还白生生的，一出油飞快变得焦黄，放上漏篼滴滴油，麻花状的长馓子、扁平翻折的平馓子就炸成啦！师傅并不天天炸，两三天起一次油锅，每次炸好一些留着卖，想吃现炸馓子就得赶巧。比起精细的淮安茶馓，吾乡馓子是素油粗版，油炸膨胀后单根与筷子等粗，口感也较蓬松，久放会回软、起"哈"，但不会僵硬。

普通版的馓子用素油，高配版的馓子用麻油。麻油馓子并不常见，反正我小时候没吃过，只听外婆提起过，她生完母亲坐月子，外公恰在县城工作，给外婆买来金灿灿的麻油馓，用红糖泡着吃，最是滋补。麻油馓子，想想就香，麻油都是按滴吃，满满一锅用来炸馓子？那馓子该有多香！长大后在淮安吃到麻油茶馓，细细小小一把，其香脆油酥，确实胜过吾乡素油馓子很多，但那是种不同的风味，秀气文雅，像馓子中的知识分子。

物质丰富的现在，农村孩子也很少给吃馓子，但薯片、辣条、香脆面，又比馓子健康安全多少？偶尔回乡，女儿盼吃馓子，我便带她去看炸馓子，三十多年前的房间和人都没变，换成我已做了母亲，带来我的小女儿。女儿好奇地看着师傅盘面、拉扯、下锅、过油，开开心心地拈一根刚出锅的馓子，嘎嘣脆地嚼着，依稀当年的我。

炒 米

　　一代人有一代人的零食，炒米就是70后80后难忘的一种童年零食。我所说的炒米并非简单将大米炒熟的那种干粮，而是用手工爆米花机高压膨胀开的膨化炒米。这种炒米洁白如玉，口感松脆，爆米花不一定人人喜欢，但可以打包票说，炒米人见人爱。

　　天冷起来，就会有人拖着炭烧爆米花机，走街串巷、挨村挨镇爆炒米，加工一次才几毛钱。那是一种葫芦形的旋转铁罐，烧烤架一样架在炭火上，铁葫芦的开口很小，紧紧压在罐子顶头。加工前，将大米或玉米从铁葫芦窄窄的口里灌进去，添几粒糖精，压紧厚铁门，烤鸡一样架上炭火架，摇臂转啊转，一圈又一圈，明火架上温度很高，火苗热烘烘直往人脸上喷，铁葫芦在火上浮沉，师傅得带上厚厚棉手套，才握得住滚烫的铁把手。

　　不知过去了几分钟，当铁葫芦的压力表指向某一刻度，师傅吼一声——"好了!"围观的孩子们便轰一声散开，未卜先知

304

般堵上耳朵，为什么？只见师傅用一个长长的布笼袋接上铁葫芦，拿根铁杵架住葫芦把手，使劲一撬，"轰"一声巨响，布笼鼓进空气，吹涨、飘起、落下，师傅解开布笼口，用簸箕带米来的孩子，还用簸箕从布笼中接出几倍体积的炒米。

新出炉的炒米，那白那热那香，让人想要化身鸵鸟，把头埋进去，尝个够。然而热炒米并不好吃，炒米凉了才脆。生米膨化后，体积膨为原来数倍，颗颗洁白，捧一把在手，如同鹅毛轻雪，掭一把在口，香酥又松脆，嚼一嚼，雪化了，炒米没了！大家说这叫"有得嚼，没的咽"！

想要有得咽，炒米还得继续加工。小时候有次放学回家，看到桌上有个大铝锅，刚想去揭开，母亲不让，她亲手小心翼翼地拿掉锅盖，我探头一看，"哇！"满满一锅晶莹透亮的炒米糖，洁白的炒米粒、去皮的花生米、细碎的白芝麻一起被浓稠的糖稀所凝固，散发出迷人的香气，这是母亲的好姐妹特地做好送来的。炒米糖不是人人能做，糖稀熬得不好、花生太老太嫩都不好吃，这位阿姨心灵手巧，做炒米糖很有一套，她已将炒米糖切分好，拿起来就能吃了。炒米糖又甜又脆，也不像花生糖、牛轧糖那样黏牙，多吃几块大人也不会管，吃不伤！

炒米曾是年货必备，快过年时炒米师傅最忙，家家户户都要爆玉米花、炒炒米，凉后装进坛子，留着接待拜年的客人。我们小孩子，不管去到哪家恭喜，人家都要热情地往你口袋里抓把花生、塞点蚕豆，我一概推辞，只接受炒米，直把自己的口袋塞得鼓鼓囊囊、沙沙作响，一路走一路吃。过年期间亲戚走动，吃"晚茶"也经常泡炒米，抓几把白白的炒米，放上红糖，开水一泡，便是爷爷奶奶们的最爱。以前塑料制品少，坛子里的炒米不套塑料袋，时间长点便会受潮，炒米很快吃完，年也很快过完。偶然间看到坛子里还存着点转韧的炒米，便不由得生出一种惆怅，年已过完的惆怅……

浇切·寸金

据说国学大师王国维爱吃甜食。他夫人每个月从清华园进城采购零食和日用品，回来必是满满一洋车点心。甜食点心都放在卧室中一个朱红大柜子里，打开柜门，上面两层专放零食，琳琅满目，如同一家小型糖果店——从浇切糖、云片糕、茯苓饼到蜜枣、桃仁、松子等，应有尽有。王国维每天午饭后点根烟、喝杯茶，就算是休息，然后进书房工作，过几个小时，就会到卧室的柜子里找零食吃。

真羡慕王国维大师——吃甜食，需要一副好牙口，甜吃得多而牙不坏者，少有！上了年纪后还能多吃甜食，尤其是浇切糖这种甜食，真是有福气！

浇切不仅甜，而且硬，本质上来说，它是一种芝麻糖——浇而切，薄如片。我小时候总以为写作"胶切"，因为芝麻密密凝固在一起，如胶似漆，糖片嚼之粘牙，胶着不落，那不就该是"胶切"吗？也有写作"交切""焦切"的，是使芝麻"焦而切之"呢？还是"交而切之"呢？似乎都有些道理，但又不尽然。

看完它的制作过程，这才明白，其核心就是围绕一个"浇"字与一个"切"字。"浇"是指把熬出的糖液浇在炒熟的芝麻仁上，边浇边拌，然后用擀杖碾压成薄片状；"切"是指将碾压成片的芝麻糖切成小块，分割成片糖。一般来说，糖液由麦芽糖和白糖熬制，黑白芝麻皆可，芝麻必须炒到熟香，麻仁与热糖浆交裹融合时，搅拌要快，须趁热将其碾压变薄，迅速切割分块，一旦糖分冷却，切片容易碎裂，无法成型——"浇切"就是这么一种经过炒芝麻、熬糖浆、拌糖料、压薄片、切块糖等工序制作，又浇又切、先浇后切的片糖，所以乡人又称它"浇切糖"。新鲜浇切糖还算脆崩麻香，俟时日一长，潮气侵犯，这糖片就转硬，梆梆如石块，牙都咬不开。

"寸金糖"则是另外一个传说。据传这是一款徽点茶食，不过江苏、湖南等地也都有。说是很早以前徽州有个孝顺儿子，十三四岁被推着出门学做生意，由于年纪太小，思家心切、不见长进，母亲斥其"虚度光阴"。为了提点儿子，爱子心切的母亲给儿子捎去了他最爱的家乡土产——"松杆糖"，但母亲偷偷做了改进，她使原来"夹心在内、芝麻在外、两端敞开、两寸长短"的长圆松杆糖，摇身一变成为"夹心在内、芝麻在外、两端封口、寸把长短"的细金条状，取"一寸光阴一寸金，寸金难买寸光阴"之意，命名为"寸金糖"。当儿子接到母亲捎来似曾相识的糖果，并读到"寸金糖"这三个字时，起先有些不解，但很快明白过来，他领会到母亲的良苦用心——将千言万语全部凝结在这小小细细的"寸金糖"上，遂每日品尝，谨记母训，勤奋上进、发愤图强，不再蹉跎岁月、虚度光阴。此后，"寸金糖"这种有着警世、醒世、励志内涵的茶食就流传开来，深受人们欢迎。

寸金糖的制作比浇切糖要复杂，它中间用的糖芯除要用白糖、麦芽糖按比例熬制以外，还多一个"拔糖"（也叫"打糖"）的艰巨过程。"拔糖"是将熬好的糖胚以能抓上手的温度绕在木桩上来回推拉，务必使糖胚由深褐色变为乳白色，完成色泽和性质的转化，才能最终使糖芯呈现"泛金"的效果。以前这个过程纯由人工完成，只有经验老到、技艺纯熟的师傅才能做到，现在有些地方由机器代替，但出来的味道口感都不能与纯手工的相比，离开了细致的察觉与火候的掌控，效果便"失之毫厘，谬以千里"。

寸金糖肚中有馅儿，将糖胚包住馅儿再拉条搓细，最后剪成一寸。寸金糖只用熟香白芝麻，有的工艺是通过喷热蒸汽裹芝麻，有的工艺是洒水润湿裹芝麻，不管哪种工艺，最终都必须达成"芝麻沾满不露皮，两端封口不露馅，糖层起孔不僵硬，味香甜酥不粘齿，色泽白亮很均匀，粗细长短一般齐"的效果。

浇切糖、寸金糖，甜如蜜、酥又香，逢年过节家家尝。

乡 俗

立夏　　　　端午　　　　中秋

正月 · 黏团儿

　　"黏团儿"不是元宵，元宵靠馅儿滚出来，黏团儿是南方做法，用糯米粉包就，算汤团更合适。吾乡黏团儿通常很大，是XL号乒乓球，糯米层厚实，所以老人看到穿衣服裹得圆滚的细伢儿或爱发嗲粘人的细伢儿，就喊他们——黏团儿！

　　黏团儿平日不常吃，奶奶通常除夕做好，正月初一一早放到米粥锅里煮透，一人一碗粥，里面一只大黏团儿，一度我以为它叫"年团儿"。黏团儿很大很噎，彼时小小的我总要很费劲才吃完一只，吃完后粥就吃不下了，而且到中午腹中都很饱胀，过年的零食也都吃不下了，因此对吃"年团儿"很有抵触。弟

311

弟则不一样，他是无黏不欢，一切黏的甜的老年人喜欢的食物他都喜欢，糖粽子、黏团儿、糯米糕什么的都很对胃口，吃得欢畅。

黏团儿多包甜馅儿——豆沙、黑芝麻……最香的要数红糖花生。入馅的花生要事先炒熟，干炒到花生米外皮有焦斑出锅。九十多的老爹爹来帮忙，搓下花生皮，细细扬去皮屑，只留下焦黄香脆的仁儿。老爹爹是我们的堂曾祖父，没有子女，跟我们一起过，他的起居室有个工具区，乱七八糟全是各种工具，每当他从里头翻出一只削得极光溜的滚筒型擀面杖，我就知道他要碾花生了。老爹爹牙虽掉光，手劲却很足，花生总能碾到颗粒均匀呈粗末状，然后拌上红糖。奶奶早就和好了糯米屑（粉）团，摘出剂子，她总使劲往糯米皮子里塞馅儿，包好的团儿鼓鼓胀胀，排在筛中整整齐齐。奶奶找出洋红，给白生生的团子画上红点点，黏团儿们便像出嫁女儿回娘家贺寿的寿桃，喜庆吉祥。

黏团儿咸吃，多为青蒿制成的蒿团儿，是清明果的一种，作为春季时点，苏州一带叫青团，用的是雀麦草汁，团子碧青、细腻、浑圆。吾乡蒿团儿则比较粗放，春草和面，皮杂蒿丝，搓成尖头水滴状，色泽老绿深沉。咸馅儿常用雪里蕻咸菜炒肉丁，拌笋丝，添点虾米更香，脂油来一点，团儿油汪汪。甜蒿团也有，花生、豆沙、黑芝麻均可入馅儿，全看各人喜欢。蒿团儿做好后，垫草叶隔水蒸十来分钟出笼，放凉也好吃，又叫凉团儿。对孩子们而言，祭祖在其次，春风里采青蒿更有趣，吃蒿团儿是对春的礼赞。

二月二 · 蒿团

　　大学时，好友宿舍有位苏州美女，清明期间回了趟家，带来些黄天源青团，不无得意地分给每个人尝。我碰巧去她们宿舍叨扰，也分得了一只。

　　苏州人对于自己的青团，有种迷之自信，不过她们的青团，恰如她们的姑娘，确实生得美——碧青糯绿的团子，翠得养眼！姑苏的精致，从青团上就可见一斑。曾读过黄天源老总的专访，作为百年老店，他们的原料固执地只使用老品种太湖糯米，猪油也只用江苏省食品公司屠宰厂的，还雇人在昆山有机种植了三亩雀麦草，专门用来榨汁做青团、年糕等，这样严格遵循古

313

法做出来的食物，才有百年延续的味道。

相比之下，吾乡蒿团是真的乡土。初春至清明期间，人们去野外采来青蒿叶，摘拣后直接入滚水焯烂，连草带水一起搅糯米粉成团，农家直接搓成实心黏团儿，考究点才裹入咸甜兜心（馅儿），上锅蒸熟后整体呈墨绿色调，团皮掺着丝丝缕缕的熟蒿，像是披着花衣裳的乡下姑娘，带着泥土芬芳。

仿佛从制作的一开始，人们就丝毫没有对蒿团有颜值的考量，而纯是参照实用的标准、带着对农事的祈祷，制作这种时节点心。农历二月二，乡间便开始制食蒿团，乡谚有"二月二，挑蒿儿，做团儿，带女儿；不带女儿，穷鬼儿。女儿不来，烂腿儿。"不难看出，挑蒿、做团，是衡量家庭主妇勤劳与否的重要准则，而且将这项工作传承给女儿也很重要——不来，便要承受"烂腿"的诅咒。农历二月二是一个历史悠久的民间传统节日，现今人们对它的了解多为"二月二龙抬头，宜剃头理发"，却不知"龙抬头"对古老的农业社会来说意味深远——龙在我们的传统文化中能够着呼风唤雨，润泽大地，龙抬头为春耕之始，人们摆供、敬龙、祭祀，祈祷风调雨顺、天佑丰收，所以二月二又被称为"龙头节""春耕节""农事节"或"春龙节"等。

作为开启春耕与农事的时节供点，吾乡蒿团使用青蒿制作而成，具有药食同疗的功效，体现了人们对健康的追求、对丰收的企盼。在乡间，春季的青蒿与艾草、茵陈等极其相似，易被人们错认，虽说他们都属菊科，但各自的功效迥异。艾草主要用于温经祛湿、消炎散寒，多泡水或熏炙，南方很多地区会做艾草糍粑食用；茵陈为多年生草本，春因陈根而生故得名，其药性清热利湿，主退黄疸，偶尔作为野菜或泡饮食用；青蒿为一年生草本，农家也叫香蒿，能清热解毒、凉血解暑，滋味清香，宜于春天食用，多用来制作糕团等。

这样看来，苏南青团和苏中蒿团的制食季节、制作方式虽有一定程度的类似，却具有不同的文化动因，分属两种不同的文化体系：前者以汁调色、以色入馔、口感细腻、口味多样，更注重食物对时节的关照，是人们享受生活的一种体现；后者采蒿制团、带叶食用、做工朴拙、忠于原味，更注重食物对健康的补益，暗藏勤苦节俭的持家之道。同为时节点心，着眼点不同，食物也大相径庭。

　　在见识过苏州青团的雅致后，我也意识到吾乡蒿团的可贵。

清明·杨柳摊饼

方言中“摊饼”也叫“烧饼”，上学时，常有人怀揣一个祖母或母亲摊好的面饼，课间当早饭吃。

摊饼方法很简单：大灶烧热，绕铁锅四周淋一勺油，略起油烟，端起面糊碗沿铁锅边同样转一圈，面糊四下铺摊开来，用菜铲将面糊刮匀，表层敲个鸡蛋或淋点油都可以，面饼泛黄，葱花一撒便可出锅。

有人家吃得软，饼韧韧地出锅，卷上咸菜或肉丝食用，也可折成手帕似方方一叠，变身千层饼，或将饼放凉后切条，与腌雪里蕻同炒，配细粯粥绝佳。有人家欢喜脆点，油多饼薄，出锅前拖着饼转呀转，圆锅底烘啊烘，烘出焦脆口感，烘出半个球面锅巴。考究点的敲上鸡蛋，不考究的撒点葱蒜、藿香也别有风味。

摊饼通常用小麦面，也有用荞麦面的，纯荞麦摊饼色褐较硬，吃起来十分忆苦思甜，人们有时会在小麦面中掺些荞麦面，改良最终口感，算是粗粮细做。小时候吃过玉米糁儿摊饼，这原是穷人家麦粉短缺的产物，却因主妇手艺精良，烘出一片明晃晃、金灿灿，松脆酥香，口感奇特，一尝终生难忘。

杨柳摊饼是家乡摊饼的一种，乡人清明不"寒食"，而吃杨柳摊饼。清明时分，春风拂面，柳枝飞扬，捋把绿意初萌的杨柳嫩芽，撒向薄消柔韧的面饼，带去春意、带去清香、带去季节对人类的犒赏！天气转热，柳叶渐渐老涩，便不堪再吃。为何清明节吃杨柳摊饼，我也不知，只道是传统，传统自有其道理——柳叶味苦性凉，清热利尿、祛湿解毒——孩子吃杨柳摊饼，大人泡"柳叶茶"，是食疗也是品春，又饱腹又风雅，日子过得有滋有味。

杨柳摊饼的意趣，在异乡尤其令人惦记——因那风，不是与伙伴踏青的风，那树，不是依依乡情的柳，那饼，便是失了魂的乡愁，叫人不免惆怅。但还是会在清明给孩子摊一锅杨柳烧饼，也会把凉了的摊饼与雪里蕻同炒，撒上葱花，用舌尖回故乡。

立夏·斗蛋

　　乡俗立夏要斗蛋！谁都知道。为何要斗蛋？谁都不知道！小时候问大人，大人们也说不上。那时我有本破破烂烂的书，叫《南通的传说》，封面印成蓝印花布的颜色式样，纸不禁翻，已经渣渣瓢瓢，有事没事还是喜欢翻。关于立夏，书中传说：瘟神嗜睡，睡到立夏之日方醒，散布瘟疫，孩童受苦。女娲娘娘怜惜子孙，与瘟神理论，告诉他"凡我子孙，一律不得伤害"。瘟神辩解我怎知哪些是娘娘子孙？女娲微微一笑："胸前挂蛋者，皆我子孙。"得女娲神意，立夏之前，家家户户煮蛋避瘟。话说这一年瘟神醒来，走乡串户，所遇孩童，个个胸前彩线兜蛋。瘟神郁闷之极，不敢伤害，走着走着竟饿死了。这最后一句，系我所加，聊博一笑。但南通地区立夏与蛋的联系，有此一说，所谓"立夏胸前挂蛋，孩子不疰夏"。而"斗蛋"，大约孩童自发形成，于游戏中竞争，暗合强健之理，百玩不厌，久盛不衰，演成风俗，亦在情理。

小学生最在意立夏，因为斗蛋是一项被允许在学校公开进行的精彩对决，老师有时也来助阵，人越多越热闹。天热了，大家都提前掰着指头数日子，越近立夏越心焦，恨不得前一晚上不困觉，絮絮叨叨叮嘱娘或奶奶，蛋一定要又大又好，不能煮破。第二天一早跳起来，娘或奶奶已经煮好细糯粥，捂熟白生生的大鹅蛋、青莹莹的绿鸭蛋、粉嘟嘟的草鸡蛋，放进冷水激。一个两个三个……十来个，好，挎起书包去学校，早饭，呃，最好不要吃。

每个人书包都一堆蛋。早读开始，班上已经暗流涌动，同桌们偷偷摸摸在桌肚里做小动作——对蛋，老师来来回回，"总"看不见。下课了，教室里、操场上、甚至厕所里，处处是战场：鸡蛋对鸡蛋，鸭蛋对鸭蛋，鹅蛋对鹅蛋，头对头，尾对尾，也有人别出心裁碰"肚子"。谁都知道鸡蛋最脆，鹅蛋最强，但规矩就是规矩，田忌赛马行不通。滑头大王们想出点子，出蛋一瞬间，手转过去碰对方蛋，使对方以卵击"手"，以求一招制胜，这法子多半只能欺负女生。

一般来说，大家都会选择从鸡蛋开始练手，鸡蛋对坏了剥剥吃掉。第二轮再对鸭蛋，鸭蛋对坏了剥剥再吃掉。都吃掉了轮到鹅蛋，快刀斩乱麻，直到把最后一个鹅蛋也撑进肚子，教室前面的簸箕已经满是蛋壳。老师笑眯眯地转过来询问战况，告诉值日生要清扫战场。对蛋赛最终不免沦为吃蛋榜，大家又开始比谁最大胃，吃得最多！不记得几年级了，有个家伙一早上光鸡蛋就吞了十来个，我们都担心他被噎死，现如今他好像还好端端活在班级群中。每年立夏最困扰我的，并无其他，而是如何将十来颗蛋从家安全转移进学堂，不致路上就颠成一堆碎瓢瓢。

对蛋最大的乐趣在于——幼稚，上了初中，立夏再无人去对蛋。

端午·粽子

　　吾乡几大节——春节、清明、端午、中秋、中元，传统食物分别是黏团、摊饼、粽子、月饼、扁食。对一个不爱吃黏食、甜食、面食的人来说，简直生无可恋。其中以粽子首当其冲，既黏又甜，既噎又实，人们为何每年打箬子、裹粽子、翻花样，乐此不疲，简直不能理解。

　　弟恰与我相反，一切黏食甜食来者不拒，乐在其中。端午是他的节日，每一个粽子都吃得不亦乐乎，只不过是白粽子沾些糖而已，他就吃得摇头晃脑，仿佛人间至美，我年年苦着一张脸坐在桌旁，看他吃粽子。

这正应了那句——甲之蜜糖，乙之砒霜。将粽子比作我的"砒霜"，自是大不敬，但确是事实上的情感，我从没亲近过粽子，也不懂如何亲近。

早年乡间粽子，基本就白米、赤豆或花生米几种，肉粽很少，平时都很少吃肉，还拿来包粽子？都说粽子最早是拿去喂鱼，使鱼不吃爱国者尸体，鱼又不能沾糖，也没有咸肉，白乎乎、实敦敦的鱼怎能吃得下去？

裹粽子工序繁琐，过程冗长，从开始筹备到吃进嘴里，耗费的耐心精力是农业社会的情趣。工业化的今天，甜的、咸的、蜜枣的、蛋黄的、赤豆的、鲜肉的……各种口味粽子，不分时节，随处随地都能买到，但总像缺了点什么。

也许，粽子的存在代表了所谓的"仪式感"罢？从最初农耕社会祭祀的传统，流传成为端午的象征，用一种手工繁复的生产方式，表达对农业文明的敬重与景仰，用一种超脱日常的食物，展现人类之间亲密合作的荣光。这种文化与底蕴，机器自然生产不出，弹丸小国也无法偷取。

所以，好的粽子，自然都需带着情感。吾乡端午（立夏）风情是：乡妇们戴斗笠、穿靴子，穿梭芦苇丛，打下叠叠箬子。烧开水、烫箬子、泡黏米，准备裹粽子。静谧午后，女儿、儿媳或三五好友齐聚一堂，说说笑笑，巧手巧思——尖粽、"穿"粽、"猪脚爪"、"丝线包"……热热闹闹一大锅。爱伢儿的乡妇会将粽子和鸡鸭鹅蛋同煮，蛋染粽香，颜色参差，更加坚固，是战无不胜的"斗蛋"利器！

想明白了这些，我便再也不嫌家乡粽子老实巴交的模样，老家捎来亲友们的心意粽子，也能怀着感激切分几许，与女儿同享乡土情谊。

夏至·吃面

　　很多地方都有夏至吃面习俗，说是"冬至饺子夏至面"。夏至意味着伏夏将临，面食为主的中国北方新麦上场，人们顺应时节，吃面尝鲜解暑，是种饮食智慧。

　　吾乡有名吃"盘水面"，约是山东做法，热面过凉水，他们叫"过水面"，我们叫"盘水面"。盘水面比过水面再多一道复滚环节，然后沥水干拌，厚味浓香。第一个发明盘水面的人算不得天才，他只是站上了山东人的肩膀，但第一个写出"盘水面"的人要算天才，"pán 水"方言中有反复玩水戏水之意，口

323

口相传，有音无字，"反复过水嬉戏"的面自然就是"pán水面"，落实到字写成"盘水面"，暗合"盘"字"回旋地绕"之意，贴切又不失端庄，俨然透出股龙气。这神来之笔，非天才不能写出，不信你写成"蟠水面""磐水面""蹒水面"试试，兴致顿失不是？

盘水面的精髓是干拌光面。当然凡事都在与时俱进，现今的盘水面也讲究浇头，也很丰富——韭菜肉丝、雪菜肉丝、青菜肉丝、青椒肉丝……盘水面本质是干拌面：滚水下八成、凉水激半成、滚水浸半成，笊篱捞起后迅速甩干，面熟九成，嫌硬多加一成；过汤水要多，捞面时要猛，浇头可丰盛，拌面调料简，如此方得一碗"多快好省"的正宗盘水面。说到底，盘水面吃的不是花哨配料，而是食材本身，以及面被激发出的爽滑筋韧。

同为干拌面，炸酱面、热干面、担担面甚至燃面都早已名扬四海、誉满八方，而盘水面如今还是一副酒香不怕巷子深的模样。不是盘水面不够格成为江苏面条界的门面担当，而是省内好吃面条实在太多——南京皮肚面、镇江锅盖面、淮安长鱼面、常州银丝面、东台鱼汤面、枫镇大肉面、扬州饺面、徐州板面、南通跳面、沛县冷面……随便哪个拿出来都够吹足三天三夜。江苏不愧为淮扬菜故土、烹饪界典范，连面条都做得百花齐放。

都说北方人擅面食，山西人尤擅。先生带女儿去平遥时，餐馆全是面：面鱼、揪面、刀削面；碗托、抿尖、猫耳朵；栲栳栳、握溜溜、捏钵钵；切板板、斜食食、圪多多；菜角角、烟突突、石窝窝……稀奇古怪、五花八门、闻所未闻。父女俩本来就爱吃面，这下如同刘姥姥进了大观园，大开眼界，顿顿有面，餐餐吃面，毫不腻烦。

就是这么爱吃面的两个人，有次旅行时日甚久，返经兰州，坐在当地最闻名、据传最好吃的拉面馆子里，对着面前一碗汤清萝卜香的牛肉拉面，各自只尝了一口，先后放下筷子，相互看看，叹口气，异口同声道："还是觉得昆山老家的奥灶面最好吃啊！"

什么？你问我最欣赏哪种面？抱歉，我自小就不爱吃面。

六月六·焦屑

　　有一回，我跟要好的伙伴回家，她奶奶和外婆家相邻，堂兄弟、姨姊妹平时都疯成一片，热闹极了。堂弟的父亲、她的大伯在大客轮工作，经常有高级零食带回家。这次，堂弟拿出来招待我们的是一包"大白兔奶糖"，那时一年也吃不到几块。堂弟相当大方，每人发十块"大白兔"，奶糖浓郁芳香，我们挤挨着坐下，宝贝似的吮吸奶糖，时不时低声比比谁吃得最慢。

　　却闻到空中飘来阵阵异香，不同于唇齿间的奶香，是什么东西焦了，焦了却还那么香，那么香……于是，一群嘴里还含着糖的"小老鼠",纷纷提起鼻子,哧溜哧溜寻香。

最后寻到外婆家的灶膛,未出嫁的漂亮小姨站在大灶前,对着铁锅手绕划圈,稀奇!走近了看,锅里有沙子,炒的却不是花生,是麦粒!小姨弯腰对着锅中搅炒,麦粒熟到颗颗开花!开花的麦粒正是那香气来源,闭上眼,整个人几乎被香味儿抬走了。

小姨猛一回头,看见我们这群馋猴儿,个个头伸得老长,涎沫拉到脚跟后,又好气又好笑:"没吃过焦屑啊?有这么香吗?"拉风箱的外婆也探出头来眉开眼笑:"新上场的元麦,今天给你们炒焦屑,马上就磨,磨了就泡!"

我们几个也不玩了,安安静静待在一旁,看小姨麻利地将焦黄麦粒过筛,力气大的主动帮忙推石磨,焦黄焦香的麦粉很快摊满了竹匾,等待重新过筛。小姨发给每人一个蓝边碗、一把瓷勺,每人碗里舀一大勺红糖、小半碗焦屑,滚烫的开水浇进去,小姨嘱我们学她用瓷勺搅、用力调,直调得糖均粉匀呈絮状,就可以吃了。

我以为我能干掉一碗,可结果闻起来那么香的焦屑,竟没能吃足十口,事实上——太噎了……尝起来香也香,却仿佛音容缥缈的仙女陡变了厚实健壮的徐娘,一下失了韵骨,落差如云泥!我莫名诧异失望,存下戒心警惕日后世间所有的想象。

后来陆续吃过几次焦屑,以香开始,以噎告终。总感觉焦屑像是董糖表姊妹——她们的"噎"颇有几分相似,到底哪里像,却又说不上,难不成竟用焦屑制董糖?

焦屑本是农耕社会垫饥文化的产物。农历五月,三麦都已登场,接下来就要农忙,人们炒熟麦子磨粉,耐存放、充干粮。母亲说三麦中,元麦(青稞)焦屑最佳,大麦焦屑多糠,小麦焦屑最"次"(差),多数人家炒熟麦粒磨粉,也有人家先磨粉再炒熟。吾乡叫它焦屑,往北大约叫(油)炒面。乡人常见吃

327

法是将焦屑调进薄糁粥，可以放糖，边吃边拌，干干的，吃的人越噎，闻的人越香。

　　所以，"焦屑"真就是百尝不如一闻，要享受它，须从炒麦粒开始，放进对世间所有喷香的想象，用鼻子品尝，然后凉透入罐。

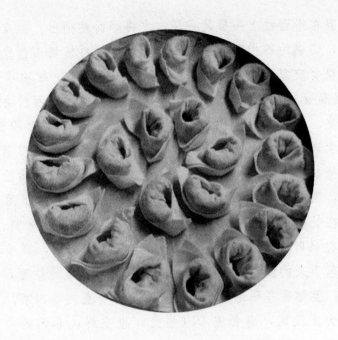

中元·扁食

　　扁食是区域性叫法，常规叫法应是"大馄饨"。福建将扁食店开到别处，众人引以为奇，吾乡不会，"扁食"在本地是正经叫法，人人都知道，不稀奇。

　　说起名字，大有可考。同为馄饨，成都叫"抄手"、广州叫"云吞"，武汉叫"包面"，南昌叫"清汤"，而闽南叫"扁食"，晋南竟也称"扁食"，名称背后究竟有什么渊源？留给人们想象的空间还真丰富，或能写一篇长长的"先民迁徙考"也未可知，但我无意深入，归根到底，名字只是一种称呼，四海本就一家。

　　七月半，中元节祭祖，裹扁食，吃扁食。小时候家里吃扁食，面皮现擀，很吃力。和好的面团碾过来压过去，直擀到很薄很薄，裹在擀面杖上一层又一层，才将那面杖抽出。面皮表层扑上面粉，切成约四指宽，将面皮层叠起来，再横切四指宽，方方正正的扁食皮就出现了。后来，有了加工机器，每次小姑一喊"今天裹扁食吃"，我便屁颠屁颠地跟上她，舀几瓢面粉去加工点轧扁食皮。加工点专门摆一个大钵头和面，自带的面粉倒进去，自己加水调节手感，软硬随意。面粉呈絮状就被倒进机器口，那是一种拖拉机皮带式的轧面机，通过摇把带动齿轮，齿轮咬合带动碾子，碾子转动一遍又一遍，很快缝缝里就垂落下薄薄的面皮，铺在长长的木板平台上，加工师傅帮你洒粉、分割、切块，加工一次当时约是五毛钱。这个机器也可以轧面，调节一下齿轮，飘落下来的就不是面皮，而是细细碎碎的现轧挂面，均匀捋断面帘，整整齐齐码进三角簸箕，遮上纱布直接端回家。

扁食皮现轧，扁食兜心（馅儿）也吃鲜：春天的韭菜、野菜（荠菜），夏天的笋瓜、豇豆，秋天的细菜、菠菜，冬天的黑菜、黄芽菜，配猪肉、鸡肉、鸡蛋、木耳、虾米乃至花生、馓子，都是些绝世好馅料。小姑会说："韭菜是荤的，配鸡蛋。"或者说，"野菜刮油，肉要肥点。"她总能有各种说法。

吃扁食的日子，除了烧锅汤，不再炒别的菜。小姑包扁食很快，一折两折一翻便包好了，有时候她喜欢翻点花头精，想用黄瓜或番瓜做兜心，在一片反对声中调一点儿自己包上，大锅扁食下熟后，她也将自己的私房扁食煮好，用小盘子盛在旁边，邀请大家品尝。有时候成功，大家夸夸，说下次也做这个兜心，有时候不，她便在一片"骂声"中飞快地自己吃完，头一硬："我觉得不丑！"

当然，扁食也不总在节气吃，亲人欢聚、阖家团圆的日子也吃，记忆中永远有一家人喜气洋洋裹扁食、下扁食的样子。吃扁食也总要装上两盘端给左右邻居，分享喜悦。吃不完的扁食，蒸熟了放进碗橱，晚上过油一煎，配玉米糁儿粥绝佳。

中秋·月饼

　　早前，吾乡所售月饼都是苏式，厚酥皮，扁平鼓，两侧天圆地方，印着红字"伍仁"，衬两片薄薄方方透明纸，六个八个摞成一叠，用油纸包了，红线绳扎成灯笼样，留个拎手，跑亲眷、送丈人，很客气的模样。

　　小时候月饼馅儿五仁最常见，剥开月饼酥壳子，露出厚厚一层白馅儿，馅儿几乎单独成饼，该是用饴糖猪油胶着在一起，肉眼看得见的有瓜子、松子、红绿丝等，看不见的据说还有核桃仁、芝麻等。我吃月饼有个癖好，只吃酥皮，芯子原样不动。大人觉得我浪费，但我极恨这齁甜齁甜的月饼芯，尤其不喜嚼那甜不甜咸不咸一股生味儿的红绿丝，一直想不通为什么要夹这么难吃的东西，有什么好吃？

但也有人特别喜欢吃红绿丝，曾亲眼见过一位同学很香地吃五仁月饼，特别爱惜地啃里面的红绿丝，诉说着如何如何好吃……人与人之间口味的不同，真有天壤之别！

清明、端午、中元、中秋、春节为吾乡大节，讲究烧经祭祖、特制食物、探访亲友、阖家团圆——清明摊杨柳烧饼，端午打箬子裹粽子，中元轧皮子裹扁食，中秋杠藕饼送月饼，春节做馒头裹圆子……食物既是传统习俗的体现，又是风土人情的承载，既馈赠亲友聊表心意，又烘托渲染节日气氛，是特殊而重要的乡土符号与纽带。

中秋之前，各大作坊就铆足劲儿、屯够原料，轰轰烈烈开炉烘月饼。早前多制苏式甜月饼，后渐渐开制苏式咸月饼——椒盐、肉松、鲜肉等，再后来广式月饼也出现了，咸的有火腿、香肠、蛋黄等，甜的有豆沙、莲蓉、枣泥等，总算大大丰富了吾乡月饼种类，像我这等光吃皮子的挑剔人，也有了选择余地，不需家人收拾烂摊子，真是福音！

如今，吃月饼并不限中秋，它自有中式糕点日常版。北京稻香村的各式酥饼，延续京式月饼传统，超越"自来红"、"自来白"（月饼），有枣泥、椒盐、杂果等各式内馅，任君选择；爱吃甜的苏州人，最钟爱的却是鲜肉咸月饼，杭州人加入榨菜，解腻得多；沪上功德林素饼，健康酥松，甜而不油，鲜而咸香，常年开售；台式点心香芋酥早已老少皆知，那是潮式月饼的漂洋过海版；广式月饼向来领潮流之先，莲蓉、椰丝、蜜橘、叉烧无一不入馅，近年来的奶黄流心馅儿又成为了网红；接班土家烧饼流行街头的霉干菜烧饼，换层油酥皮就是正宗徽式梅干月饼；云南著名伴手礼"鲜花饼"，鲜花、云腿满满都是滇式月饼的特色元素……

做月饼，对好吃爱吃的国人来说，只有想不到，没有做不到——冰皮月饼，咖啡月饼、抹茶月饼、紫薯月饼、腐乳月饼……更有暗黑月饼不断挑战你的重口味：龙虾月饼、榴莲月饼、韭菜月饼、酸菜月饼、竹炭月饼、方便面月饼……一言难尽。

中秋·藕饼

　　主辅兼顾、荤素搭食，向来是吾乡重要食俗之一，"杠"藕饼便为此类杰出代表。藕虽本地不多产，但好在著名莲藕之乡离得并不远，这种耐储存的蔬菜于是常登上百姓饭桌。"杠"藕饼吃法由来已久，家家都喜欢，家家都会做。

　　"杠"藕饼先做藕夹。选藕节短、藕身粗的无泥藕段，横截切成一厘米左右的厚片，厚片中间还要切开口变夹子，再嵌入剁好的葱花姜米猪肉馅儿。夹馅讲究不多不少，多了藕夹肚子大，不成为饼，少了藕夹不荤，没味儿，诀窍是填满肉后将饼轻轻摁一摁，让肉馅自然挤入藕眼中，再刮去藕夹边溢出的馅儿，如此这般，藕饼才平整饱满，筋骨结实。

蔬菜和肉，仅有荤素，再给藕夹披上一层薄薄面衣，才算兼顾了主食。拖面衣手要快，连着下锅一起来，最忌拖泥带水，否则便滴滴拉拉，面糊落得满灶台。

"杠"与"炸"相对，是种烹饪方式。"炸"要大锅旺油，"杠"是文火慢煎，"炸"用起油来只顾"今朝有酒今朝醉"，不思来日，"杠"是关起门来做人家过小日子，细水长流。外卖藕饼多为油炸出售，家常"杠"藕饼，锅底只一两勺油，油煎定型，慢慢"杠"、慢慢补油，藕饼皮子微黄七成熟模样起锅，吃前再回锅补"杠"剩下三成，好比英国人的司康饼，留半熟吃前再烤，入口才熟得将将好！如论口感，炸藕饼吃的是油酥焦脆，离锅上桌最佳，"杠"藕饼吃的是鲜糯脆韧，加热回温方便，各人各喜欢。当然，前者略输油腻，后者略欠酥松。

小小一只藕饼，由里及外——肉类、蔬菜、面食，层次分明；粉红、雪白、金黄，色泽丰富；荤香、鲜糯、酥脆，交相层叠——论营养、论口感、论外观，它都是民间饮食智慧的完美体现。此类食物在北方叫"盒子"，藕饼即"藕盒子"，南方称某某"酿"，藕饼应算"藕片酿"（酿藕）。不管称呼如何，藕饼却真的成为了一类可无限复制的食物典范，吾乡此系列有茄饼、番芋饼……

藕饼的食用不仅兼顾日常，更与时节礼数紧密相联。中秋节，家家户户藕饼飘香，走亲访友送藕成双，是生活更是期盼——节节高升、幸福圆满！

腊八·粥

　　每年直到腊八、吃到腊八粥，我才想起，前一天是母亲的生日。我一直埋怨外婆为什么不晚一天生她，那样就能喝腊八粥庆祝生日，多么特别！多么好记！

　　我们家很少大张旗鼓煮腊八粥，要吃腊八粥，得到别人家！有一年腊八节，跟一个小伙伴回家，她家姐妹三个，分别是大姐、二姐和她（小怜），大姐比二姐大三岁，二姐比小怜大两岁，小怜和我一样大，当时大概八九岁。姐妹三个一起煮腊八粥，我坐在桌边等着喝。大姐最能干——烧锅，她坐在大灶后头，点火、放柴、控火，井井有条！二姐早已舀进半锅水，指挥着小怜准备东西，她一一报着："花生、赤豆、饭豇豆、青菜、白果……"小怜手脚麻利，一样样自粮柜中抓出，淘洗干净，递到灶头给二姐，二姐一样样下进滚水锅，搅拌着。她边搅拌边说："咦，我算来算去，怎么算不出八样啊？"小怜又重新和二姐核对了一遍，补充说："还有米、盐、油……加上去，不正好是八样吗？"二姐连忙说："是是是，还有米、盐、油！八样，一样不少！"

我在旁边听得稀奇，心想："虽说我很少吃腊八粥，但无论如何粥底怎么能算进去？你要是算上米、盐、油，那岂不是还要算进'水'？"但我看她们忙忙碌碌，没有吭声，姑且算它有八样吧，我只管吃就行！

后来她们在大姐的指挥下，又扬进些玉米糁儿，搅进点麦粉疙瘩，自我感觉很豪华！不过，这煮出来的腊八粥啊，那是一言难尽——菜粥？细糁粥？疙瘩汤？好像都有点像，好像又都不像，但好歹肯定有八样！我们照样喝得开心！

小怜家里还有父母和四十岁未结婚的伯伯，父母操持田地，主要靠伯伯做木匠供她们三姐妹读书。她能拿出来招待我的腊八粥，是贫寒人家的腊八粥，寒碜到连米、盐、油都要算进八样，与想象中的腊八粥相去甚远，却使我终生难忘——姐妹们烧粥时的亲情，自己劳动的喜悦，烧出粥来的自豪，喝粥时的满足……这些都成为珍贵的人生礼物，不时跳出来温暖我，始终对人性抱有希望。

长大以后，社会物质渐渐丰富，红枣、核桃、桂圆、莲子、等干果也渐渐成为各家必备，腊八粥才渐渐豪华起来。我们江苏的"腊八粥"，有咸甜两派：咸派"腊八粥"其实就是"杂蔬菜粥"，往油盐粥底里加入青菜、香菇、木耳、豆子、菌类等各式杂蔬，滴点香醋、麻油，既开胃，又顺气；甜派"腊八粥"可以参考"亲亲八宝粥"，甜米粥打底，加入花生、核桃、红枣、莲子、果脯等，糯糯软软，招人喜欢。我猜，吾乡如果烧咸八宝粥，大多数人必定会加香堂芋、黑青菜；如果烧甜八宝粥，花生、饭豇豆多半在列。

腊八节的起源是腊月祭祀，后跟佛教文化融合附会，重叠了释迦牟尼的成道日（佛教"法宝节"），固定在腊月初八，也有感恩农神、庆祝丰年的意味。各地腊八节不全尽喝腊八粥：华北地区腊八节这天开始腌制"腊八蒜"，将去皮大蒜瓣密封泡渍在米醋中，蒜瓣渐渐通体变绿，待到新年除夕夜，吃饺子时取食腊八蒜，翡翠般的蒜瓣搭配深红米醋，喜庆又美味；安徽黟县一带腊八前后，家家户户都要做腊八豆腐，或圆或方，加入盐水，太阳下晾晒吹干，以草绳悬挂通风处，吃时摘取，方便可口；陕西很多地方并不产米，所以他们吃腊八面。人们前一天用各种果蔬做成臊子，擀好面条，赶在初八太阳出来前，吃下飘香四溢的腊八面；宁夏人吃腊八饭，用扁豆、黄豆、红豆、蚕豆、黑豆、大米、土豆等加荞面同煮，供全天食用；西宁人吃麦仁饭，初七晚上将新碾的麦仁与牛羊肉加盐、姜、花椒、草果等一夜文火煨煮，第二天开锅异香扑鼻……

腊八节食俗众多，随着食材种类越来越丰富，腊八粥也不断发生着新的演变，变得越来越健康、越来越营养、越来越现代、越来越日常。

腊月·馒头条糕

馒头、条糕以前是过年才做的食物，腊月里各家自制，新春里走动赠送，互尝手艺心意。

农家都存着些祖传老酵——几块面坨坨，黄巴巴、皱兮兮，平常乖乖缩在柜角，偶尔出来见见阳光，暗自积攒活力，期待到腊月大展身手。

一般总在腊月廿三廿四，不会超过廿五，家家户户开始忙碌起来：大盆萝卜刨成丝、大颗青菜洗成堆、咸菜出缸、猪肉切块、豆沙淘洗，最后祖母们将和好老酵面的盆坛用军大衣一包，密不透风地藏进被窝，你便知道——明日里准要做馒头！

主妇们凌晨便起，发面、烧水、拌兜心、借蒸笼，吃过早饭，人员陆续到齐——每户人家做馒头大约总有固定班底：谁踩面、谁和馅儿、谁烧火、谁上笼、谁包馒头、谁做糕……面是自磨的、菜是自种的、猪是自养的，除了，人是互借的、蒸笼是凑的、闹钟是孩子房间里拿的……

　　厨房里雾气氤氲，方方的蒸笼早已热气腾腾，两缸面已经发好，青菜、萝卜、豆沙、雪里蕻各馅备齐，女人们围坐在八仙桌旁，轻巧地切开面团，揉开剂子，一塞一包一滚，一个馒头眨眼完成。咸馒头做圆、甜馒头做长，抑或反过来，要不就点上豆沙痣，一会儿便满笼。男人们烧火看锅，一刻钟闹铃一响，抽掉蒸好的，补上新做的。室外早已铺好芦花帘席，一屉屉蒸好的馒头倒上去，腾起一阵水汽；趁着馒头这股热劲，大人们催喊放寒假的孩子们，赶快过来挑爱吃的下手，而这就算午饭了。做完馒头做条糕，各家里心灵手巧的那个，这时便开始了创作——拍几条面鱼鱼，剪出鳞花花，除夕供上人，初五拜财神——年年有"余"、好事成双嘛！

　　下午一两点钟，忙得差不多了，大家歇手，各自吃些馒头各回各家，馒头、条糕在芦席上慢慢凉去，可乡村的春节才刚刚拉开帷幕。

　　条糕凉透后，祖父们会拿出菜刀、搬出条凳，凳子一头接上大圆匾，只见他们跨坐条凳，垫上砧板，像切照片一样手起刀落，条糕被横截成一厘米厚的片片糕，从凳子顶端纷纷扎落匾中，等待被冬日暖阳晒得干干燥燥，再心满意足地被扎进蛇皮袋，收回粮柜中。

　　那馒头，早就说过，是走亲访友的心意礼。从腊月到正月十五，十来个馒头整整齐齐一包，拿过去说声"也尝尝我家的馒头"，任谁都要客客气气地回礼。百家百馅儿，如果说以前这手工老酵馒头的礼尚往来，多少还带些小农社会以物易物的意味，那如今商品社会中仍在互赠的手工老酵馒头，则更多显露了乡土社会尚未崩解的生活传统和固有礼仪。

条糕片儿并不拿去送人。农人下地早起，喝玉米糁儿粥腹中太寡，需得配些干货，才有力气扛到中午，煮粥时锅上蒸些条糕片，可助他们挨过半日劳作。耐储存的干条糕片儿，也是家中孩子能吃半年的零食，肚子饿了，只管伸进粮柜中摸出几片，和小伙伴们分了，干干地嚼下肚，嚼出一嘴麦面甜。

好笑的是，送来送去，吃来吃去，馒头各人总觉得自家最好，而条糕片儿，我却总觉得小伙伴给的最香！

记 忆

春　卷

春节期间，吾乡从不吃饺子，有一样小吃，却几乎家家必备，那就是"春卷"。

"春卷"在中国北方也称"春饼"。早在东晋年代，人们就在一年之初食用"春盘"，又称"五辛盘"——以面摊薄饼，上盛小蒜、大蒜、韭、芸薹、胡荽等五种辛荤蔬菜，供人们春日升发五脏之气食用，所以从创制之始，这就是一种顺应时节的食物。至唐、宋，"春盘"依旧盛行不衰，"春日春盘细生菜"（唐·杜甫·《立春》）、"春日春盘节物新"（宋·陆游《立春》）等都是这一传统食俗的体现；至元代，已有"卷煎饼"的记载：

"摊薄煎饼,以胡桃仁、松仁、桃仁……加碎羊肉、姜末、盐、葱调和作馅,卷入煎饼,油焯过";至明清,"春卷"渐渐成型,对卷状春饼的记载也更加丰富:当时的春卷无论是外形还是内容,都已接近现今——《调鼎集》以"干面皮加包火腿肉、鸡等物。或四季时菜心,油炸供客。又,鲜肉腰、蒜花、黑枣、胡桃仁、洋糖共剁碎,卷春饼切段。单用去皮柿饼捣烂,加熟咸肉、肥条,摊春饼作小卷,切段……"春卷也继续顺应时俗,人们赋予它迎春、庆春、闹春等美意——"是日富家多食春饼,妇女等多买萝卜而食之,曰咬春,谓可以却春闹也"(清《燕京岁时记·打春》)。

如今在中国的北方地区,尤其在东北一带,还保留着"春饼"的食用方式。有专门的春饼店,烙出特制春饼皮,客人进店随意点些小炒或凉菜,裹进春饼成卷,搭配小米粥食用。春饼店丰俭由人、主随客便,很受群众欢迎。他们的春饼皮,较厚、较韧、与我们这里的春卷皮不是一个概念。

现在我们通常意义上所指的春卷,其外皮已演变为专门的卷皮。进入腊月,便可见春卷皮当街制作出售。制作者事先用面粉和盐揉成光面团,对着一个烧热的平圆饼铛,拿块肥猪皮往上面一转一擦,再迅速将手中面团往饼铛上一擦一转,铁板表面迅速形成一层面衣,面团顺势一提,面衣顺势一起,一张薄如蝉翼的春卷皮就完成了。做春卷皮是一项完完全全、彻彻底底的机械劳动,制作者兢兢业业、周而复始上百下,才能得厚厚一沓春卷皮,做好的春卷皮要用湿布赶紧盖好,保持湿度,避免变脆发硬。

将春卷皮做薄,是为了油炸后能有酥脆的口感,并突出"兜心"(内馅)的鲜香。在我的家乡,从腊月到正月,春卷始终是盛行不衰的小点,用来装点宴客的酒席及节日的饭桌。常见春卷兜心有:荠菜肉兜心、韭黄肉兜心、黄芽菜肉兜心……

不论哪种兜心，都离不开鲜肉、咸肉——将鲜（咸）肉切丝，每份春卷皮上平均分配鲜（咸）肉丝、荠菜（韭黄或黄芽菜），翻折包裹成卷，以水润边封口，入油锅煎炸至金黄，捞出沥油盛盘。春卷虽香，可不能心急，心急不仅吃不了热豆腐，也吃不了热春卷，如果你贪吃猴急，小心将嘴巴烫伤！应耐心等待春卷稍凉，酥脆适当，蘸香醋食用。

为健康故，油炸春卷不妨做些改进——以同样的方法裹好春卷，放入烤盘，浅浅刷层食用油，高温炙烤使之脆熟。这样既降低了油脂摄入，还避免了油烟侵扰，一举多得，何乐而不为？

吾乡有种特殊的甜春卷，只在夏季可尝。乡人挑选大小适中的天然藿香叶，卷入桂花豆沙兜心，挂蛋清糊，低温油炸而成，其色如雪透青，美名曰：藿香芙蓉饺，我以为，不如叫：藿香芙蓉娇。开个玩笑！

春卷也是有名的跨国料理，但知名的并非中国春卷，而是越南春卷。春卷是越南料理的灵魂之一，如果你进到越南餐馆，春卷几乎每桌必点。越南春卷与中国春卷最大的不同之处在于，它们的饼皮不用薄面皮而用薄米皮，稻米浆制成的越南春卷皮又叫作"越南米纸"。越南春卷常以虾肉及各种蔬菜入馅，分为油炸与生食两个版本：油炸版本通常迷你小巧，生食版本体积较为庞大。越南生食春卷非常像贵阳小吃"丝娃娃"，都是以薄米皮卷裹各种馅料直接食用，不同在于——"丝娃娃"蘸水种类繁多，香鲜酸辣；越南春卷以鱼露、柠檬汁为主要蘸汁，清淡鲜爽。

细籸粥

细籸粥又叫糁儿粥，两种叫法里的字都不常见，方言才能读出韵味。"籸子"或"糁儿"是比粉状更粗的颗粒渣子，它既保存了粗粮的膳食纤维和营养，又兼顾了口感，还易于人体消化吸收，是种聪明吃法。

常见的细籸粥有：玉米糁儿粥、大麦糁儿粥、元麦糁儿粥等。玉米糁儿粥——乡里人家每天两顿，早上一碗就摊饼、馒头干，吃完下地干活儿，晚上搁上山芋、胡萝卜、饭豆豆，喝完早早睡觉；街上人家每天两顿，早上掺些大米打底，米多糁儿少，配烧饼、蟹黄包，皇帝来了也不换，晚上清淡些，薄溜溜煮一锅，喝完通体舒泰。

糁儿要吃新鲜，乡人根据时令喝新玉米糁儿粥、新大麦糁儿粥、新元麦糁儿粥，陈糁儿拿去喂猪。夏天新机的大麦糁儿、元麦糁儿，香喷喷地扬进滚水，大锅慢火嘟出"油头粉面"——粥油和色泽——温温地来一碗，暑意全消。稍晚的新玉米糁儿，搁点珍珠玉米粒，煨到粥底黏滋滋，搭萝卜干或八宝豆酱，那叫一个爽。

糁儿粥的好处，便是刮油，然而不讨孩子喜欢。生长发育中的孩子，会闹着说——"寡"！喝糁儿粥确实容易饿肚，略粗的口感也的确不如大米粥顺口。要孩子吃糁儿，真得多些花样：用大米或剩饭打个粥锅底，米多糁子少，调出的粥会稠滑经饿很多；或是洒进疙瘩面，杂合点当季蔬菜——荠菜、韭菜、苋菜、菠菜、青菜、黄芽菜，丝瓜、茄儿、花生、蚕豆、毛豆、香堂芋等，咸咸混沌一锅叫"合算粥"，孩子们往往买账；夏天早饭的剩粥也不要倒，凉在小瓷盆里凝成啫喱状，划十字一分为四，取块搭咸菜就是"划粥断斋"，暑天一块下肚，从头到脚都荫凉；没有冰箱的年代，凉粥过午馊了怎么办？巧主妇会在馊粥里继续掺些生糁儿，发成酵头，蒸一锅酸津津的酵饼，配糖蒜头或老豆酱，打嘴也不丢。

迄今为止，有样东西我只吃过一次，是幼时同学妈妈用玉米糁儿做的摊饼，黄澄澄、金灿灿，嚼一口薄脆生香，那是节省小麦面不得已而为之的吃食，无缘再尝，却记忆犹新。无独有偶，玉米糁儿也让那位爱喝茶爱写诗的郑板桥惦念不已，写下了"白菜青盐糁子饭，瓦壶天水菊花茶"，至今仍挂在板桥故居里，诉说着糁子饭的人生真味。

听老辈人讲，老早农家晨起，先烧好一大锅糁儿粥，薄得照见人，夸张到"一粒米烧一锅粥"，大人小孩儿渴了饿了，拿个粗陶碗随舀随吃，一锅粥养一家人一天。想起"披萨"史上也曾是意大利穷人吃食，街边小贩沿路叫卖，大人孩子饿了随手买块充饥，如同喝水般的存在，所以深具生命力。玉米糁儿粥在吾乡，似乎也是这样。

晚　茶

　　我的家乡，"喝"也叫"吃"，"喝水"叫作"吃水"，"喝茶"叫作"吃茶"。"晚茶"自然是"吃晚茶"。

　　"晚茶"这一风俗不知起源于何时，总之也有悠久历史。自我记事，每当家中来客人或者去别人家做客，哪怕是到外婆家去，都会吃晚茶。我共有四个姑姑，当时两个待嫁，隔壁姨奶奶家还有几个姨叔，都处在适婚年龄，常看到媒人来来往往，简直要踏破门槛，一会儿姑姑去人家"看人家"（姑娘及家人去介绍对象家里看看），一会儿人家来姨奶奶家"看人家"，很是繁忙。

　　"看人家"的姑娘由媒人陪着，有时候是下午去，四处转转，大家坐下来"港港"（聊天），看得对不对眼，要等回家再讲。等不到吃晚饭，媒人陪着姑娘家的人就要往回赶。主人家

351

其实已经备了晚茶，连忙挽留，吃了再走，最好吃了晚饭再走。姑娘家一定会推却，怎么着都不肯留，主人家再请，姑娘家再要走，来回好几趟，最后央求媒人出面"讲和"。媒人先谢过主人家，回头再劝姑娘家，两头都得掺和，左说右讲，天大的面子，最后代替姑娘家同意，拉着他们一同坐下，这晚茶才算能到口。

即便是不富裕的人家，也总是奉出最好的茶食、点心，烧上甜蛋茶、番芋茶。大家拉拉扯扯、推推拖拖入座，又是好一番扰攘，至于什么上首不上首，哪个位置第二，我从没搞懂过。八仙桌中间有红糖粿、云片糕、芙蓉糕……有炒花生、炒蚕豆、爆炒米……有脆饼、馓子、麻糕……有荸荠、菱角、红枣……每人面前一只蓝边碗或花碗，碗底一撮红糖，盛上热热的水潽蛋，这叫"蛋茶"，用番芋烧出来的甜汤，叫"蕃芋茶"。这一桌，无论是吃食还是汤点，都适合文雅的吃法，没有觥筹的交错，没有烟酒的缭绕，完全是特为姑娘准备的吃茶礼，仪式感十足。吃过晚茶，大家有礼有貌谢过主人，客客气气打招呼告退。主人一家送到大门口，当家的女主人多半还要埋怨似的来一句："叫你们吃了夜饭再走的呢？都准备停当了！"然后又笑逐颜开地拉着姑娘的手，"来耍子（来玩，有的地方叫来嬉戏）啊！"

现在想起来，那种有板有眼、欢喜热闹的古风场面挺有意思，就像唱戏，每个节拍、每个转折，每个唱腔都必须承接到位，客套也是真的客气，热情也是真的欢喜，做足全套功夫，玩不得虚。

还有就是女儿回门或回娘家时会吃晚茶。回门自不必说，新嫁的女儿做了人家的"新妇"（方言，儿媳妇），第一趟从婆家回来，还带回相貌堂堂的"相公"（方言，指丈夫），父母亲怎么也得赶紧张罗。中饭吃得早，饿坏了女婿可怎得了？虽说已经成了一家人，该尽的礼数必须尽到！毕竟成了一家人，不拘泥于先前那些茶点，丈人丈母还会搞来些上市货——春天的"冷冷"、粽子、枇杷果，夏天的玉米、龙虾、毛豆角，秋天的螃蟹、柿子、香堂芋，冬天的香肠、咸鱼、春卷条……看着女儿吃得开心，就是自己吃得开心。临出门前再次细细叮咛嘱咐："到人家去要懂礼、知趣、会做人，别把话给人家说！啊？"

等再过几年，女儿回娘家又多出一个人，一个小人。小人满地跑，喊出的"外公外婆"又糯又甜，这是宝贝疙瘩、肉心肝，要天上天，要地入地，都听他（她）的，都围着他（她）转！什么？要吃鸡蛋？去，赶紧到鸡棚捞来鸡蛋，还热得烫手！油煎？好，倒上最好的花生油，把蛋杠（煎）得黄灿灿！要喝饮料？去，把你外公舍不得喝的葡萄汁拿来！不想动手？行，外婆喂你"啊呜啊呜"大口吃！

女儿回到娘家，变成甩手大掌柜，乐得轻松。夜饭前要回去，爷娘张罗起晚茶，喏！都是你爱吃的——粉蒸萝卜缨、清煮豌豆角、椒盐蚕豆瓣、糖醋带鱼段、扁豆饭、大麦粥、芋头圆、藿香饺、摊饼、斜角、江糟……吃不完你打包！

在这个世界上，即便吃过再华美的英式下午茶，始终最满足、始终最惦念、始终忘不掉、始终还不了的，还是乡里乡亲、外公外婆、父亲母亲给我们做的那一顿顿——晚茶！

冷　冷

　　大约十来岁，春天，在外婆家午觉醒来，旁人都歇着，屋里静静的，我恍恍走进灶间，外婆坐在小圆桌旁拿个瓷盆挑挑拣拣，见我进来："醒了啊？来吃冷冷！"

　　"冷冷是什么？"我凑近了，"虫儿吗？"满盆子青坨丝，像爬满了青蚕儿，我头皮麻了麻，"虫儿我可不吃！"

　　"呆怂！"外婆横了我一眼，"人家刚送来的，是冷冷，不是虫儿！"她把我按在圆桌边，拿来瓷勺，伸进瓷盆舀了半碗"青虫儿"，递给我，"快点吃！好吃的！"

　　我愣愣地接过碗，噫怪地看着那些青坨坨，感觉它们蠕动了起来，要爬满桌，但又有股香气飘荡开来，虫儿不是臭的吗？怎会飘香？香虫儿？我呆呆地盯住碗里仔细瞧，一晃眼蠕蠕地爬，像神了青虫儿，一晃眼又不似虫儿，像煮开的米粒染上了青色，不对，不是染的，是从里到外都是绿的，碧糯碧糯的。

我揉揉眼："虫儿怎么吃得下口？我宁可不吃！"

"呆子，不是虫儿，是冷冷，好不容易才有，平时根本吃不到。快点吃！"外婆只是催我。又说冷冷不是虫儿，那它不是虫儿到底是哪样咯？我不动勺子，只是把碗放下来，却见外婆从瓷盆里捏起一小撮，用劲捏个团儿，放进自个儿嘴里嚼了起来，香得没命的样子，我于是愈加害怕，拔腿想逃。

外婆比我更快，拿起勺就杵到我嘴边，逼得我张口。人家午睡本来就半醒不醒地，起来竟然被逼着吃虫，我气得扭头挣扎，眼泪珠儿都快掉下。可还是有几粒"虫儿"粘了在嘴边，"咦？香的?"我不自觉地舔掉"虫儿"，嚼了起来，嚼了又嚼，"唔，好吃！"我端起碗舀了一小口，吃了起来，嚼嚼又香，于是又舀了一大勺……

外婆这才心满意足："慢慢吃，还有呢……"

好多年后五一节从外地回家，母亲问我有没有什么想吃的，我突然想起那些清香微甜的虫儿，"冷冷！"脱口而出。母亲好生奇怪，我们家从没吃过这个，你怎么知道？我心里有些坏坏的暗喜："不是问我有没有什么想吃的吗？我就想吃这个，有没有啊？"

的确，冷冷从没上过我们家的饭桌，只因那是老一辈春夏之交、青黄不接时的贴补食物，我们家从没专门找来吃过。我这一提，倒也勾起了家人的馋虫，他们四下张罗去了。

其实，我这是问巧了，冷冷正是四五月份的上市货，要用那挂足浆的元麦（青稞）穗头，撮去表皮、飏去细芒，嫩炒后放进老石磨，直到石缝缝里吐出一条条绿丝丝，便是那直接可以入口的冷冷。有人咸吃，有人甜吃，韭菜炒之最佳，除却阳春天，别时是见不着冷冷的。算起来，当时过完两个本命年的我，与它也只有过数面之缘。

外婆叫它冷冷，多年后我才查出，有地方叫"冷顿"，稍远点叫"麦蚕"，较为官方的说法是"冷正"或"冷蒸"，有吃家认为该叫"冷嫩"更贴切，因为制作中并不需要蒸。曾有人专门找好多本土老县城人问过，他们都叫"冷楞"。反正，我只叫它"冷冷"，这是外婆盛给我那碗虫儿时，我脑中蹦出的字眼——冷冷——一种怪怪的俏皮虫儿，伴随着外婆强硬式的宠爱。

江 糟

此物方言"江糟"，听不懂不要紧，写全就懂——"江米醴糟"。江米，糯米；醴糟，米酒。江糟就是糯米米酒，较为普遍的说法是——"酒酿"。

地道的做法兴许是用糯米发酵，而吾乡更为普遍的居然是用剩饭发酵。我长到比桌子高些，就已经和表姐一起做江糟了。

发酵食物所需无非温度、引子。天气热起来，每天剩下的白米饭容易馊，奶奶不舍得喂鸡，也不舍得倒掉，去小店买几包橘色袋装酒药——一种方糖状酒引，开始做江糟。江海平原四季分明，初夏早晚也还是凉爽，这时做出的江糟并不那么甜。

一定要到盛夏来临，一定要等放了暑假，一定要在烈日炎炎的午后，不甘心午睡的表姐、表弟和我，共同开启我们的酿酒大业。江糟爱干净，手、容器都脏不得。三个人分工合作：一个人碾酒药，一个人拌酒药，一个人整形压饭。表弟劲大，负责用玻璃瓶将方块酒药碾得粉碎，一颗方酒药够拌三四个人的饭量，酒药略少些也没关系，温度高了也能出酒，时间长点罢了；细细碎碎的酒药很快被撒进盛剩饭的小面盆中，用筷子拌均匀，保证饭米粒粉末均沾；然后整形，拿喝汤的瓷勺底部将江糟饭压实压平，中间高而四周略低，取根筷子在中心戳个洞，留着排气出酒；最后用盖板盖严实后，将发酵盆放进碗橱角落。

　　江糟不仅爱干净，也爱清净。两三日中，我们最好安静等候，第三天上再去揭盖看它。江糟饭有时候长毛，有时候不。如没长毛，但盆中心洞中已汪着一半汁液，那么不出半日，江糟饭便会完全熟透、酒汁尽出。如表面长满白簇簇、绒乎乎的一层毛，而盆中心酒汁满满的话，其实已经有点长过头，但这却是我最偏爱的状态，毛毛的江糟饭嚼起来像棉花，口感特别。

　　江糟原汁稠厚、酒气冲鼻，大人们教我们一个好方法，防止我们醉倒。倒一碗凉透的白糖水进去，守半天，当酒汁和白糖水互相渗透，江糟饭被浮托起来时，原汁便被稀释成米酒，小孩子多吃些也无妨，不会醉。

　　夏天的江糟，冰镇后口感更佳。如何冰镇？没有冰箱用土法——江糟密封放吊桶，长长的桶绳垂进井里，吊桶半漂在水上几个小时，就冰好了。午时，一家人围坐一起，吃口凉哒哒的冰镇江糟，说不出的满足。我们则更得意，半是欣赏自己的能干，半是陶醉在那似有若无的酒意中。

　　做江糟，是童年暑假作文永远不变的主题。

汽　水

　　上小学了，母亲给我买了个漂亮的绿色水壶，上面还印着几幅漫画，让我天热灌水去学校喝。

　　那时候农村的学校普遍简陋，不提供饮水，而大家都只在夏天才带水到学校，天冷的时候……现在也记不清到底是怎么解决口渴问题的了……中午孩子们都回家吃饭，大概回家时都喝饱了水吧？但下午有体育课，有大扫除，要运动，要扫地，不可能不喝水！因此，每天下午两节课后的大课间，就成了我们寻找水源的重要时段！

水源地之一：喝生水。对，相信你的眼睛，你没有看错——喝生水！当然也不是随便哪里的生水，不是小河边，也不是水渠里，很多人会凑到某个住校老师的宿舍里，跟老师讨个水臼子，轮流从水缸中臼出清凉的井水，直接喝！不是老师不给孩子们倒开水，而是没有人会去喝烫烫的开水！自来水？当年在我们那里是不存在的！喝生水的孩子自小就喝生水长大，从不担心生病。

水源地之二：同学家。总有些同学家住得离学校近，他（她）们就成了孩子们"争抢"的对象。一句话，有"水源地"就有发言权！下午第二节课下课铃一响，这些附近的同学振臂一呼："你，你，你，还有你……"于是就在他（她）挑的那些要好同学的拥簇下，像胜利的大将军般走出校门，回到自己家，一起倒水喝。

水源地之三：茶水摊。学校隔壁住了对老夫妻，儿孙都已长大，两个人闲来无事，在家里摆了个茶水摊，卖茶水给下课的学生喝。他们用直身透明玻璃杯盛茶水，分为三种档次、三个价钱：一是凉白开，两分钱一杯；二是由凉白开和糖精等兑的"汽水"，五分钱一杯；三是由凉白开和白糖等兑的"汽水"，一毛钱一杯。作为水中"贵族"，一毛钱一杯的"汽水"自然少有人买，两分钱一杯的白开水又太平淡，绝大多数人既想寻求口味，又要考虑性价比，往往选择中间一档的糖精"汽水"。茶水摊老奶奶还算比较干净——往往午饭后就开始烧水凉透，兑成"汽水"，分倒进数十个玻璃杯，用方形小玻璃片盖好挡灰。

所谓"汽水"，并不真是瓶装汽水，而是吾乡土产，由孩子们自创。那是用一定量的糖兑上一定量的醋，加入开水调和而成的自制饮料，褐而甜，红而酸，散发着一股奇怪的酸溜溜的蜜饯味道，夏天喝了生津止渴，没有人不会做。

"汽水"所有材料均来自家庭厨房，纯绿色、够天然。如果没有糖，有人用糖精代替，只放一两粒，就已足够甜。如果没有香醋，散打的陈醋也是可以的，但没有人用白醋。原料的不同带来了成本的差异，这也就是为什么同为茶水摊的"汽水"，却有五分钱身价差的原因。

夏天到了，孩子们早早就已清洗好各色玻璃瓶——有酒瓶、醋瓶、酱油瓶……用得最多的要算圆身的盐水瓶——这些就是乡下孩子们五花八门、独一无二的"水壶"啦！兑好的汽水经由漏斗灌进水瓶中，找来锥子往瓶盖上戳个细洞，将"糖担子"买来的塑料细吸管像做"胃镜"般地探进水瓶底部，接着，酸甜的汽水就经由这细吸管盘旋而上，轻松吸进孩子们嘴中。

有时候孩子们会搞点混搭，掐点薄荷或藿香叶泡进汽水里，汽水便一下子有了复合滋味的层次感。也有人嫌那样味道怪，只管加足足的醋、足足的糖，把汽水染得乌黑深沉，口味极重。能把糖、醋调和得平衡中正之人，必有很高的厨艺天分，受到普遍尊重。

每当天气一热，教室就成为林林总总多瓶汽水的展览室，去学校比较早的同学会交换品尝，互评互赞，大家的认真程度，不亚于品酒现场。

塑料细吸管真是一种喝水利器，有人能够像口引汽油一样，通过吮吸产生气压，使水逆流，顺着低垂的吸管自动滴落，懒人只需大张其口，在下面接着就是了。上课若是乏了，只要吸管够长，就有人偷偷从桌肚中牵出吸管，假装不经意地抹进口中，使劲吸上两口，困意很快消散。

很多时候，我宁愿找个晶莹光洁的玻璃瓶，装上红亮诱人的糖醋汽水，也不太愿意使用母亲为我买的漂亮水壶。喝汽水，还是用瓶装最有趣。汽水好喝、好玩，胜过任何雪碧、芬达。

豆 酱

　　中国人是吃豆行家，最杰出的创造是豆腐，最经典的吃法是豆酱。

　　吾乡乃江海中长出的高地，沙壤且地质复杂，微量元素丰富，适合种植黄豆、花生、蚕豆、玉米、山芋等，作物营养价值很高，清甜沙面迥然异于别处。其中最常见的黄豆，除用于日常榨油食用外，勤劳的乡妇们还酿制豆酱，四季食用。

　　有一说"酱"为范蠡无意中创制，他也因此被尊作"酱"祖，口口相传而已，并无实据可考。又一传说范蠡携西施归隐，暂居吾乡某风景秀丽浅湖区，遇贼弃车、马于大湖畔，改乘舟浮海入齐，此湖成陆后得名"车马湖"，二人同游过的水中沙洲，出水成田后称"范湖州"。自小生长此地，吃豆酱长大，难怪总感觉滋味与别处不同，想来莫不是与"酱"祖有关？当然这是胡话，更无实据。

"酱"要好吃，须得"用心"。乡史名媛董小宛女士是技艺卓绝的女厨，尤擅制豉酱——"取色取气先于取味，豆黄九晒九洗为度，颗瓣皆剥去衣膜……豉熟擎出，粒粒可数，而香气醅色殊味，迥与常别。"

乡间豆酱虽不及董酱考究，却也动足了脑筋，用足了心意。记得奶奶做酱，总在五六月间，先拣种，挑圆而大的老黄豆，浸煮后裹面粉，裹成一颗颗"鱼皮"黄豆大补丸，婴儿般沉睡在夏初的光影角落里，乖乖等待时间的酵转。不出半个月，"大补丸"们上了"黄"，"鱼皮"豆豆变成了"霉"豆豆，伸伸懒腰，洗个盐水澡，继续住进密不透风的老酱坛，陷入更深沉的宇宙思考。

巧手做酱的乡妇们，自有她们的诀窍。酱坛是事先收拾干净的祖传老坛，坛壁上凝聚着陈年力道，伏天骄阳是最佳帮手，酱胚升温发酵全权搞定；也请月亮来帮忙，晚间揭开酱坛纱网，到皎洁月色下承接清露。豆酱汲取了"日月精华"，发酵到一半，纱网换成玻璃盖，常常搅拌，日日曝晒，月余转稠，散发浓香。奶奶总是很小心地养她的酱坛，碰不得一滴水、淋不得一滴雨，她拿筷子绑住瓷勺柄，专做搅拌之用。

这其间，晒酱是门苦差事，同窗提起小时候被母亲支使，爆太阳下将沉甸甸的酱坛搬进搬出，真是种难言的考验！听老师说起，早前连一张塑料纸都稀罕的年代，有一种特殊的乡间场景——伏日下，场院旁，家家童子守酱缸，赶蝇忙……不免庆幸我们小时候，已经有了玻璃片和细纱网，无须担此重任，幸好！甚妙！

也有失手的时候，有一年雨水特别大，江边都在抗洪抢险。那年豆瓣酱没晒到太阳，还招惹了蚊蝇，里面生了蛆虫。有人说这种蛆并不脏，撇掉后酱还能吃，可谁会吃呢？据说有人家做酱不靠晒而用油封，可以不靠天吃饭，真是好方法！

　　奶奶还做过蚕豆酱。蚕豆做酱要去皮，煮熟后捣烂。蚕豆渣渣饼成一团团，上霉后结成一坨坨，成酱后完全酥化开来，不像黄豆酱还有豆粒瓣瓣。比起黄豆酱，蚕豆酱的滋味更美。

　　吾乡豆酱，与北方甜面酱不同，更具颗粒感；与东北大酱不同，口味鲜而香；与川渝辣酱不同，咸中带回甘。吾乡吃豆酱，拿糕条片片、白煮香堂芋、嫩螺蛳肉蘸一蘸，烧鱼、煮番瓜、炒豆腐都能放。有时农家也会舍得一回，配些肉丁、笋丁、茶干丁、香菇丁、花生米等，炸一罐八宝豆酱，给外出的家人带上，想家时尝一尝。

咸 菜

　　一个习惯早晚喝粥的地区，如果不做咸菜，那简直不可想象。咸菜的出现，必定与盐有关。

　　吾乡历史，是一部煮海采盐发展史。如皋东十里，有地名"十里铺"，春秋时它叫"郧"，《辞海》中有记载"郧，古地名，春秋邑地，在今江苏如皋东"；后叫过"蟠溪""邗沟铺"，清《直隶通州志·如皋县》中记载"蟠溪即古邗沟，东入海，因溪滩宽衍，中多洲渚，弯曲如龙蟠，故名"；"蟠溪"历史上称"蟠溪煎盐区"，《两淮盐法志·历代盐业源流表》中称"蟠溪煎盐区为两淮、江浙地区煎盐之始"。

关于本地如何发现盐，我听过两个版本。一是南通版本，说是凤凰停落在通州，那地方挖出了"白泥"，被迫进贡给皇帝，却无人能识，后经御厨巧合，误滴了盐卤在皇帝汤中，才逐渐发现了这个宝贝——盐，后称"贡盐"。还有一个是如皋版本，说是贾大夫认出了盐。对，就是那个《左传》中记载的貌不惊人，美丽妻子三年不说不笑，后来射中野鸡博得美人一笑的贾南屏贾大夫！话说贾大夫逃亡到蟠溪以东（今如皋东陈一带），当地为古郓国，有渔夫从海边捡了两个不知名的"蛋"，献给了古郓国首领。有次厨师送面条给国王，经过了悬挂的"蛋"，国王大赞面条口感好，但后来就吃不到了，怪罪下去，有人请来见多识广的贾大夫，通过他的仔细观察，发现那次面条的鲜美与厨师送面经过的路线有关，他取下"蛋"来，原来那是已经溶乳的"盐"，厨师这才为首领复制了那神奇的美味。这两个版本大同小异，除了人物不同，情节略有区分，估计脱胎于同一个母本。

不过，如今东陈仍有地名"凤凰墩"（又叫"盐墩"），传说曾有凤凰落脚过，故此得名。俗话说"凤凰不落无宝之地"，两只盐蛋据说就在凤凰墩下取得。人们为纪念贾大夫，后来的盐场都供有贾大夫像，东陈曾有"贾大夫祠"，后被拆除，人们从祠堂里还搬运出许多古盐砖。

世人都知道古扬州汇集众多盐商，因盐兴旺，却不知扬州只是食盐集散中心，其背后依靠的就是以如皋境内（蟠溪）煮盐业为核心，逐渐扩大开来的"东至通州静海县界，西至泰州兴化县界，南至泰兴并江岸，北至楚州盐城界"的盐业主产区。扬州之繁荣始于西汉吴王刘濞建都广陵，重凿邗沟（老通扬运河，京杭大运河始段，沟通长江与淮河），促使他这么做的最主要动力就是将盐从如皋蟠溪经邗沟运往扬州分包，自瓜州销往全国。自小听说"金如皋",如皋这个小地方何以被称为"金"？自然是以其经济发达——"盐、当（铺）、米、木、布、药材六行最大"，其中盐居第一。如皋盐商建会馆、修学官，就连水绘园主体建筑水明楼也为盐运史所建。杜甫《白盐山》中有诗句"卓立群峰外，蟠根积水边"，其中"蟠根"的用典出处就是指"如皋蟠溪盐场煮盐为沿海的盐业生产之根"。

产盐的地区，人们善于用盐，肉类加工出色，腌腊制品优良——火腿、香肠……酱坛子丰富，咸腌菜也不错。

咸腌菜的出现是为了延长蔬菜保存时间而求助于盐的一种方式。中国各地都有独具风味的咸腌菜，出名的也很多——重庆涪陵榨菜、天津冬菜、浙江霉干菜、北京"水疙瘩"、保定"春不老"等。中国还有一个最爱吃咸腌菜的民族——朝鲜族，说韩国是世界上最爱吃咸腌菜的国家，估计没有人反对，他们有种特殊风味的咸菜——腌橘梗，据说有止咳祛痰的奇效。

不过吾乡萝卜干、萝卜皮也不差，萝卜本身品种就好，只需少量加盐加料，品质自然出众。蔬菜中最不起眼的边角料"萝卜皮"，经过乡人巧手腌制，竟然成为优质特产，变身馈赠好礼，举凡被赠之人无不欢喜，也是奇怪。

过去本地并不种植雪里蕻，绿色蔬菜的腌制，主要对象是农家吃不掉的大杆青菜，腌成后叫"青咸菜"。后来才开始种植并腌制雪里蕻。雪里蕻咸菜口感比青咸菜更佳，春天用来炒蚕豆、炒笋丝、烧河蚌，夏天用来炒毛豆、炒摊饼、喝玉米粥，秋天用来烧黄鱼、烧豆腐、下面条，冬天用来炒肉丝、炒年糕、裹馒头，都呱呱叫！

比咸菜更久的是"老咸菜"，乡间家家都有个老咸菜坛子，里面是切碎的暗褐色陈年干咸菜，也就是霉干菜。这个坛子是个宝，母亲常将多余的煮肉块埋进去，一段时间后挖出来，肉块已被霉干菜熏成酱褐色肉干，肉中水分和坛中盐分达成水盐平衡，由内而外散发咸气，成为一种介于风干肉和酱干肉之间的霉干肉，霉干肉纤维成瓣，咸鲜异常，风味不啻西部的牛干巴和风干牦牛肉。老咸菜烧猪肉最香，它不是普通意义上的霉干菜烧肉，它将带肥五花肉水解、酱渍、吸油、提亮，烧成后干菜比肉还香。老咸菜很好伺候，每年夏天搬出去晒晒，去去潮气，便能祖传。

酱　菜

小时候，外公住所前面有个酱醋厂，虽然隔着围墙，但好味挡不住，一年三百六十五天，绝大多数时候都"津津有味"——不是醋酸，就是酱臭。站在楼上可以看到无数巨大的酱缸，伏天烈日下，每天都有工人揭盖、搅酱……

酱菜不同于普通咸菜，除需有盐的调味，还必有酱的加入。酱菜是中国人吃酱文化的延伸。就我国而言，蔬菜的腌制方法有三：一是咸菜，咸菜主要用盐腌制，过短腌食的咸菜亚硝酸盐较高；二是泡菜，泡菜经过发酵，富含乳酸菌，除食用还可用于调味，比如泡椒；三是酱菜，酱菜先盐渍后酱腌，品类丰富、包罗万象，举凡食材几乎都可以入酱，真要写起来，一本书估计都写不完。

说到酱菜，就不得不提到酱园。酱园如今已少见，如果还能让人们想起，恐怕就只剩下扬州"三和四美"、北京"六必居"等几个有限的老字号了，其实这二者代表了中国酱菜具有典型意义的南北两个流派，南方口味偏甜，北方口味偏咸。酱菜生产靠酱厂，销售靠酱园，酱园其实就是酱菜厂的门市部，除了卖各种各样的酱菜外，还可以零散买酱、打醋、拷酱油、搬腐乳……

我小时候，酱园似乎跟中药房一样，是城镇必备的配置，生意很红火。外公所在的古镇酱园，在老街上，店主很胖，走进酱园，浓浓的酱香扑鼻而来，各式坛子、罐子、缸，糖蒜头、萝卜干、螺丝菜、乳黄瓜、酱菊芋、香醋、酱油、豆酱、黄酒……五花八门，应有尽有。最喜欢糖蒜头，那是我们夏季吃泡饭的首选；毛芋头（菊芋）也不错，嚼起来稀哗稀哗；萝卜干可以配粥，单吃也很好；腐乳大人们喜欢吃，我们觉得太臭……外公年轻时得过痢疾，伏下病根，从此不能吃水果，他最鼓励我们吃糖蒜头，说糖蒜头能杀菌，夏天吃了讲卫生。

母亲常常买回来一种酱菜，叫"瓜子"，酱红肥厚、表皮微皱。它是南通特产"甜包瓜"，用我们这里叫作"牛角瓜"的菜瓜酱腌而成，吃时要剖开去籽，切成细丝或者碎丁。南通人将甜包瓜丝、生姜丝、瘦肉丝一起翻炒，炒成"野鸡丝"，过年必备。母亲爱做一锅蛋丝菜粥，炖到米烂菜糊，再切一碟包瓜丁，浇上醋与麻油，配粥食用，极其开胃。而包瓜与乡人常食的细籼粥其实不是很搭，细籼粥本就粗糙无味，包瓜脆而去油，质感不能互补，口感不佳。

可惜，酱园如今已湮没在时光尽头。偶尔在卖场里看到盖着玻璃盖的微型酱园，嗅一嗅久违的酱菜味道，不购买也会转悠好久。超市里玻璃瓶装的"三和四美"清洁干净，却总也失去了那种挑挑拣拣、所见所得的家常气息。

是的，世界上再也找不到一个地方，能同时看到那么多稀奇古怪、无所不包的食用根块；再也找不到一个地方，能同时拥有酸甜苦辣、酱醋糖酒交织的混合味道；再也找不到一个地方，有那么多林林总总、瓶瓶罐罐，任你零称瞎挑……

麻虾酱

麻虾酱是名产，本县与临县交界处李堡镇所产最著名，严格来说，不算吾乡特产。以前有个外地朋友一听说我的家乡，连忙说："我知道，我知道，你们那里的麻虾酱特别好吃！"这算误会，但也不尽然，县志记载，李堡旧属如皋，划归海安后南接吾乡丁堰等地，高中有不少同学就来自那一片，初中时也曾有李堡学生来校寄读，地区交流十分频繁。

那个初中来寄读的女同学，问我们："我家在李堡，我们那里有麻虾酱，你们知道吗？"她这话问得蹊跷，我们这里家家户户都吃麻虾酱，我奶奶、姨奶奶们都是麻虾酱的忠实拥趸，怎会不知道？奶奶不仅每年自制黄豆酱、蚕豆酱，但凡弄到麻虾，总会兴致勃勃熬麻虾酱。

　　麻虾又叫蚂虾、糠虾，似蚂蚁、如糠屑，野生于苏中里下河地区水质优良的淡水河中，海安、如皋、如东、东台、大丰、兴化等临近地区均有出产。麻虾是"妈宝虾"，永远长不大，麻虾还任性，个小脾气大，极挑剔环境，久放会融化。

　　如此细密娇弱之物，确不宜直接食用，民间食家智慧无限，拿它腌渍发酵，倒是绝妙，李堡人就是个中高手。李渔在《闲情偶寄》中闲话："世人制菜之法，可称千奇百怪，自新鲜以至于腌糟酱腊，无一不曲尽其能，务求至美。"事实上，史载李渔曾寓居李堡老鹳楼，不知在他的"腌糟酱腊"里，有没有李堡麻虾酱？

　　具体到食用过程，麻虾"酱"可以有两层解读：一层是麻虾加料熬成的酱状物，一层是麻虾熬糟发酵成的酱。乡人有鲜麻虾可吃，用热油爆了葱姜蒜，与麻虾搅拌均匀，添酒去腥，加农家手工酱，稠糊糊一碗，可称麻虾酱；传统意义上的麻虾酱，则是在前者基础上更进一步，将所得酱状物入缸封油、覆纱布，日日搅匀，自然发酵月余，其成品腐臭难闻，入口却极美。除了麻虾酱，臭而鲜、腐而美的食物还有：安徽臭鳜鱼、湖南臭豆腐、北京豆汁、宁波三臭、鱼露、奶酪……

　　麻虾酱层次丰富、口感鲜活，常配寡淡厚钝之物：麻虾蒸鸡蛋、麻虾炖豆腐、麻虾烧茄子……乡人常熬一碗绛褐色麻虾酱，空口扒米饭、吃光面，甚至觉得胜过一桌好菜，这就叫：好菜一桌，不抵麻虾一 suā（吮吸之意）！

萝卜缨儿

萝卜缨儿就是萝卜叶，说萝卜缨儿，得从萝卜说起。吾乡萝卜主要有白萝卜、胡萝卜，萝卜缨儿自然也有两种，一种是白萝卜缨儿，一种是胡萝卜缨儿。水嫩嫩的白萝卜、水灵灵的胡萝卜除了根茎，它们的萝卜缨儿也都可以食用。

白（红）萝卜缨儿又叫"莱菔叶""萝卜秤""莱菔菜"莱菔甲""萝卜甲"等，它的营养价值其实很高：首先，钙含量高。每100克红萝卜缨含钙350毫克，排在所有蔬菜含钙量的第一位，小萝卜缨含钙238毫克，青萝卜缨含钙110毫克，均在含钙排行榜中名列前茅；其次，维生素C含量高。每100克蔬菜维生素C的含量在40毫克以上的，按照高低排名依次为

——萝卜缨、甜椒、油菜心、花菜、甘蓝等；第三，含有多种矿物质、维生素及微量元素。萝卜缨中含有丰富的钙、镁、铁等矿物质，拥有充足的维生素 K、维生素 A 以及微量元素"钼"，对预防近视、老花、白内障等眼部病变有着积极的食疗效果。在民间，可是有不少人将萝卜缨儿当宝呢！

偶尔，菜市有萝卜苗专门出售，那是还没长出萝卜的幼缨，人们提前把它拔出来，油盐略炒，微微清苦，异常爽口。也有将红白萝卜头上的叶子凉拌后佐餐食用的。还有人家将之风晒成干菜或渍成腌菜，贮存食用。北方地区有萝卜缨虾米饺子（包子）、玉米面萝卜缨菜团子等做法，香而美味。

说到胡萝卜缨儿，各位不要见笑，在我记忆中，多数时候它用来喂猪。那时家家养猪，猪的食量大，一顿要吃好多，农家常常将胡萝卜连缨儿切碎了略煮，调进粗粮或麸皮等物，搅拌成"细食"，大盆大盆端作饲料。不止我一个人有心理阴影，同学们每每谈到胡萝卜，都会有一个共同印象——喂猪。而我每次一闻到胡萝卜味儿，就下意识地联想起水汽氤氲的灶台旁，奶奶或姑姑正用锅铲大搅大拌猪的食粮，确实有点倒胃口。

能提起胃口的只有一种做法——蒸胡萝卜缨儿。往往是在深秋，家庭主妇们特意留出一些嫩胡萝卜缨儿，忙忙碌碌开始准备蒸制。先用适量面粉搅拌胡萝卜缨儿，也有人用玉米细粗粉搅拌，撒细盐调味，本地做法是放适量咸肉丁，一定要带肥，这样出来的萝卜缨才不至于那么草。拌好的萝卜缨儿入蒸锅铺平，根据总量多少大火蒸 8—10 分钟，立刻出笼。北方吃法常拌糖醋蒜汁，我们这里喜食原味儿——胡萝卜缨儿蒸到正好，晶亮的咸肉油脂渗出，与鲜嫩的胡萝卜缨儿融合，清香扑鼻、柔腻适中，恰到好处，所以能俘获老老少少的心。有人会嫌弃咸肉里的肥丁，不妨以瘦咸肉搅拌，加一勺猪油，照样可以达到不吃"草"的效果。主妇们还喜欢以同样的方法蒸制榆树叶、槐树花等。

　　有人喜欢搅和一锅面疙瘩，不用青菜、不放韭菜，而是调入些切碎的胡萝卜缨儿，略加胡椒与醋，溜溜地喝上两大碗。胡萝卜缨儿煮成菜饭的吃法也有，但会让人误认为是芹菜。其实这些都是北方地区的吃法，本地不常有。

荞麦疙瘩

　　自小不喜面食，提到吃面，眉头就揪，偶尔吃面，只盛干面，多一滴汤都要计较半天，太过疙瘩。唯独一种面，我不仅吃而且喜欢吃，还会经常要求吃，一点都不疙瘩，那就是——荞麦面疙瘩，又叫"荞麦疙瘩"。

　　混沌的食物中，菜饭、菜粥，都是极品，滋味清爽，并不混沌。荞麦疙瘩则全是一片混沌，无视规则、不符界定，竟也能吃出美味？也许，滋味是一种很玄的东西，与人的契合，全凭感会，某日恰与"荞麦疙瘩"一相逢，便胜却米饭无数。

　　荞麦疙瘩就是在一个寒冷潮湿的冬夜靠近了我，笼络了我的胃。冬夜吃粥，已是惯例，番芋粥、胡萝卜粥，米豇豆粥，我都嫌弃，清汤寡水，填不饱肚皮。小姑也不满意，她切一把黄芽菜，割一块咸肉，宣布说："今天吃荞麦疙瘩!"半瓢荞麦粉、半瓢小麦粉，加水撸成絮状，烧半锅滚水，油、盐、黄芽菜、面絮絮下锅搅成疙瘩汤。说也奇怪，荞麦疙瘩的配料都极其普通家常，一起混煮后却有种浑厚雄壮，如同喝了那不过岗的三碗，一下子拥有了征服寒冬的温暖。

也许我不喜欢的只是小麦面，而不是"面"。长大后遇到了其他一些面食，似乎我都挺喜欢，如荞面饸饹、莜面鱼鱼等。

在陕西吃荞面饸饹，围着店中饸饹床子看了半天，看人家如何将荞麦面团放进圆柱漏子，如何用力挤压，如何漏出饸饹入汤。据说"饸饹"古称"河漏"——面漏而入河，是不是很形象？清朝时康熙皇帝遍寻名吃，尝过河漏后很是满意，但介意其名字与治理河道不协调，心中不快，于是把"河漏"改成了"饸饹"。荞面饸饹比较特殊，与一般荞麦面条有点区别：一是饸饹有讲究，须九成花荞一成苦荞，保证风味；二是和面要用专门的青石水，这种水是将富平青石烧红激入凉水，雾气蒸腾后沉淀杂质而得，据说用青石水和成的面，筋韧耐嚼；三是成型方式不同，荞面黏性差，手擀、刀切都不适合，人们发明了这种"过网眼挤压成型，入滚水直接定型"的方法，一气呵成、干净利落。夏季吃饸饹多凉拌，较普通凉面更为筋道，当地惯加芥末，吃了鼻底发冲，说话变成秦腔。

莜面来自莜麦，莜麦就是燕麦。燕麦有两种，一种皮燕麦，一种裸燕麦，中国所种为后者。莜麦不独华北有，吾乡也种，人们也常食用，炒成"焦屑"（炒麦粉）垫饥。莜面的特殊之处在于它的"三生三熟"：一生一熟，生莜麦洗净晒干后炒熟，熟莜麦磨成生面粉；二生二熟，生面粉用开水和为熟面团，熟面团制成生面制品，如面鱼、饸饹等；三生三熟，生面制品加料煮熟，成为熟食莜面，方能入口。

山西、内蒙古等西北地区人们将莜面加工成两头尖、肚子鼓的面"蝌蚪"，形象地叫它"面鱼鱼"，莜面做的面鱼就是莜面鱼鱼。在包头吃到炒莜面鱼鱼，就特别喜欢，银川的莜面鱼鱼也很好吃，好大分量一盘。自己所在的城市，想吃地道的莜面鱼鱼时，就去西贝莜面村，蘑菇汤莜面鱼鱼便能过瘾。

荞麦屑烧饼

　　吾乡方言中面饼统一称烧饼：炉饼叫烧饼、摊饼叫烧饼，蒸饼也叫烧饼。其实也不奇怪，在古代，凡面做的食物，统称为"饼"，"面片儿"还叫汤饼呢！武大郎卖的蒸饼不也叫炊饼吗？当然，那是为避宋仁宗赵"祯"的讳，所以改蒸（祯）饼叫炊饼。但武大炊饼其实是发酵馒头，我们这种面饼，并不发酵，是带馅儿的无酵蒸饼。

　　关于无馅儿与有馅儿、馒头跟包子的区分，南派和北派争论了好些年，吾乡这块居中之地没有这些纠结——圆的表面上捏褶的面点便叫包子，圆的不捏褶的面点便叫馒头，糯米粉做的圆子便叫团儿，面粉做的扁饼、薄饼便叫烧饼。

用荞面做的、带馅扁饼叫作"荞麦屑烧饼"，土称"泼屑饼"，大意是指——撒面粉、揉面团就能做，不需要发酵等待的饼。"泼屑饼"的"屑"便是面粉，纯小麦"屑"没什么个性，要加些黑色荞麦"屑"才够劲，使得面饼皮色更加粗粝乡土，面饼口感更加富有嚼劲。纯荞麦"屑"却也是不行的，需得掺入些小麦"屑"，否则面饼外皮乌黑易裂，面饼口感僵硬难忍。

用温水按比例和面，麻利的主妇们不出十分钟便可备好面皮。

"花头精"是翻在"兜心"（馅儿）上。荞麦屑烧饼既然走的是"田园"路线，兜心便是以蔬菜为主，青菜、白菜最为常见，辅以花生碎、肉碎、食用油等。青菜以本地"马耳朵""黑塌菜"为佳，细菜（鸡毛菜）不行，纤维不够粗壮，与荞面面皮不般配。白菜也得本地"黄芽菜"才行，"黄芽菜"比别地白菜都要甜软，略去掉些水气，洒虾米拌猪油，兜心柔腻顺滑。两种对比，青菜兜心有男子气，白菜兜心近女儿家，但千万不要将两种混在一起，会混出奇怪的青草气。

以前乡人肚里油水少，喜欢在兜心中放些肥肉碎或拌猪油，避免口感粗糙，使得面饼油滑，吃下去不"寡"。但近些年大家都不"寡"了，反而希望做"寡"点，于是做荞麦屑烧饼时，便反了过来，荞麦面不妨多些，蔬菜必须新鲜，肥肉不是必需，植物油代替猪油……只有那花生碎坚持要撒，嚼起来喷喷香。

揪面、塞馅、包饼、压扁，荞麦屑烧饼面皮太薄并不好吃，面皮也是重要口感之一。正圆或椭圆形的饼撒些面粉便可冷水上锅，竹蒸笼上早就摊好了芭蕉叶，水开后蒸十五分钟出锅，热吃冷吃均妙。

龙虾片

　　童年有不少美味，平时吃不到，要等酒席才有，龙虾片也是其中之一。

　　究竟为什么叫"龙虾片"？大人说鲜得像虾或说用龙虾制成，其实我们并不追究，我们在意的是炸制以及消灭它的过程。

　　按照现今眼光来看，龙虾片属不健康的垃圾食品，用木薯粉和虾浆压制而成，有很多食品添加剂不说，还要经过油炸膨化，反式脂肪很多，怎么能多吃？

　　20 世纪 80 年代初，人们刚从一个油米面肉都要凭票领取的匮乏年代中走出，对油水丰富的食物有天然的渴望，不会刻意去考虑吃什么营养、吃什么健康，在大家看来，所有能吃的，都营养、都健康。事实上，也几乎如此：土壤用堆肥，猪是农家养，鸡没有激素，鱼用草绳系，买菜用竹篮……龙虾片愣是在一片纯绿色健康食品中异军突起，以其酥松薄脆成为乡席八大冷盘之一，尤受孩子们欢迎。

做席请来的厨师，总要提前一两天就开始准备，收拾些过油耐放的菜，如酥炸蚕豆、椒盐黄豆、跑油肉、龙虾片等。一盒盒买来的上海产龙虾片被撕开包装，红的黄的绿的白的热热闹闹整装待发。龙虾片下油锅十分精彩：一群滑溜溜的"塑料"薄片片，被厨师大手一挥，撒豆成兵般跳入大铁锅，沸油里打个滚，倏地膨开，胀成五彩降落伞，大厨笊篱一挥，伞兵们全部上岸，拥挤在大瓷盆中滋滋作响。

自然是出锅后风味最佳，轻巧舒展的一片咬下去，嚼到的只有空气，抿到的只有"虾"鲜，舌尖偶尔会被虾片麻得一紧，提醒你它的存在。冷却后的龙虾片被收入大塑料袋，扎紧袋口，放三五天不成问题。龙虾片那种口感，与多年后吃"舒芙蕾"类似。舒芙蕾命运短暂，几乎出炉即坍，用以讽刺"过度膨胀的虚无物质主义"，龙虾片则以数倍膨胀抵抗虚无，获取更长久的存活。二者同途而殊归，似可细细玩味。

有人吃龙虾片，喜欢挑颜色吃，特别偏好黄的或其他，固执地认为某种最松脆，别的颜色都比不上。红的好像没人认为好吃，总觉得确实有点僵。白色最多量，没有人要抢。

年节时乡人炸圆子，起了油锅也总会炸盒龙虾片，哄孩子开开心，只要有牙齿，老人也能香一香。很小的一盒龙虾片，非常便宜，能变出数倍体积，吃得长长远远。

女儿这一代，是在膨化零食海洋中长大的一代，但从不鼓励她沉溺其中，总尽力提供新鲜应季蔬食，龙虾片却是个例外，与她谈起过这种怀旧色彩浓重的小吃，许诺有机会为她炮制。然而，龙虾片几无可寻，极偶然间发现金润发有小包出售，单一颜色，定价两元，如获至宝地捧回家，膨出一堆云朵般的轻巧酥片，破例允许女儿品尝。我心底知道，满足的是自己，永恒的儿童心愿。

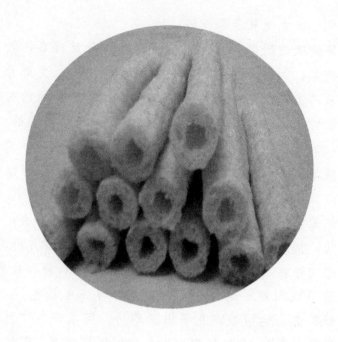

香　果

　　香果是八〇后小时候的一种膨化食品，如今街头已很少见。

　　小学班上有两兄弟，他们的爷爷——一个黑黑瘦瘦的老头儿，挑一个担子，专在学校门口卖东西给小学生，零食、玩具、文具都有，我们管那担子叫糖担子，老头自然就是"挑糖担子的"。糖担子上零食五花八门：香果儿、无花果、果味糖、酸梅粉、泡泡糖……玩具也很多：弹珠、陀螺、印纸、黏纸……文具也很全：铅笔、带橡皮铅笔、橡皮、香橡皮、小刀……还有很多杂七杂八的东西——各色软吸管、牛皮筋、发绳什么的。糖担子东西虽多，体积并不大，糖担子老头儿总是把东西整整齐齐地放在一个四四方方木柜子里，木柜子打开来就是展示柜，合上去就是行李箱，随时随地移动地方。不管移动到何处，一个等同于木柜体积的大塑料袋总挂在旁边，塑料袋里整整齐齐码着五颜六色的香果。

"香果"是"挑糖担子的"随身所带最多的货物，也是这糖担子上最受欢迎的东西。这种膨化米棒直身子、尺把长，大部分都是白颜色，红色黄色绿色也有，数量较少，点缀性质。香果呈圆柱筒状，中有空洞，正好够我们将手指伸进去，所以它也是一种好玩的玩具。香果一角钱一根，手指上能套一根的孩子已经不多，五个手指都能套上香果的孩子，更是凤毛麟角。虽说父母很少给我们零花钱，但大家对香果热情都很高，有一角花一角，为的就是一边套在手上，一边享受它松脆的口感。

香果属于那种"有得嚼没得咽"的零食，并不饱肚子，它的发明者很聪明，把它做成细圆筒，还加入了颜色，添进了糖精，既好看又香甜，极其吸引小孩子。男孩子女孩子各有喜好，买的时候会指明颜色，所以带颜色的总是先卖光，实在挑不到颜色，白色也很好，所有颜色中，大约粉色最不好吃——僵硬，白色口感最好——松脆，其他颜色介于中间。如果两个同学要好到请吃香果，那交情可不一般。要是有人手指套上香果玩"打架"，碰断掉地的香果也要捡起来吹吹吃掉，不能浪费。

不知道为什么，糖担子上的香果儿就是跟走街串巷机器轧出的不一样。天冷了会有人用拖拉机头带动机器，轰隆隆在街头轧香果，大米从这头倒进去，香果就从那头源源冒出，连绵不断。刚轧出的香果热且软，不定型，其实可以曲成任意形状，但好像从没有人想过玩花样，都老老实实折成一段一段，整整齐齐码进塑料袋，冷却后扎紧，如负"泰山"般地扛回家。膨化食品受不得潮，须得尽快吃掉，但这种街头香果，怎么吃都有种僵僵的受潮感，完全不似糖担子香果那样细腻蓬脆，两种肯定不一样。我常思考两个问题：一是糖担子香果的米到底是什么米，为什么口感那么松脆？二是糖担子香果颜色到底是怎么弄的？这两个问题，至今仍然很好奇。

　　长大后，吃过所谓的韩国膨化米饼、膨化杂粮米糖、膨化玉米脆条，但凡发现新的膨化食品，都会饶有兴趣尝一尝，但始终感觉超不过童年吃的香果，我也再没吃到过童年的香果。

金刚脐儿

　　金刚脐儿是种以前很流行的面食点心，咸甜两种，老酵发制，成人拳头大小，可以看作是缸炉里烤制的六角开瓣馒头。

　　"金刚脐儿"这名字听起来实在威武，"老虎脚爪"是别称，放在一起有"一念成佛一念成魔"之感。据说，这种面点最早由镇江人带来，镇江名"京江"，"江"方言发古音"刚"，按照发音，人们不自觉地就写成了"金刚脐儿"。"老虎脚爪"因其造型得名，你看它六个尖齿，姜黄发褐，真的跟老虎脚爪很像。

　　小时候，金刚脐儿除了茶食店有卖，烧饼店也做。烧饼、斜角儿、金刚脐儿，是吾乡晚茶三驾马车，广受欢迎。炉子用同一个炉子，烘贴也一样地烘贴，但烧饼、斜角儿薄，烘的时间短，出炉很快，不用等太久，金刚脐儿厚实，烘的时间长，出炉喷喷香，多等会儿也值得。

金刚脐儿看上去并不难做，只要把切好的剂子揉扁圆，三刀切六口，刀刀不到底，花式就出来了。贴烤时，糖脐儿比咸脐儿多一道熏色，有时碰巧看见师傅往炉里的铁块上浇一勺红糖，刺啦好一阵浓烟焦糖香，焖一会儿，出炉的糖脐儿绛红油亮。

糖脐儿热着好吃，咸脐儿冷吃更佳。据说有地方咸脐儿放茴香，嚼着很有口感。金刚脐儿吃起来跟馒头、面包都不像，外皮比馒头脆，内里比面包韧，好比裹着法棍外衣的贝果，形状又朴拙可爱，孩子们最喜欢。家里长辈疼爱孙辈，常偷偷塞一个糖脐儿，嘱他（她）悄悄吃掉，别被旁人看到。大人们也泡着吃，糖脐儿泡糖水，咸脐儿就荤汤。金刚脐儿能涨，但不烂，不像脆饼；也不油，不像馓子。泡在荤汤里的脐儿块块，既熟又软还韧，吃下去相当抵饱，有人说它是苏北的羊肉泡馍。

金刚脐儿里含碱，吃起来有股特殊味道，不是甜也不是咸，略冲鼻但嚼嚼又香，这个味道使它正宗，使它与其他面食区别开。胃不好的人常去买金刚脐儿，说可以治胃痛。

如今这个年代，各式中西点空前丰富，金刚脐儿这种略显粗糙、价格低廉的零食，已经远远被抛在潮流后方，沦为怀旧的范畴，几近无迹可寻，孩子们不会知道更不用说去吃它了。我把这看作时代的进步，饱腹不再大于一切，吃可以成为口味的追求、审美的享受。

王馍儿糕

　　"王馍儿糕"自然是方言："王"，泛黄的意思，"馍儿糕"，条糕片，合在一起，是指微微泛黄的条糕片。当然，这只是我的理解。

　　过年做馒头是本地习俗，做萝卜丝馒头、咸菜馒头、豆沙馒头的同时，每家都要做上许多实心条糕，就是将发好的老酵面搓成条形，长及方形蒸笼的边长，一笼四条。凉透的条糕用铡刀横截成约一厘米厚的条糕片，在太阳下彻底晒干后，农家小麦粉会呈现天然米黄色，乡人俗称其为"王馍儿糕"。

　　可是，并非所有的"王馍儿糕"都泛黄，不同人家的小麦粉颜色差异很大，如果套用现在流行的肤色区分法，色阶从暖调肌肤的黄一白、黄二白到黄三白都是有的，而类似冷调肌肤的粉白色"王馍儿糕"则很少，岂止少，简直是稀有！

我奶奶遗传了家族的蜜黄肤色，她年年做出来的王馍儿糕跟她肤色一样黄，色阶总在黄三白以下。我于是总有一种奇怪的迷信，总认为是她的肤色导致她调出的酵水不好，从而使得做出的王馍儿糕颜色暗黄。后来听大人说，这跟"机"小麦的遍数有关，如果只机打一道，面粉大概就是最白的，但这样失去了小麦胚芽及粗纤维，没有营养。将粗杂质和麦粉一起反复多机几道，得到的几近全麦粉，能保留维生素 B 族、小麦胚芽及绝大多数营养，所以咱家这种小麦粉，营养是远远高于那种雪白面粉的。

可孩子们不管这些，孩子们都是外貌协会的会员。放学后，肚子饿了，自己就去粮柜里摸出几块干王馍儿糕，嚼嚼咽咽，填饱肚皮。伙伴们之间会展开比较，谁家的王馍儿糕更白，谁家的王馍儿糕更漂亮。拥有"甜白美"王馍儿糕的孩子，往往会成为众人靠近的对象，都希望能用自己的黄一白、黄二白、黄三白王馍儿糕去交换到"甜白美"王馍儿糕，这到底是一种什么心态，我至今没弄明白！

就在这种背景下，我竟然交到了一位朋友，她家的王馍儿糕竟是一等一的雪白，就像普通人群中走出了一位仙女，瞬间让我们这些又土又黄的王馍儿糕低进了尘埃。我的这位新朋友，本来就姓薛（方言同雪），人还长得白，转学来我们班，住得离我家不远，她家的王馍儿糕跟她人一样白。她待我很好，从来都是很大方地跟我分享她家的"仙女白"王馍儿糕，不需要我跟她交换。

我们因王馍儿糕结下的友谊非常深厚，成了形影不离的好朋友。她家住粮站，粮站里有许多高高的粮垛，有稻米垛、小麦垛、黄豆垛，每垛都由无数鼓鼓的麻袋垒到好高，外层盖上巨大的油布，用缆绳拉过去绑牢。那些粮垛到底有多高，我已经记不清了，只记得我们常在她哥哥的带领下，掀开油布的一个小口，三人鱼贯往上爬，一个麻袋垛接一个麻袋垛，油布帐篷里昏暗憋闷，使人无法放开呼吸，进去后就只能不停往上爬，直至爬到粮垛最高处，才能放松一口气。

我的家乡，是平原，没有山峦，童年的我爬过最高的山就在粮站——粮垛。每当我们征服一座粮垛，到达顶端，就会在较为平缓的麻袋堆上坐下，从口袋里掏出王馍儿糕，开始补充能量。她哥哥比我们大两岁，会讲一些怕人的鬼故事，加上油布帐篷里影影绰绰、昏黄幽暗，氛围很有几分恐怖，我俩抱着缩成一团，一边很害怕地听哥哥讲，一边嘎吱嘎吱啃王馍儿糕。最难爬的粮垛是黄豆垛，因为油布帐篷里闷足了成百上千袋黄豆的油腥气，实在是熏蒸难闻，如果不慎爬入了黄豆垛，那就只能练"龟息大法"，能憋多久就憋多久，实在忍不住，偷偷呼吸一小口，然后再继续憋。偏偏黄豆粮垛还很多，十中足有七八座，时间久了，我竟然也就习惯了。

我们还啃着王馍儿糕，游荡到如海河边钻桥洞，桥洞下只有流浪汉的被褥和奇怪的垃圾。偶尔胆子大一点，跑上靠岸船只架在岸边的跳板，晃悠几下。这就是我们离家最远的征程，王馍儿糕是我们的军粮，陪伴我们短暂的流浪。

红枣茶·银耳羹

我不爱红枣茶，我爱银耳羹。

红枣茶是姑娘出嫁酒席必备，往往最后作为甜汤上桌，大人们连忙舀入碗中，喂给身边孩子，哄着说，"枣儿茶，甜的，快点喝！"而新娘子，临出门前开始闹出大动静，一定要哭得惊天地、泣鬼神，虽不免有些做戏成分，但这是对娘家表忠心，一定要哭到姊妹劝不止、爷娘劝不应，才好算尽了本分！临了，抽抽噎噎、"不情不愿"地喝过红枣茶，甜了口，拜别爷娘，趴在兄弟的背上，跟着来接人的新郎，三步一回头，走向新的人生。红枣茶很像新娘们的哭戏，甜得有点假，汤里也只有红枣，红得有点寡。

酒席往往也有银耳羹，通常也是最后一道，微黄浓稠的羹汤中，偶尔泛几粒红枣，作为喜庆的点缀。掌灶的大师傅，提前将干银耳泡发妥当，吃席当天早上，煨上煤球炉开始炖煮。

自家也会办酒，从银耳开始入锅起那一刻，我便开始了漫长的期待与等候，几乎每隔一个小时，我都会去煤炉边转悠，仔细分辨锅中羹汤到底烧到什么程度——是刚开始滚呢？还是已经转小火？是已经烧到黏滋呢？还是需要再煨几个小时？有些东西，火候不到就是不行，比如这银耳羹，明明觉得已经可以，母亲非说还早，明明香味已经扑鼻，他们还要架在火上继续烧！

火与水的煎熬，渐渐融润了银耳的脾性，松弛了银耳的筋骨，它们渐渐沉淀下来，那些薄如蝉翼的裙裾，酥化为羹之骨，弥漫飘散、沉沉浮浮。你若认为银耳羹它只是柔，那是误解，没有内容的羹汤，只能称为水分；你若认为它掌控全局，那也是错，过满则溢，过欲则贪，不过是一碗水化的羹汤，别联想成你的人生理想。其实不一定需要红枣的加入，银耳羹已经具备全新的格局，正在抵达更高境界的路上。如果非要加进红枣，最多也只是锦上添花，银耳羹的气质、风骨，不增一分、不减一分。

像银耳羹这样水乳交融、物我两忘，难以界定、自成一体的物质，甫一入口，顺滑、甘香，不发一言而尽得风流。我以为，这多少可算一种自由，既归顺了命运，又成为了自己，不是相处融洽，而是怡然自洽。

可世间仍有不少女子，选择服完红枣茶，一步一泣地步向世俗的选择、陌生的人生。红枣茶或许从未羡慕过银耳羹，不愿经受水里滚、火上煎，蜕变得几近碎骨；红枣茶或许也曾羡慕过银耳羹，但对人生的不甘不足以化为努力、坚持，以及承担的代价。

我不爱红枣茶，我爱银耳羹。

参考文献

1. 陈膺浩主编 . 龙游河 . 中国民间文艺出版社，1986.

2. 张自强，杨问春编 . 南通的传说 . 中国民间文艺出版社，1985.

3. 陈根生，王友来著 . 如皋美食 . 苏州大学出版社，2013.

4. ［清］李渔著 . 程洪注评 . 闲情偶寄 . 凤凰出版社，2016.

5. ［清］袁枚著 . 随园食单 . 南京出版社，2009.

后　记

　　本书起始于女儿对于我们提供给她的家乡美食的追问，由此开始了自己的文化寻根之旅，早期零星成文六七十篇，经部分朋友的阅读指正，作者逐渐发现并修正了一些细节、错误，也获得了空前的鼓励，索性一鼓作气，追加文题，重构框架，最终成文126篇，涵盖如皋地区日常饮食文化中特产、荤食、蔬果、茶食、乡俗等子题。

　　因是兴趣导向的无功利写作，成书过程甘之如饴。其中曾就各类细节向父母请教，制造了许多共同话题，拉近了成年后我们之间的距离。女儿绘制的插图为本书增添了灵动色彩，集三人之力共同完成此书。同窗罗强、陈志娟伉俪全程为写作本书助力，提出许多宝贵的意见。老师周贵进、老师谢九红，多年来仍关注弟子，欣喜于我们的成长，无私地保护我们、支持我们，感恩在心不敢忘。忘年交张传儒教授多方为我们争取机会，希望我们将时间花在重要的事情上，满怀期待我们的成绩，但愿本书不至令张老师失望。

　　得茹希佳、李晗光、温迪、唐晓妍、许红娟、蔡欣欣、刘阳荷、章敏、周塱、吴晓云、姚海峰、潘晓波、潘海燕、薛晶、顾红梅、顾才娟、吴晓丽、刘倩、朱璐、黄睿、张娟、田艺红、沈晓霞、沈红、吴来新、汤晓云、沈玉宇、孙俊俊、陈晶晶、张建芳、王海萍、张小龙、季健、李莉、潘波、王箐、赵翌、陶琳瑾、徐尚青、李金宝、雷敏、刘露、卜淑琴、李新颜、姚波、刘旸、刘璐、朱琳、张璇、方元、林芬、袁新燕、虞静、黄柏娜、卫欣、熊仁国、陈相雨、罗峻峰、谢加封、周杨静、冯俊苗、吴亚军、唐丽雯、陈瑞娟、周潇斐、安晓燕、郭幸、董薇、徐能、阮立、孟卿等好友的多方鼓励；得朱明英、陈秀芳、吴洁、朱实、郭明等亲人的关心支持；得王全权教授、朱移山博士的鼎力相助，终成此书。献给你们！

　　凡事皆有疏漏，书中不到之处，还请读者谅解！

作　者